L'Astronomie POUR LES NULS

Stephen P. Maran
de la Société américaine d'astronomie

Pascal Bordé
Chercheur au centre d'astrophysique de Harvard

FIRST Editions

L'Astronomie pour les Nuls
Titre de l'édition américaine : Astronomy for Dummies

Publié par
Wiley Publishing, Inc.
111 River Street
Hoboken, NJ 07030 - 5774
USA

ISBN 2-75400-064-X
Dépôt légal : 3e trimestre 2005
Nous nous efforçons de publier des ouvrages qui correspondent à vos attentes et votre satisfaction est pour nous une priorité. Alors, n'hésitez pas à nous faire part de vos commentaires :

Éditions Générales First
27, rue Cassette
75006 Paris - France
e-mail : firstinfo@efirst.com
Site internet : www.efirst.com

Traduction : Jean-Luc Rostan
Production : Emmanuelle Clément
Mise en page : Catherine Kédémos
Imprimé en Italie

Sommaire

Introduction *1*

Qui êtes-vous, et qu'attendez-vous de ce livre ?...................3
Ce livre et votre voyage à travers l'Univers 4
Icônes utilisées dans l'ouvrage 6
Et maintenant ?...8

Première partie : À l'affût du cosmos 9

Chapitre 1 : L'art et la science de l'astronomie...........11

L'astronomie est une science de l'observation...................12
Le langage de la lumière..14
  Ces planètes qui vagabondent dans le ciel étoilé 15
  Le nom des étoiles et les constellations....................17
  Le catalogue de Messier et les autres objets du ciel 27
  Les magnitudes : plus le nombre est petit, plus l'éclat est grand 28
  Ne confondez pas « année » et « année-lumière » 30
  Les étoiles fixes bougent tout le temps ....32.
Le rôle central de la gravitation en astronomie..................37
Une véritable orgie de mouvement.......................................38

Chapitre 2 : Rejoignez les foules qui admirent le ciel ! 41

Tous les yeux sont tournés vers le ciel, et vous n'êtes pas seul..42
  Devenez membre d'un club d'astronomie.................42
  Vos sources : sites Web, magazines et autres 43
Visitez les observatoires et les planétariums, et suivez le guide...47
  Les observatoires..47
  Les planétariums...50

Chapitre 3 : Observez le ciel le soir 53

Commencez par l'observation à l'œil nu 54
La Terre tourne ! 57
Le mouvement apparent des astres autour de la Terre 58
Trouvez l'étoile du Nord (la Polaire) 60
Pour mieux voir, utilisez des jumelles, une lunette ou un télescope 62
Les jumelles sont idéales pour balayer le ciel 62
Le télescope est indispensable pour avoir un fort grossissement 66
Un plan d'action pour bien débuter l'astronomie 73

Chapitre 4 : Admirez nos visiteurs : météores, comètes et lunes artificielles 75

Les météores sont des phénomènes lumineux 76
Les météores sporadiques, les boules de feu et les bolides 77
Les pluies d'étoiles filantes 80
Les comètes, ces boules de glace sales 85
Tête ou queue ? La structure d'une comète 88
Les « comètes du siècle » 92
Chassez la Grande Comète 94
Les satellites artificiels, adorés et détestés 96
Comment observer les satellites artificiels 98
Où trouver des prévisions pour observer les satellites 100

Deuxième partie : Il était une fois le système solaire 103

Chapitre 5 : La terre et sa lune 105

La Terre ? Mais qu'a-t-elle donc de si spécial ? 106
La Terre se compose de plusieurs « sphères » 107
La magnétosphère est une zone d'influence 109
L'étalement du plancher océanique 110
Le temps et les mouvements de la Terre 111
L'heure sur Terre dépend de sa rotation et de sa révolution 112
Un penchant pour les saisons 114

L'âge de la Terre ? Une éternité !....117
La Lune, satellite naturel de la Terre....118
Les phases de la Lune....119
Les éclipses de Lune....121
La géologie lunaire....123
La naissance de la Lune....128

Chapitre 6 : Les voisins d'à côté : Mercure, Vénus et Mars....133

Mercure est une grosse boule de fer, brûlante, ratatinée et cabossée....134
Vénus, un véritable enfer....136
Mars est une planète pleine de mystères....138
Mais où est donc passée l'eau ?....138
La vie existe-t-elle sur Mars ?....140
L'observation des planètes telluriques....142
L'élongation, l'opposition et la conjonction....143
Les conjonctions supérieures et inférieures....145
Observez Vénus et ses phases....147
Observez Mars en train de faire marche arrière....150
Faites mieux que Copernic : observez Mercure !....154
Notre Terre, c'est bien elle la meilleure !....157

Chapitre 7 : La ceinture d'astéroïdes et les géocroiseurs....159

Les astéroïdes sont les vestiges de la naissance du système solaire....160
Les géocroiseurs menacent-ils la Terre ?....162
Heurter un astéroïde pour modifier sa trajectoire.163
La surveillance des géocroiseurs....164
À la recherche des astéroïdes, ces petits points de lumière en mouvement....166
La prévision des occultations d'astéroïdes....167
Participez au suivi d'une occultation....168

Chapitre 8 : Jupiter et Saturne sont de gigantesques boules de gaz....169

La composition de Jupiter et de Saturne : les apparences sont trompeuses....169
Observez Jupiter !....171

A la recherche de la Grande Tache Rouge....173
Les satellites galiléens....174
Appelez vos amis pour contempler Saturne !....178
Si vous ne voyez pas les anneaux....179
Guettez les tempêtes !....181
Un satellite plus grand que Mercure....181

Chapitre 9 : Qu'elles sont loin ! Uranus, Neptune et Pluton....185

La nature d'Uranus et de Neptune....185
Uranus avance en roulant....186
Neptune et sa lune rétro....187
Pluton, la petite planète lointaine....188
Pluton est-il une planète ?....190
Vous avez bien dit « Plutinos » ?....191
Observer les planètes extérieures, un défi....192
Comment observer Uranus ?....193
Comment distinguer Neptune d'une étoile ?....194
Comment repérer Pluton ?....195

Troisième partie : Notre bon vieux Soleil et les autres étoiles....197

Chapitre 10 : Le Soleil, c'est l'étoile de la Terre....199

Ne faites pas l'erreur de Galilée et protégez vos yeux du Soleil....200
Étudions le Soleil....201
La taille et la forme du Soleil....203
Les zones du Soleil, du noyau à la couronne....204
Le vent solaire et la magnétosphère....207
L'activité du Soleil et les cycles solaires : quel temps fait-il là-haut ?....207
Les neutrinos du Soleil : pourquoi en manque-t-il ?....213
Notre Soleil va-t-il mourir un jour ?....214
Observez le Soleil en toute sécurité, par projection ou à l'aide de filtres....215
L'observation du Soleil avec la technique de projection....216
L'observation du Soleil à l'aide de filtres....219

Observez le Soleil et amusez-vous !....220
À la recherche des taches solaires....221
Admirez les images solaires sur le Web....224
Une éclipse totale du Soleil, une expérience inoubliable....226

Chapitre 11 : Les étoiles, ces réacteurs nucléaires..233

Les cycles de vie des étoiles chaudes et massives....234
Les YSO sont des bébés étoiles....236
Les étoiles de la séquence principale vivent longtemps adultes....237
Les géantes rouges....238
Les étoiles en phase terminales d'évolution....238
Température, masse, et diagramme de Hertzsprung-Russell....246
Les types spectraux des étoiles....246
Classifions la luminosité des étoiles....248
C'est la masse d'une étoile qui détermine son type....249
L'interprétation du diagramme de Hertzsprung-Russel....250

Chapitre 12 : Les galaxies : la Voie lactée et ce qu'il y a au-delà....253

La Voie lactée, c'est notre galaxie....254
Quelle est la forme de la Voie lactée ?....256
Où trouver la Voie lactée ?....258
Comment la Voie lactée s'est-elle formée et quand ?....258
Les étoiles associées dans des amas stellaires....259
Les amas ouverts....260
Les amas globulaires....262
Les associations O-B....264
Les nébuleuses sont des nuages, brillants ou non....264
Les nébuleuses planétaires....265
Les restes de supernovae....267
Des nébuleuses qui valent le coup d'œil....267
Les galaxies sont des îles dans l'Univers....271
Les galaxies spirales, spirales barrées et lenticulaires....272
Les galaxies elliptiques....273
Les galaxies irrégulières, naines et à faible éclat de surface....274

Chapitre 13 : Trous noirs et quasars 277

Les trous noirs sont étranges et irrésistibles....................277
Les types de trous noirs 278
Qu'y a-t-il à l'intérieur d'un trou noir ? 279
Et à l'extérieur d'un trou noir ?...............................282
Les distorsions de l'espace et du temps 283
Les quasars défient toute définition..................................285
Les noyaux actifs de galaxies 287

Quatrième partie : Cet Univers si remarquable..................................289

Chapitre 14 : La matière noire et l'antimatière..........291

La matière noire, c'est le ciment des galaxies..................292
La matière derrière la masse manquante 292
Mais de quoi se compose la matière noire ?...........295
À la recherche de la matière noire....................................296
Les WIMPs sont farouches, mais elles laissent quand même des traces… 297
Les MACHOS, en revanche, vous en mettent plein la vue !...297
On peut cartographier la matière noire...................298
La matière noire a une importance primordiale.....298
L'antimatière : les opposés s'attirent 299

Chapitre 15 : Le big bang et l'évolution de l'Univers..301

Les fondements de la théorie du big bang 302
L'inflation de l'Univers...304
Partie de rien ? 305
L'inflation et la forme de l'Univers...........................305
L'énergie du vide accélère-t-elle l'expansion ? 307
Les « germes » de galaxie et le fond diffus cosmologique...309
La constante de Hubble et l'âge de l'Univers...................311
Quelle est la véritable vitesse de déplacement des galaxies ? 311
Une constante inconstante ? 312
Comment mesure-t-on la distance des galaxies ?...313

Cinquième partie : Curiosités et idées fausses 315

Chapitre 16 : Dix curiosités astronomiques et spatiales 317

Chapitre 17 : Dix idées fausses très répandues sur l'astronomie et l'espace 323

Sixième partie : Annexes 329

Annexe A : Repères historiques 331

Annexe B : Glossaire 335

Index 339

Introduction

L'astronomie, c'est l'étude du ciel, c'est la science des objets cosmiques et des événements célestes. C'est une investigation de la nature de l'Univers dans lequel nous vivons. Les astronomes font leur travail en observant et, pour les radioastronomes, en « écoutant ». Pour pratiquer l'astronomie, on utilise des lunettes astronomiques ou des petits télescopes (instruments d'amateur), des gigantesques instruments d'observatoires, et des satellites en orbite autour de la Terre et tournés vers l'espace. On envoie dans le ciel des télescopes à bord de bruyantes fusées et de ballons sans équipage. Et l'on expédie aussi dans le système solaire quelques instruments à bord de sondes spatiales.

Il y a l'astronomie professionnelle et l'astronomie d'amateur. On compte environ 13 000 professionnels qui pratiquent cette science dans le monde entier, et environ 50 000 astronomes amateurs en France.

Les astronomes professionnels effectuent des recherches sur le Soleil et sur le système solaire, sur notre galaxie, la Voie lactée, et sur l'Univers qui se trouve au-delà. Ils enseignent dans des universités, conçoivent des satellites dans des laboratoires nationaux, et dirigent des planétariums. Ils écrivent aussi des livres, comme celui-ci. La plupart d'entre eux sont titulaires d'un doctorat. Pourtant, on en trouve qui ne connaissent même pas les constellations, car beaucoup d'entre eux passent leur temps à étudier des problèmes physiques complexes, et à utiliser des télescopes complètement automatisés.

Les astronomes amateurs, eux, connaissent les constellations. Ils partagent un passe-temps excitant. Certains d'entre eux le pratiquent seuls, et des milliers d'autres deviennent membres de clubs d'astronomie et d'organisations de toutes sortes. Les clubs transmettent aux débutants le savoir-faire des membres expérimentés, ils partagent des télescopes et des équipements, et ils organisent des réunions où les membres discutent de ce qu'ils ont observé ou photographié dans le ciel, ou bien encore écoutent des conférences et rendent visite à des scientifiques.

Les astronomes amateurs organisent également des réunions d'observation où tout le monde apporte son télescope (ceux qui n'en possèdent pas peuvent regarder à travers le télescope de quelqu'un d'autre). Ces séances d'observation sont organisées à des intervalles réguliers (par exemple le premier samedi soir de chaque mois), ou lors d'occasions spéciales comme pour la « Nuit des étoiles filantes » début août, ou l'apparition périodique d'une comète brillante comme celle de Hale-Bopp ou de Hyakutake). Ils font des économies pour pouvoir participer aux événements vraiment importants, comme une éclipse totale de Soleil. Lorsqu'un tel phénomène se produit, des milliers d'amateurs et des dizaines de pros se rendent à l'autre bout du monde s'il le faut, pour se placer dans la bande de totalité de l'éclipse et assister à l'un des spectacles les plus magnifiques que nous offre la nature.

Ce livre vous explique tout ce que vous avez besoin de savoir pour vous lancer dans la pratique de ce merveilleux loisir. Et il vous fait la courte échelle pour vous aider à comprendre les bases des sciences de l'Univers. Les dernières missions spatiales prendront pour vous plus de sens : vous comprendrez pourquoi des sondes spatiales sont, en ce moment même, en route pour Saturne et son plus gros satellite naturel, Titan, et vers une comète afin de capturer un peu des poussières de sa queue !

Vous saurez aussi pourquoi le télescope spatial Hubble scrute le ciel profond, et comment vous pourrez vous tenir au courant de l'évolution d'autres missions spatiales. Et lorsque les dernières découvertes seront présentées dans les journaux et à la télé, depuis l'espace, depuis les grands télescopes implantés à Hawaii et au Chili, ou depuis d'autres observatoires situés dans le monde entier, vous connaîtrez déjà le fond du sujet et vous serez mieux à même d'apprécier ces nouvelles.

Qui êtes-vous, et qu'attendez-vous de ce livre ?

Vous lisez probablement ce livre parce que vous voulez savoir ce qui se passe dans les cieux, ou ce que peuvent bien faire les scientifiques des programmes spatiaux. Peut-être avez-vous entendu dire que l'astronomie, c'est un passe-temps vraiment sympa, et peut-être même vous demandez-vous si cela vous plairait de le pratiquer et de quel équipement vous auriez alors besoin.

Vous n'êtes pas un scientifique. Vous aimez tout simplement admirer le ciel nocturne, mais vous avez été piqué par la mouche du savoir, et vous voulez voir et comprendre la véritable beauté de l'Univers.

Vous voulez observer les étoiles, mais vous voulez aussi savoir ce que vous observez. Peut-être même rêvez-vous de faire vous-même une découverte. Et c'est vrai qu'il n'est pas nécessaire d'être un astronome pour détecter une nouvelle comète, par exemple. Si vous le souhaitez, vous pourrez même contribuer à la recherche de E.T. ! Quel que soit votre objectif, ce livre va vous aider à l'atteindre.

Ne lisez que les passages qui vous intéressent, dans l'ordre qui vous convient. J'essaie d'expliquer ce dont vous avez besoin au fur et à mesure de votre lecture.

L'astronomie est fascinante et amusante. Donc ne vous arrêtez pas de lire. Avant que vous n'ayez eu le temps de dire " Ouf ! ", vous identifierez Jupiter, vous reconnaîtrez les constellations et les étoiles célèbres, ou vous suivrez des yeux ISS, la Station Spatiale Internationale, lorsqu'elle passera à toute vitesse au-dessus de votre tête. Les voisins vous appelleront peut-être « l'astronome ». Les gendarmes vous interpelleront et vous demanderont ce que vous faites dans ce parc au beau milieu de la nuit, ou pourquoi vous vous tenez debout sur le toit de votre immeuble avec une grosse paire de jumelles. Répondez-leur que vous êtes un astronome amateur. Celle-là, ils ne l'ont probablement jamais entendue.

Ce livre et votre voyage à travers l'Univers

Si vous avez déjà jeté un coup d'œil au sommaire, vous savez que ce livre est organisé en parties. Voici ce que vous allez trouver dans les six parties principales.

Première partie : À l'affût du cosmos

Vous admirez les étoiles nuit après nuit (bon d'accord, peut-être pas chaque nuit, mais tout de même…). À chaque fois, vous êtes saisi par la même fascination que le cosmos a toujours exercée sur les hommes. Vous observez, vous vous posez des questions et vous voulez en savoir davantage. Quelles sont ces lumières dans le ciel ? Pourquoi ont-elles l'apparence qu'elles ont, et pourquoi se déplacent-elles comme elles le font ? Certaines sont-elles dangereuses ? Devriez-vous envoyer des signaux à votre jumeau cosmique ?

Cette partie va vous permettre de trouver vos propres réponses à certaines de ces questions, en vous fondant sur les réponses qui ont déjà été trouvées par d'autres. Des milliers d'astronomes amateurs se rassemblent pour s'entraider et partager leurs connaissances. L'astronomie est amusante, tout autant que pratique (et même éducative, disons-le).

Dans cette partie, je vous donne des conseils pour observer des objets célestes avec et sans instrument d'optique, pour choisir des jumelles et des télescopes, et pour trouver les bons endroits afin de profiter des meilleures vues. Je vous présente de charmants visiteurs du soir, et vous prépare aussi à poursuivre votre exploration de l'Univers.

Deuxième partie : Il était une fois le système solaire

Il est bien naturel de vouloir connaître ses voisins. Les voisins de la Terre constituent une collection de planètes, de lunes et de pierrailles planétaires en orbite autour du Soleil. Comme tous voisins, ils partagent certaines caractéristiques, mais ils ont aussi de grandes différences.

Les chapitres de cette partie se concentrent sur l'aspect de l'observation des planètes, de telle sorte que vous sachiez ce que vous êtes en train d'observer et que vous puissiez d'autant plus en apprécier la vue. Pourtant, j'essaie aussi de répondre à la question que tout le monde se pose : " Y a-t-il quelque chose de vivant là-haut ? " Et la réponse, c'est non, du moins jusqu'à présent. Mais nous cherchons encore. Et peut-être serez-vous un jour celle ou celui qui trouvera la réponse définitive.

Troisième partie : Notre bon vieux Soleil et les autres étoiles

Vous posez-vous des questions sur les galaxies lointaines, très lointaines ? Cette partie, qui commence avec le Soleil, vous emmène à travers les étoiles, les géantes rouges et les naines blanches, elle vous fait passer à l'improviste de galaxies distantes en objets du ciel exotiques, pour terminer avec les trous noirs. Voulez-vous vraiment y aller ? Vous pourriez bien être emporté !

Comme Hubert Reeves l'a écrit, « nous sommes tous faits de poussières d'étoiles ». Donc, comprendre les étoiles et admirer leur diversité affermit notre lien avec l'Univers.

Cette partie présente le plus brillant des objets du ciel pour votre plaisir d'observation. J'y explique aussi clairement que possible les cycles de vie des étoiles, de telle sorte que vous puissiez apprécier les forces qui font fonctionner l'Univers et qui le rendent infiniment fascinant.

Quatrième partie : Cet Univers si remarquable

Lisez cette partie lorsque vous serez en quête d'une distraction, de quelque chose qui secoue vos méninges avec des idées et des possibilités qui obligent à réfléchir. Installez-vous confortablement dans votre canapé avec un bon verre, et découvrez la matière noire et l'antimatière (mais oui, l'antimatière existe vraiment dans le monde réel, et pas seulement dans les films de science-fiction). Et aussi, lorsque vous serez prêt, méditez sur l'ensemble de l'Univers : comment a-t-il commencé à exister, quelle est sa forme, et comment va-t-il évoluer ?

Cinquième partie : Quelques curiosités et des idées fausses

Vous êtes-vous déjà trouvé dans une soirée à rechercher désespérément quelque chose d'intéressant et d'unique à raconter ? Avez-vous trituré vos méninges pour y trouver une anecdote captivante, qui aurait fait de vous la personne douée d'une intelligence supérieure que tout le monde aurait remarquée ? Pour être à même de vous emparer du prochain trou dans un conversion, lisez cette partie. Je vous y présente dix bizarreries relatives à l'espace, et je vous garantis qu'elles attireront l'attention de votre public. Enfin, je profite de cette tribune pour stigmatiser les dix erreurs " astronomiques " les plus fréquentes de la plupart des gens, et surtout des médias !

Sixième partie : Annexes

Les annexes de cette partie devraient faciliter vos observations du ciel au cours des prochaines années. La première annexe propose quelques repères historiques en astronomie. En second lieu, vous trouverez un glossaire, dans lequel figurent les définitions de quelques termes d'astronomie. Vous les emploierez souvent en pratiquant votre passe-temps préféré, la tête dans les étoiles.

Icônes utilisées dans l'ouvrage

Tout au long de ce livre, de petites icônes bien pratiques signalent des informations particulièrement utiles, même s'il s'agit simplement de vous éviter de vous prendre la tête sur les passages particulièrement coton. Voici la signification de chacune d'elles :

Cette cible vous signale l'info d'initié qui fait mouche et que vous utiliserez pour observer le ciel.

L'observation, c'est la clé de l'astronomie, et ces conseils feront de vous un pro. Ils vous aideront à faire le tour des techniques et des occasions de développer votre acuité visuelle.

Vous devrez parfois parler le jargon pour impressionner vos amis et porter vos activités d'observation vers de nouveaux sommets. Ce moussaillon vous signale le mot juste.

Est-ce dangereux de juste observer le ciel ? Pas beaucoup, si vous faites attention. Mais il y a vraiment des choses pour lesquelles on ne fait jamais assez attention. Cette bombe vous avertit de ne pas vous brûler.

Ne soyez pas crédule. Cette icône vous dévoile la vérité qui se cache derrière certaines idées reçues sur l'astronomie.

Ce p'tit gars signale des connaissances qui ne sont pas indispensables si vous souhaitez simplement connaître les bases et commencer à observer les cieux. Il est parfois bon de connaître le contexte scientifique, mais beaucoup de gens profitent à fond de la contemplation des étoiles sans en savoir plus que ça sur les caractéristiques physiques des supernovae, ni davantage d'ailleurs sur les maths de la fuite des galaxies. Cette icône vous avertit de ce qui vous attend.

L'astronomie et l'espace sont riches en sources sur le Web. Vous pouvez vous tenir informé sur quasiment n'importe quel sujet concernant l'astronomie et les sciences spatiales en visitant ces sites. Il est notoire que les sites Web font l'objet de changements rapides. Ces adresses Internet étaient exactes à la date de publication de ce livre, mais ne soyez pas surpris si quelques-unes d'entre elles ont évolué.

Certaines techniques et certains équipements de l'astronomie et des sciences spatiales vous en donnent vraiment pour votre argent. Cette icône signale nos préférés, le summum du top.

Et maintenant ?

Vous pouvez commencer à l'endroit qui vous plaira. Vous vous sentez concerné par le destin de l'Univers ? Alors commencez par le big bang.

Mais il est plus probable que vous souhaitiez savoir ce qui vous attend au fur et à mesure que vous vous consacrez davantage à votre passion pour les étoiles.

Où que vous commenciez, j'espère que vous allez continuer votre exploration cosmique et que vous allez profiter du plaisir, de l'excitation et de l'enchantement que les humains ont toujours eu à contempler les cieux.

Première partie

À l'affût du cosmos

Dans cette partie…

Les humains ont toujours été fascinés par les objets du ciel et par les événements qui s'y produisent. À travers l'histoire, l'intérêt qu'ils ont porté à l'astronomie a été à la fois d'ordres pratique et religieux. Les marins naviguaient en suivant les étoiles et les paysans semaient et récoltaient leurs moissons en fonction des phases de la Lune (certains le font encore). Les hommes ont aussi construit des sites dédiés aux rites, comme Stonehenge (un sanctuaire du culte solaire), et ils ont développé des cérémonies destinées à célébrer les événements astronomiques. Ils se sont toujours posé des questions sur la nature des objets dans les cieux.

Vous pouvez, vous aussi, prendre part à cette grande tradition humaine. Dans cette partie, je vous présente la science de l'astronomie, et je vous propose des techniques et des conseils pour l'observation des planètes, des comètes, des météores du ciel nocturne.

Chapitre 1

L'art et la science de l'astronomie

Dans ce chapitre :

- La nature de l'astronomie
- Voyager à des années-lumière et au-delà
- La force de gravitation

Mettez le nez dehors par une nuit sans nuage et regardez le ciel. Si vous habitez en ville ou en banlieue, vous verrez scintiller des dizaines, voire des centaines d'étoiles. Selon la période du mois, vous verrez peut-être aussi la Lune, et jusqu'à cinq planètes qui tournent autour du Soleil.

Une « *étoile filante* » passe au-dessus de votre tête, c'est un *météore,* une minuscule poussière cométaire qui traverse à toute allure les couches supérieures de l'atmosphère.

Un point lumineux se déplace bien plus lentement et régulièrement à travers le ciel. Est-ce un satellite artificiel, comme le télescope spatial *Hubble,* ou juste un avion de ligne ? Avec une paire de jumelles, vous pourrez peut-être voir la différence.

L'avion de ligne aura peut-être des lumières allumées, et vous pourrez peut-être discerner sa forme.

Si vous êtes à la campagne, ou sur la plage à bonne distance de stations balnéaires et des autres infrastructures éclairées, ou encore dans les montagnes loin de toute piste de ski inondée de lumière, vous pourrez voir des milliers d'étoiles. La *Voie lactée* constitue une superbe traînée blanchâtre, floue et irrégulière, qui enjambe les cieux. C'est en fait l'éclat accumulé de millions d'étoiles faiblement lumineuses, qu'il est impossible de distinguer séparément à l'œil nu. Si vous vous trouvez sur un lieu vraiment formidable pour l'observation, par exemple dans les Andes à Cerro Tololo, au Chili, vous pourrez voir encore plus d'étoiles. Elles y semblent suspendues comme des lampes brillantes devant un fond de ciel noir comme du charbon, et beaucoup ne scintillent même pas. Et tout cela vous rappelle ce somptueux tableau de Van Gogh, *La Nuit étoilée*.

En contemplant le ciel, vous êtes en fait déjà en train de pratiquer l'astronomie. Car vous observez déjà l'Univers qui vous entoure et essayez de comprendre ce que vous voyez.

L'astronomie est une science de l'observation

L'astronomie, c'est l'étude du ciel, c'est la science des objets cosmiques et des événements célestes. C'est une investigation de la nature de l'Univers dans lequel nous vivons. Les astronomes font leur travail en observant et, pour les radioastronomes, en « écoutant ». Pour pratiquer l'astronomie, on utilise des petits *télescopes* d'amateur, des gigantesques instruments d'observatoires, et des satellites en orbite autour de la Terre et tournés vers l'espace. On envoie dans le ciel des télescopes à bord de bruyantes fusées et de ballons sans équipage. Et l'on expédie aussi dans le système solaire quelques instruments à bord de sondes spatiales.

Les astronomes professionnels effectuent des recherches sur le Soleil et sur le système solaire, sur notre galaxie, la Voie lactée, et sur l'Univers qui se trouve au-delà. Ils enseignent dans des universités, conçoivent des satellites dans des laboratoires nationaux, et dirigent des planétariums. Ils écrivent aussi des livres, comme celui-ci. La plupart d'entre eux sont titulaires d'un doctorat. À force d'étudier des problèmes de physique complexe et de travailler avec des télescopes automatiques, beaucoup d'entre eux ne regardent plus le ciel. On en trouve même qui ne connaissent pas les constellations. Les constellations sont des groupes d'étoiles auxquels les anciens astronomes donnèrent des noms comme Ursa Major (*la Grande Ourse*) et qui constituent pourtant le premier contact pour beaucoup de gens avec l'astronomie. La figure 1-1 montre *le Grand Chariot* (appartenant à la Grande Ourse) dans le ciel nocturne.

Figure 1-1 : Une photo du Grand Chariot.

Outre les quelque 13 000 astronomes professionnels qui pratiquent cette science dans le monde entier (de l'ordre de 800 en France), des milliers d'astronomes amateurs adorent étudier les cieux. On en compte environ 50 000 en France.

En général, les astronomes amateurs connaissent les constellations. Ils apprennent d'abord à les reconnaître pour s'en servir de repères et explorer le ciel à l'œil nu, avec des jumelles et avec des télescopes.

Pendant des milliers d'années, tout ce que les hommes savaient des cieux avait simplement été déduit de l'observation du cosmos. Donc, la première chose que vous devez savoir pour comprendre l'astronomie, c'est que quasiment tout ce dont elle traite

- est appris en étudiant *la lumière* qui nous parvient des objets de l'espace ;
- est observé *à distance* ;
- se déplace dans l'espace sous l'influence de la force de *gravitation.*

Ce chapitre vous présente les concepts de lumière, de distance et de gravitation.

Ce que l'astronomie n'est pas

L'astronomie, ce n'est pas l'*astrologie* ! Rien n'irrite plus un astronome que d'être appelé « astrologue » par une âme innocente. Les astronomes croient que lorsque Jupiter et Mars sont en conjonction, c'est tout simplement un spectacle merveilleux à observer, mais pas un présage de bonne ou de mauvaise fortune.

Les astronomes ne sont pas des spécialistes des objets volants non identifiés (ovnis). Ils ne sont pas impliqués dans la recherche d'ovnis. D'habitude, ils peuvent identifier ce qu'ils observent. Les astronomes et les spécialistes des ovnis scrutent le ciel, et ils y observent des étoiles et des planètes. Mais en général, seuls les spécialistes des ovnis prennent au sérieux des rencontres avec les soi-disant vaisseaux spatiaux ou créatures extraterrestres.

En revanche, SETI, la recherche de vie extraterrestre intelligente, c'est une tout autre histoire. Ce sont des astronomes qui dirigent ce programme. Ils utilisent pour cela des grands radiotélescopes, et tendent l'oreille « à l'écoute » de signaux répétés venant du cosmos, avec l'espoir que ce soient des transmissions délibérées en provenance de planètes lointaines. Et récemment, ils ont commencé à rechercher des messages qui pourraient nous arriver sous la forme de signaux lumineux, produits peut-être par de puissants lasers construits et manœuvrés par des civilisations plus avancées que la nôtre.

Les astronomes n'ont pas encore entendu E.T., mais ils sont à l'écoute. Tout ce que les astronomes ont appris sur les planètes et sur les étoiles amène la plupart d'entre eux à penser que des planètes habitables doivent exister quelque part. De nombreux astronomes croient ce que Carl Sagan ne se lassait pas de répéter : « Nous ne sommes pas seuls. »

Le langage de la lumière

La lumière nous apporte des informations sur les planètes, les satellites et les comètes de notre système solaire ; sur les étoiles, amas d'étoiles et les nébuleuses de notre galaxie ; et sur les objets célestes situés au-delà de notre galaxie.

Autrefois, les gens ne savaient rien de la physique ni de la chimie des étoiles ; ils apprenaient et se transmettaient des contes et des mythes populaires : la Grande Ourse, la tête de

Satan (ou tête de la Méduse), et d'autres. Les contes variaient d'une culture à l'autre. Mais beaucoup de gens apprirent à identifier et reconnaître les figures d'étoiles. En Polynésie, des navigateurs de talent se déplaçaient en canot à travers des centaines de kilomètres d'océan, sans aucun repère terrestre en vue et sans boussole. Ils s'orientaient grâce aux étoiles, au Soleil et à leurs connaissances des vents et des courants.

Les Anciens notaient la brillance, la position dans le ciel et la couleur des étoiles. Ces informations leur permettaient de distinguer un objet céleste d'un autre, et de les reconnaître une fois qu'ils étaient devenus familiers. Certaines des notions de base de la reconnaissance et de la description de ce que vous voyez dans le ciel consistent à :

- faire la distinction entre les étoiles et les planètes ;
- identifier les constellations et les étoiles par leurs noms ;
- observer l'éclat (donné en magnitudes) ;
- porter sur une carte une position dans le ciel (mesurée en unités spéciales) ;
- reconnaître les météores et les comètes.

Ces planètes qui vagabondent dans le ciel étoilé

Le terme planète vient du grec *planêtês* qui veut dire « vagabond ». Les Grecs, comme quasiment tout le reste du monde, remarquèrent que des points lumineux se déplaçaient à travers les figures d'étoiles dans le ciel. Certains avançaient régulièrement ; d'autres revenaient occasionnellement sur leurs chemins respectifs. Personne ne savait pourquoi. Et ces points lumineux ne scintillaient en général pas, au contraire des étoiles bien souvent. On n'avait pas non plus d'explication satisfaisante de cette différence. Chaque culture avait donné des noms à ces cinq points lumineux, ou planètes. Aujourd'hui, nous les appelons Mercure, Vénus, Mars, Jupiter et Saturne. Et quasiment tout le monde sait qu'elles ne vagabondent pas à travers les étoiles, mais qu'elles tournent autour du Soleil, leur étoile centrale.

De la mythologie à la science

Après le Moyen-Âge, les explications scientifiques des objets de l'espace commencèrent à remplacer les mythes. Au lieu de continuer à croire à d'anciens mythes, comme par exemple le mythe égyptien selon lequel le Soleil et la Lune sont transportés dans le ciel sur le dos de la déesse Nout, les astronomes se rendirent compte que la Terre tourne, qu'elle orbite autour du Soleil et que la Lune orbite autour de la Terre.

Isaac Newton formula la théorie de la gravitation, et les gens commencèrent à comprendre ce qui fait que les objets restent en orbite, et pourquoi les planètes éloignées du Soleil parcourent leurs orbites à des vitesses plus lentes que celles qui sont plus proches.

Depuis, les hommes ont construit les *spectrographes* et d'autres instruments, et ils les ont montés sur des télescopes. Ces appareils indiquent aux astronomes comment sont les étoiles, quelles substances y sont présentes, à quelles vitesses elles se déplacent vers la Terre ou s'en éloignent, et d'autres informations physiques de base. Si elles possèdent des champs magnétiques, nous pouvons les mesurer à une certaine distance. Et nous pouvons estimer la force du champ gravitationnel à la surface d'une étoile, la densité de son gaz, et d'autres choses encore. (Le mot gaz se rapporte ici à la matière dans un certain état physique, gazeux par opposition à liquide, et pas à un gaz particulier. Sur une étoile, le fer est un gaz, c'est-à-dire qu'il est à l'état gazeux.)

L'information physique la plus difficile à obtenir, c'est la distance des étoiles et celle d'autres objets au-delà des planètes de notre système solaire. Certaines étoiles ont l'air brillantes, mais en fait c'est juste parce qu'elles se trouvent être proches de nous. (« Proche » signifie ici à une distance de quatre années-lumière ou davantage, mais pas une centaine d'années-lumière ; pour une définition de l'année-lumière, qui est une unité de distance, lisez la section « Ne confondez pas année et année-lumière » plus loin dans ce chapitre). D'autres étoiles ont un éclat si faible qu'il faut un puissant télescope d'observatoire pour les discerner, et pourtant elles sont proches (bon d'accord, disons qu'elles ne sont éloignées que d'une dizaine d'années-lumière ou deux...).

Aujourd'hui, nous savons que les planètes peuvent être plus grandes ou plus petites que la Terre, mais qu'elles sont bien plus petites que le Soleil. Elles sont bien plus proches de nous autres, sur la planète Terre, que les autres étoiles, de telle sorte que leurs disques sont perceptibles, au moins avec un télescope, ce qui veut dire que les planètes ont une forme ronde définie et une taille discernable. Les étoiles sont tellement éloignées de la Terre que même lorsqu'on les observe à travers un puissant télescope, ce ne sont que des points lumineux.

Le nom des étoiles et les constellations

J'ai toujours dit aux personnes qui visitaient des planétariums et tendaient le cou pour regarder les étoiles projetées au-dessus d'elles : « Si vous ne voyez pas de Grande Ourse là-haut, ne vous en faites pas. En revanche, ceux qui voient vraiment une Grande Ourse devraient se faire du souci ! ».

Les Anciens divisaient le ciel par des figures imaginaires, comme « Ursa Major » (la Grande Ourse, en latin), « Cygnus » (le Cygne, en latin), « Andromeda » (Andromède, la princesse enchaînée) et « Perseus » (Persée, le héros). Chaque figure correspondait à une figure d'étoiles. La vérité, c'est que pour la plupart des gens aujourd'hui, Andromède ne ressemble pas beaucoup à une princesse enchaînée, ni d'ailleurs à quoi que ce soit d'autre (voir la figure 1-2).

Aujourd'hui, le ciel est partagé en 88 constellations qui contiennent toutes les étoiles que vous pouvez observer. L'Union astronomique internationale, qui gouverne la science de l'astronomie, a arrêté les limites des constellations, de telle sorte que les astronomes puissent se mettre d'accord sur la position d'une étoile dans telle ou telle constellation. Auparavant, les cartes du ciel, qui avaient été tracées au fil des siècles par différents astronomes, ne concordaient souvent pas. Lorsque vous lisez que la nébuleuse de la Tarentule se trouve dans la Dorade (voir le chapitre 12), vous savez que pour voir cette nébuleuse, vous devez la chercher dans la constellation australe (c'est-à-dire de l'hémisphère Sud) de la Dorade.

La plus grande constellation est celle de l'Hydre femelle (*Hydra*, en latin), ou serpent aquatique. La plus petite est celle de la Croix du Sud (*Crux*, en latin). Bien qu'il existe un consensus général sur les noms des constellations, il n'y en a pas sur ce que chacun de ces noms signifie. Par exemple, certains astronomes appellent la Dorade « le poisson-épée », mais quant à moi, j'aimerais mieux sabrer ce nom. La constellation du Serpent (*Serpens*, en latin) est scindée en deux parties qui ne sont pas liées. Ces deux parties, qui sont situées de part et d'autre du Serpentaire (*Ophiuchus*, en latin, c'est-à-dire le « porteur de serpent »), s'appellent la Tête du Serpent (*Serpens caput*, en latin) et la Queue du Serpent (*Serpens cauda*).

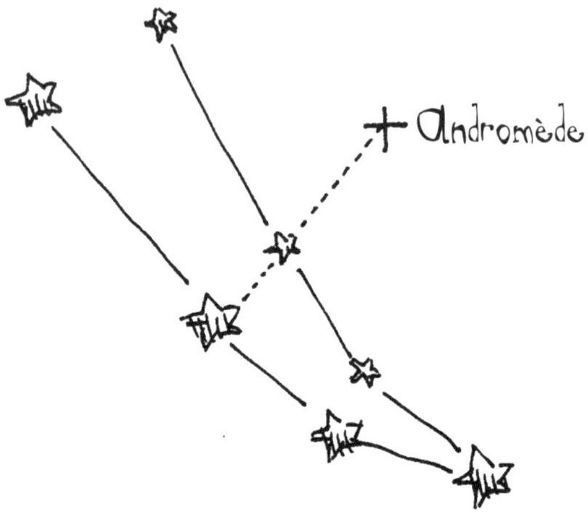

Figure 1-2 : Andromède est-elle vraiment enchaînée ?

Les étoiles individuelles qui forment une constellation n'ont souvent aucune relation les unes avec les autres, sauf leur proximité apparente dans le ciel observé depuis la Terre. Dans l'espace, les étoiles d'une constellation peuvent ainsi n'avoir aucun lien physique entre elles et être situées à des distances de la Terre très différentes. Mais elles forment une figure simple que l'on peut admirer sur Terre.

La règle en vigueur pour les noms des étoile est la suivante : l'astronome allemand Bayer attribua en 1603 aux étoiles brillantes de chaque constellation une lettre minuscule de l'alphabet grec. Dans chaque constellation, l'étoile la plus brillante était censée être désignée par alpha, la première lettre de l'alphabet grec. La deuxième étoile plus brillante était appelée bêta, la seconde lettre de l'« alpha-bet » grec, et ainsi de suite jusqu'à oméga, la vingt-quatrième et dernière lettre. (Il s'agit des lettres minuscules, et pas des majuscules, et on les écrit α, β..., ω.)

Donc Sirius, qui est l'étoile la plus brillante du ciel nocturne et se trouve dans la constellation du Grand Chien (*Canis Major*, en latin), s'appelle Alpha Canis Majoris. (Les astronomes, toujours amateurs de latin, ajoutent le suffixe du génitif au nom de la constellation.) Le tableau 1-1 présente les lettres minuscules de l'alphabet grec, dans l'ordre, avec les noms des lettres et les symboles correspondants.

Tableau 1-1 L'alphabet grec

Lettres minuscule	*Noms*
a	alpha
ß	bêta
γ	gamma
δ	delta
ε	epsilon
ζ	dzêta
η	êta
θ	thêta
ι	iota
κ	kappa
λ	lambda
μ	mu
ν	nu
ξ	xi
ο	omicron

Tableau 1-1 (suite) — L'alphabet grec

Lettres minuscule	*Noms*
π	pi
ρ	rhô
σ	sigma
τ	tau
υ	upsilon
φ	phi
χ	khi
ψ	psi
ω	oméga

Si vous observez vraiment les constellations aujourd'hui, vous allez remarquer que sur une carte du ciel, on rencontre de nombreuses exceptions à la règle de l'ordre d'éclat des étoiles selon l'alphabet grec. Ces exceptions existent parce que :

- Les lettres ont été affectées en se fondant sur des observations à l'œil nu de l'éclat, qui n'étaient pas très précises.
- Avec les années, les limites des constellations ont été modifiées par les astronomes qui dressèrent des atlas d'étoiles, et certaines étoiles furent ainsi déplacées dans une nouvelle constellation après que les étoiles de cette constellation eurent déjà reçu une lettre.
- De nombreuses petites constellations australes (de l'hémisphère Sud) ont été dessinées bien après la période grecque, et la règle n'a pas toujours été suivie.
- L'éclat de certaines étoiles a changé au cours des nombreux siècles depuis l'Antiquité.

Un bon (ou mauvais) exemple de cette situation est constitué par la constellation du Petit Renard (Vulpecula, en latin), où une seule des étoiles (alpha) possède un nom composé d'une lettre grecque.

CONSEIL

Si vous étudiez une carte du ciel, vous trouverez que les étoiles individuelles d'une constellation ne sont pas désignées par α Canis Majoris, β Canis Majoris, etc. Habituellement, on indique le nom de la constellation sur la zone d'ensemble, et chacune des étoiles qui lui appartiennent ne sont repérées que par α, β, etc. Lorsque par exemple vous tombez sur le nom d'une étoile sur une liste d'objets à observer d'un magazine d'astronomie, ce nom ne sera probablement pas imprimé sous la forme Alpha Canis Majoris ni même a Canis Majoris. Au lieu de cela, pour qu'il occupe moins de place, il sera imprimé α CMa ; « CMa » est l'abréviation de trois lettres de Canis Majoris. (C'est aussi l'abréviation de Canis Major, le Grand Chien.) Vous trouverez l'abréviation de chacune des constellations dans le tableau 1-2.

Les astronomes n'avaient pas en réserve de noms spéciaux comme « Sirius » pour chaque étoile de Canis Major, et ils les ont donc nommées par des lettres de l'alphabet grec, ou avec d'autres symboles. En fait, dans certaines constellations, aucune étoile n'a reçu de nom particulier. (Ne vous laissez pas rouler par les pubs qui vous proposent, contre paiement, de donner un nom à une étoile. L'Union astronomique internationale ne reconnaît pas les noms d'étoiles achetés.) Dans d'autres constellations, les lettres grecques furent d'abord toutes attribuées, mais il y avait plus de vingt-quatre étoiles facilement observables et donc pas suffisamment de lettres dans l'alphabet grec pour les nommer toutes. Les astronomes ont donc attribué des nombres et des lettres de l'alphabet romain à de nombreuses étoiles. En voici quelques exemples : 236 Cygni, b Vulpeculae, HR 1516, et il y en a de pires. Il y a même une étoile nommée SX Sex. (Je ne l'invente pas.) Mais comme toutes les autres étoiles, vous pouvez les reconnaître par leurs positions dans le ciel (telles qu'elles sont indiquées dans les listes d'étoiles) et à leurs éclats, couleurs ou autres propriétés, si ce n'est pas le cas par leurs noms.

Alpha ne désigne pas toujours l'étoile la plus brillante, ou l'étoile principale de la constellation. L'étoile principale de Canis Major est Sirius, l'étoile alpha, mais l'étoile principale de la constellation d'Orion, le chasseur, est Rigel, qui est Bêta Orionis, et celle du Petit Lion (Leo Minor, en latin, une constellation particulièrement discrète) est simplement appelée 46 Leo Minoris.

Le tableau 1-2 donne la liste des 88 constellations, l'étoile la plus brillante de chacune, et la magnitude de cette étoile. La magnitude est la mesure de l'éclat de l'étoile. (Je parle de magnitude un peu plus loin dans ce chapitre dans la section « Les magnitudes : plus le nombre est petit, plus l'éclat est grand ».) Lorsque l'étoile principale d'une constellation est son étoile alpha et a un nom, je donne juste le nom. Par exemple, dans « Auriga », le Cocher, l'étoile la plus brillante, Alpha Aurigae, s'appelle « Capella » (la chèvre). Mais lorsque l'étoile principale n'est pas l'étoile alpha, je donne les lettres de l'alphabet grec ou une autre désignation entre parenthèses. Par exemple, l'étoile principale du Cancer est Altarf, qui est Bêta Cancri.

Tableau 1-2 Les constellations et leurs étoiles les plus brillantes

Noms	*Abréviations*	*Significations*	*Étoiles*	*Magnitudes*
Andromeda	And	Andromède, la princesse enchaînée	Alpheratz	2,1
Antlia	Ant	la Machine pneumatique	Alpha Antliae	4,3
Apus	Aps	l'Oiseau de Paradis	Alpha Apodis	3,8
Aquarius	Aqr	le Verseau	Sadalmelik	3,0
Aquila	Aql	l'Aigle	Altaïr	0,8
Ara	Ara	l'Autel	Bêta Arae	2,9
Aries	Ari	le Bélier	Hamal	2,0
Auriga	Aur	le Cocher	Capella	0,1
Bootes	Boo	le Bouvier	Arcturus	-0,04
Caelum	Cae	le Burin	Alpha Caeli	4,5
Camelopardalis	Cam	la Girafe	Bêta Camelopardalis	4,0
Cancer	Cnc	le Cancer	Altarf (Bêta Cancri)	3,5

Tableau 1-2 Les constellations et leurs étoiles les plus brillantes (suite)

Noms	*Abréviations*	*Significations*	*Étoiles*	*Magnitudes*
Canes Venatici	CnV	les Chiens de Chasse	Cor Caroli	2,8
Canis Major	CMa	le Grand Chien	Sirius	-1,5
Canis Minor	CMi	le Petit Chien	Procyon	0,4
Capricornus	Cap	le Capricorne	Algedi	2,9
Carina	Car	la Carène	Canopus	-0,7
Cassiopeia	Cas	Cassiopée	Schedar	2,2
Centaurus	Cen	Centaure	Rigil kentarus	-0,3
Cepheus	Cep	Céphée	Alderamin	2,4
Cetus	Cet	la Baleine	Deneb Kaitos (Bêta Ceti)	2,0
Chamaeleon	Cha	le Caméléon	Alpha Chamaeleontis	4,1
Circinus	Cir	le Compas	Alpha Circini	3,2
Columba	Col	Colombe	Phakt	2,6
Coma Berenices	Com	la Chevelure de Bérénice	Bêta Comae Berenices	4,3
Corona Australis	CrA	la Couronne australe	Alpha Coronae Australis	4,1
Corona Borealis	CrB	la Couronne boréale	la Perle	2,2
Corvus	Crv	le Corbeau	Gienah Corvi (Gamma Corvi)	2,6
Crater	Crt	la Coupe	Delta Crateris	3,6
Crux	Cru	la Croix du Sud	Acrux	0,7

Tableau 1-2 Les constellations et leurs étoiles les plus brillantes (suite)

Noms	*Abréviations*	*Significations*	*Étoiles*	*Magnitudes*
Cygnus	Cyg	le Cygne	Deneb	1,3
Delphinus	Del	le Dauphin	Rotanev (Bêta Delphini)	3,6
Dorado	Dor	la Dorade	Alpha Doradus	3,3
Draco	Dra	le Dragon	Thuban	3,7
Equuleus	Equ	le Petit Cheval	Kitalpha	3,9
Eridanus	Eri	l'Eridan	Achernar	0,5
Fornax	For	le Fourneau	Alpha Fornacis	3,9
Gemini	Gem	les Gémeaux	Pollux (Bêta Geminorum)	1,1
Grus	Gru	la Grue	Alnaïr	1,7
Hercules	Her	Hercule	Ras Algethi	2,6
Horologium	Hor	l'Horloge	Alpha Horologii	3,9
Hydra	Hya	l'Hydre femelle	Alphard	2,0
Hydrus	Hyi	l'Hydre mâle	Bêta Hydri	2,8
Indus	Ind	l'Indien	Alpha Indi	3,1
Lacerta	Lac	le Lézard	Alpha Lacertae	3,8
Leo	Leo	le Lion	Régulus	1,4
Leo Minor	LMi	le Petit Lion	Praecipua (46 Leo Minoris)	3,8
Lepus	Lep	le Lièvre	Arneb	2,6
Libra	Lib	la Balance	Kiffa borealis (Bêta Librae)	2,6
Lupus	Lup	le Loup	Alpha Lupus	2,3
Lynx	Lyn	le Lynx	Alpha Lyncis	3,1

Tableau 1-2 Les constellations et leurs étoiles les plus brillantes (suite)

Noms	*Abréviations*	*Significations*	*Étoiles*	*Magnitudes*
Lyra	Lyr	la Lyre	Véga	0,0
Mensa	Men	la Table	Alpha Mensae	5,1
Microscopium	Mic	le Microscope	Gamma Microscopii	4,7
Monoceros	Mon	la Licorne	Bêta Monocerotis	3,7
Musca	Mus	la Mouche	Alpha Muscae	2,7
Norma	Nor	la Règle	Gamma Normae	4,0
Octans	Oct	l'Octant	Nu Octantis	3,8
Ophiuchus	Oph	le Serpentaire	Rasalhague	2,1
Orion	Ori	Orion	Rigel (Bêta Orionis)	0,1
Pavo	Pav	le Paon	Alpha Pavonis	1,9
Pegasus	Peg	Pégase	Enif (Epsilon Pegasi)	2,4
Perseus	Per	Persée	Mirfak	1,8
Phoenix	Phe	le Phénix	Ankaa	2,4
Pictor	Pic	le Peintre	Alpha Pictoris	3,2
Pisces	Psc	les Poissons	Eta Piscium	3,6
Piscis Austrinus	PsA	le Poisson austral	Fomalhaut	1,2
Puppis	Pup	la Poupe	Naos (Dzeta Puppis)	2,3
Pyxis	Pyx	la Boussole	Alpha Pyxidus	3,7
Reticulum	Ret	le Réticule	Alpha Reticuli	3,4

Tableau 1-2 Les constellations et leurs étoiles les plus brillantes (suite)

Noms	*Abréviations*	*Significations*	*Étoiles*	*Magnitudes*
Sagitta	Sge	la Flèche	Gamma Sagittae	3,5
Sagittarius	Sgr	le Sagittaire	Kaus Australis (Epsilon Sagittarii)	1,9
Scorpius	Sco	le Scorpion	Antares	1,0
Sculptor	Scl	le Sculpteur	Alpha Sculptoris	4,3
Scutum	Sct	l'Ecu de Sobieski	Alpha Scuti	3,9
Serpens	Ser	le Serpent	Unuk	2,7
Sextans	Sex	le Sextant	Alpha Sextantis	4,5
Taurus	Tau	le Taureau	Aldébaran	0,9
Telescopium	Tel	le Télescope	Alpha Telescopii	3,5
Triangulum	Tri	le Triangle	Bêta Trianguli	3,0
Triangulum Australe	TrA	le Triangle austral	Atria (Alpha Trianguli Australis)	1,9
Tucana	Tuc	le Toucan	Alpha Tucanae	2,9
Ursa Major	UMa	la Grande Ourse	Alioth (Epsilon Ursae Majoris)	1,8
Ursa Minor	UMi	la Petite Ourse	la Polaire	2,0
Vela	Vel	les Voiles	Regor (Gamma Velorum)	1,8
Virgo	Vir	la Vierge	Spica	1,0
Volans	Vol	le Poisson volant	Gamma Volantis	3,6
Vulpecula	Vul	le Petit Renard	Anser (Alpha Vulpeculae)	4,4

Il serait bien plus facile d'identifier les étoiles si, comme tous les participants à un congrès, elles portaient des badges à leurs noms, que vous pourriez voir avec votre télescope. Mais ce serait probablement beaucoup moins excitant !

Le Catalogue de Messier et les autres objets du ciel

Donner un nom aux étoiles, c'était facile. Mais qu'en est-il des autres objets célestes, des galaxies, des nébuleuses, des amas d'étoiles et de leurs semblables (dont je parle dans la troisième partie de ce livre). Charles Messier, un astronome français de la fin du XVIIIe siècle, établit une liste d'objets célestes diffus, en leur attribuant des numéros d'ordre. Ce *Catalogue de Messier* est passé à la postérité, et désormais, lorsque vous entendrez prononcer « M 31 », le nom scientifique de la grande galaxie d'Andromède, vous saurez de quoi on parle. Aujourd'hui, on compte 110 objets dans le *Catalogue de Messier* standard.

Retrouvez l'intégralité du Catalogue de Messier sur le site de l'Observatoire de Paris :

www.obspm.fr/messier/Messier_f.html

Chaque objet y est décrit et expliqué avec sa photographie et ses coordonnées dans le ciel.

Les astronomes amateurs expérimentés s'engagent souvent dans des marathons de Messier, dans lesquels chaque participant essaie d'observer chaque objet du Catalogue de Messier pendant une seule et même longue nuit. Mais dans un marathon, vous n'aurez pas le temps d'admirer une nébuleuse individuelle, un amas d'étoiles ou une galaxie. Moi, je vous dis plutôt « Prenez votre temps », et savourez chacun de leurs délices visuels. Voici un livre que je vous recommande sur les objets de Messier, il contient des conseils pour l'observation de chacun d'eux et des cartes facilitant leurs repérages : *Les Objets de Messier* de B. Guillaud-Saumur et O. Réthoré, Masson, 1995.

Il existe des milliers d'autres *objets du ciel profond,* qui est le terme employé par les amateurs pour désigner les amas d'étoiles, les nébuleuses et les galaxies afin de les distinguer des étoiles et des planètes. Vous trouverez nombre d'entre eux dans des listes, des guides d'observation et des cartes du ciel en les recherchant par leur numéro d'ordre NGC *(New General Catalogue)*, ou par leur numéro d'ordre dans le IC *(Index Catalogue)*. Par exemple, le double amas brillant de la constellation de Persée se compose de NGC 869 et NGC 884.

Les magnitudes : plus le nombre est petit, plus l'éclat est grand

Une carte des étoiles, un croquis de constellation ou une liste d'étoiles indiquent toujours la magnitude de chaque étoile. Les *magnitudes* constituent juste une échelle de mesure de l'éclat. Hipparque, un astronome grec de l'Antiquité, divisa les étoiles qu'il pouvait observer en six classes, ou « grandeurs », d'après leur éclat apparent. Les étoiles les plus brillantes étaient appelées étoiles de magnitude 1, les deuxièmes plus brillantes étoiles de magnitude 2, etc., jusqu'aux étoiles qui avaient le plus faible éclat, les étoiles de magnitude 6.

Notez que contrairement à la plupart des échelles et unités de mesure, plus l'étoile est brillante, plus sa magnitude est petite. Les Grecs n'étant pas parfaits, le système d'Hipparque avait un talon d'Achille : sa classification ne laissait pas de place pour les étoiles éventuellement plus brillantes que la magnitude 1.

Or aujourd'hui, nous constatons que quelques étoiles ont une magnitude de 0, ou même une magnitude négative. Sirius, par exemple, a une magnitude de –1,5. Et la planète la plus brillante, Vénus, a parfois une magnitude de –4 (la valeur exacte diffère selon les distances et les positions respectives de Vénus, de la Terre et du Soleil).

Une autre omission : les Grecs n'avaient pas prévu de classe de magnitude pour les étoiles qu'ils ne pouvaient pas voir. À l'époque, cela ne semblait pas être un oubli, parce que personne ne savait rien de ces étoiles. Mais aujourd'hui, nous savons que des millions d'étoiles existent au-delà de la vue à l'œil nu, et elles ont toutes une magnitude : 7 et 8 pour les étoiles qu'on observe facilement aux jumelles, 10 ou 11 pour

Les mathématiques de la brillance

Les étoiles de magnitude 1 sont à peu près 100 fois plus brillantes que les étoiles de magnitude 6. En particulier, les étoiles de magnitude 1 sont environ 2,512 fois plus lumineuses que les étoiles de magnitude 2, qui sont elles-mêmes 2,512 fois plus lumineuses que les étoiles de magnitude 3, etc. Vous, les forts en maths qui lisez ce livre, vous avez déjà reconnu une progression géométrique. Un gain d'une unité en magnitude revient à diviser l'éclat par la racine cinquième de 100 (en effet : 2,512 x 2,512 x 2,512 x 2,512 x 2,512 = 100). Si vous en doutez et que vous effectuez ce calcul, vous obtiendrez un résultat très légèrement différent, parce que j'ai arrondi les décimales.

On peut donc calculer l'éclat d'une étoile faiblement lumineuse à partir de sa magnitude. Si deux étoiles ont une différence de magnitude de 5 (comme dans l'exemple de l'étoile de magnitude 1 et de l'étoile de magnitude 6), leur différence de magnitude correspond à un rapport d'éclat de $2{,}512^5$ (2,512 puissance 5), et une calculette vous donne la réponse, qui est 100. Si leur différence de magnitude est de 6, l'une est environ 250 fois plus brillante que l'autre. Et si vous comparez, disons, une étoile de magnitude 1 à une étoile de magnitude 11, leur rapport d'éclat est de $2{,}512^{10}$, ce qui revient à un facteur de 100 au carré, c'est-à-dire 10 000.

L'objet dont l'éclat est le plus faible et qui est visible à l'aide du télescope spatial Hubble a un éclat plus faible d'une différence de magnitude de 25 par rapport aux étoiles observées à l'œil nu (en supposant une vision et des aptitudes d'observation normales, car certains experts et un certain nombre de menteurs et de frimeurs prétendent pouvoir observer des étoiles de magnitude 7). Une différence de magnitude de 25 est 5 fois une différence de magnitude de 5, ce qui veut dire que le rapport d'éclat est de 100^5. En conséquence, le télescope spatial Hubble peut voir des objets dont l'éclat est 100 x 100 x 100 x 100 ou 10 milliards de fois plus faible que les objets que l'œil humain est capable de déceler au maximum de ses capacités. Nous n'attendons rien de moins d'un télescope qui a coûté un milliard de dollars. Au moins, il n'a pas coûté 10 milliards de dollars.

Vous pouvez vous procurer une lunette ou un télescope pour débuter à moins de 1 000 euros aux adresses suivantes :

`www.stsci.edu`

`http://heritage.stsci.edu`

les étoiles qu'on discerne facilement avec un petit télescope de qualité. Les magnitudes atteignent des chiffres aussi élevés que 21 pour les étoiles dont l'éclat est le plus faible et qui ont été recensées dans une étude du ciel réalisée par l'Observatoire du Mont Palomar. La magnitude atteint même 30 et peut-être 31 pour les objets du plus faible éclat dont le télescope spatial Hubble a réussi à obtenir des images.

Ne confondez pas « année » et « année-lumière »

Les distances aux étoiles et aux autres objets situés plus loin que les planètes de notre système solaire sont mesurées en *années-lumière*. Une année-lumière équivaut environ à 9 460,7 milliards de kilomètres.

Il arrive parfois que les gens croient qu'une année-lumière est une mesure de durée, parce que le terme contient le mot année. Mais une année-lumière est en fait une mesure de distance. C'est la distance que parcourt la lumière en un an à travers l'espace. La vitesse de la lumière est d'environ 300 000 kilomètres par seconde.

Lorsqu'on observe un objet de l'espace, il nous apparaît tel qu'il était lorsque la lumière a quitté l'objet. En voici quelques exemples :

- Lorsque les astronomes repèrent une explosion sur la surface du Soleil, ils ne l'observent pas en temps réel ; la lumière de l'explosion met 8 minutes à parvenir jusqu'à la Terre.
- L'étoile la plus proche après le Soleil, Proxima du Centaure, est éloignée d'environ 4 années-lumière de la Terre. Nous ne pouvons pas observer Proxima telle qu'elle est en ce moment même, et l'image d'elle qui nous parvient est vieille de quatre ans.
- Observez la galaxie d'Andromède par un ciel sombre et sans nuage, une nuit d'automne. C'est l'objet le plus distant que vous pouvez aisément voir à l'œil nu. La lumière que reçoit votre œil a quitté cette galaxie il y a environ 2 millions d'années. Si, pour une raison mystérieuse, la galaxie

Les unités astronomiques (UA)

La distance de la Terre au Soleil est en moyenne d'environ 150 000 000 kilomètres. C'est une unité astronomique (UA). Les distances entre les objets du système solaire sont habituellement mesurées en UA.

Dans les déclarations publiques, les communiqués de presse et les livres destinés au grand public, les astronomes mesurent les distances des étoiles et des galaxies étudiées « depuis la Terre ». Pourtant, entre confrères et dans les revues spécialisées, ils donnent toujours les distances depuis le Soleil, qui est le centre du système solaire. Par exemple, ils diraient que Jupiter se situe à environ 5 UA du Soleil (40 UA pour Pluton).

disparaissait, les gens sur Terre n'en sauraient rien avant deux autres millions d'années.

Voilà ce qu'il faut en retenir :

- Lorsque nous observons l'espace, c'est le passé que nous voyons.
- Il n'existe *aucun moyen* de savoir exactement à quoi ressemble un objet dans l'espace en ce moment même.

Lorsque nous observons les étoiles brillantes d'une galaxie lointaine, il est parfaitement possible, et souvent probable, que ces étoiles individuelles n'existent même plus. Certaines étoiles massives ne vivent que 10 à 20 millions d'années. Si nous les observons dans une galaxie qui est éloignée de 50 millions d'années, nous regardons des étoiles qui ne brillent plus dans cette galaxie. Elles sont déjà mortes.

Si nous décidions d'envoyer un signal lumineux vers l'une des galaxies les plus éloignées découvertes à l'aide du télescope spatial Hubble ou d'autres grands télescopes, ce signal mettrait 10 à 14 milliards d'années pour y parvenir, parce que ces galaxies sont éloignées de nous de 10 à 14 milliards d'années. Le Soleil, quant à lui, se dilatera et détruira toute vie sur Terre dans seulement 5 à 6 milliards d'années. Ce signal lumineux n'aura été en fin de compte qu'un signe futile de l'existence de notre civilisation.

Si vous aimez utiliser l'ascension droite et la déclinaison

Une étoile dont l'ascension droite est 2 h 0 min 0 s est deux heures à l'est d'une étoile dont l'ascension droite est 0 h 0 min 0 s, quelles que soient leurs déclinaisons. L'ascension droite augmente d'ouest en est, en partant de 0 h 0 min 0 s, qui correspond à une ligne dans le ciel (en réalité à un demi-cercle dont le centre est celui de la Terre) depuis le pôle Nord céleste au pôle Sud céleste. La première étoile pourrait avoir une déclinaison de 30° Nord et la deuxième étoile une déclinaison de 15°25'12" Sud, mais elles sont quand même à deux heures de différence dans la direction est-ouest. (Et à 45°25'12" dans la direction nord-sud.)

Voici les règles qui s'appliquent aux coordonnées ascension droite et déclinaison :

- Une heure d'ascension droite équivaut à 15 degrés sur l'équateur céleste. Il y a 24 heures autour du ciel. 24 x 15 = 360 degrés, soit un cercle complet autour du ciel. Une minute d'ascension droite est une mesure d'angle dans le ciel qui représente 1/60 d'heure d'ascension droite. Donc c'est 15°/60, soit 1/4°. Une seconde d'ascension droite est soixante fois plus petite qu'une minute d'ascension droite.

- La déclinaison se mesure en degrés, comme les degrés d'un cercle, et en minutes et secondes d'angle. Un degré complet fait à peu près le double de la taille apparente ou angulaire de la pleine Lune. Chaque degré est divisé en 60 minutes d'arc. Il y a environ 32 minutes d'angle (32') d'un bord à l'autre du Soleil ou de la pleine Lune. Et chaque minute d'arc est divisée en 60 secondes d'angle (60"). Lorsque vous observez le ciel dans un télescope d'amateur avec un fort grossissement, l'image d'une étoile est rendue floue par la turbulence de l'air. Dans de bonnes conditions d'observation (faible turbulence), l'image a une dimension d'environ 1" ou 2".

Les étoiles fixes bougent tout le temps !

On appelait autrefois les étoiles « étoiles fixes » afin de les distinguer des planètes, en mouvement, et que l'on appelait « étoiles errantes ». En réalité, les étoiles sont en mouvement constant, à la fois réel et apparent. Tout le ciel est en rotation au-dessus de nos têtes, parce que la Terre tourne. Les étoiles se lèvent et se couchent, comme le Soleil et la Lune, mais elles restent en formation. Les étoiles de la Grande Ourse ne sautent pas vers le Petit Chien ou vers le Verseau. Des constellations différentes se lèvent à des moments différents, à des dates différentes lorsqu'on les observe depuis des endroits différents de la Terre.

En réalité, les étoiles de la Grande Ourse (et de tout autre constellation) bougent l'une par rapport à l'autre à des vitesses vertigineuses de plusieurs milliers de kilomètres par seconde. Mais elles sont si éloignées que les scientifiques ont besoin d'effectuer des mesures précises durant des intervalles de temps considérables pour détecter leurs mouvements à travers le ciel. Donc dans 20 000 ans, les étoiles de la Grande Ourse formeront une figure différente dans le ciel. Peut-être qu'elle ressemblera encore à une Grande Ourse.

Entre-temps, les positions de millions d'étoiles ont été mesurées, et beaucoup d'entre elles sont listées dans des catalogues et signalées sur des cartes du ciel. Leurs distances sont indiquées en unités d'astronomes, appelées *ascension droite* et *déclinaison.*

- L'ascension droite est la position d'une étoile dans le ciel mesurée dans la direction est-ouest (de même que la longitude est la position d'un point sur la Terre mesurée à l'est ou à l'ouest du méridien de Greenwich, en Angleterre).
- La déclinaison est la position d'une étoile dans le ciel mesurée dans la direction nord-sud, de même que la latitude d'une ville est mesurée au nord ou au sud de l'équateur terrestre.

L'ascension droite est habituellement mesurée en heures, minutes et secondes, comme le temps.

Ces quelques règles simples pourront vous aider à vous rappeler comment utiliser l'ascension droite et la déclinaison, et comment lire une carte stellaire (voir la figure 1-3) :

- Le pôle Nord céleste est l'endroit du ciel vers lequel l'axe de la Terre pointe vers le Nord. Si vous étiez debout

- exactement au pôle Nord géographique, le pôle Nord céleste serait juste au-dessus de votre tête.
- Le pôle Sud céleste est l'endroit du ciel vers lequel l'axe de la Terre pointe vers le Sud. Si vous étiez debout exactement au pôle Sud géographique, alors le pôle Sud céleste serait juste au-dessus de votre tête. Espérons que vous vous êtes bien couvert, car vous êtes en Antarctique !
- Les lignes imaginaires d'ascensions droites égales traversent le pôle Nord céleste et le pôle Sud céleste, et ce sont de réels demi-cercles dont le centre est le centre de la Terre. Elles sont peut-être imaginaires, mais elles sont marquées sur la plupart des cartes du ciel afin de permettre aux lecteurs de trouver les étoiles à des ascensions droites particulières.
- Les lignes imaginaires de déclinaisons égales, comme la ligne qui marque la déclinaison de 30° Nord dans le ciel, passe juste au-dessus de la latitude terrestre correspondante. Donc si vous vous trouvez à New York, dont la latitude est 41° Nord, le point juste au-dessus de votre tête est toujours la déclinaison 41° Nord, bien que son ascension droite change constamment car la Terre tourne. Ces lignes imaginaires sont également tracées sur les cartes stellaires, et on les appelle cercles de déclinaison.

Supposons que vous vouliez trouver le pôle Nord céleste visible depuis votre jardin. Orientez-vous plein nord et regardez à une hauteur de X degrés, où X est votre latitude terrestre. (Je suppose que vous vivez en Europe, en Amérique du Nord, ou ailleurs dans l'hémisphère Nord. Si vous vivez dans l'hémisphère Sud, vous ne pouvez pas voir le pôle Nord céleste. À la place, recherchez le pôle Sud céleste. C'est le point qui est plein sud et dont l'altitude dans le ciel, mesurée en degrés au-dessus de l'horizon, est égale à votre latitude terrestre.)

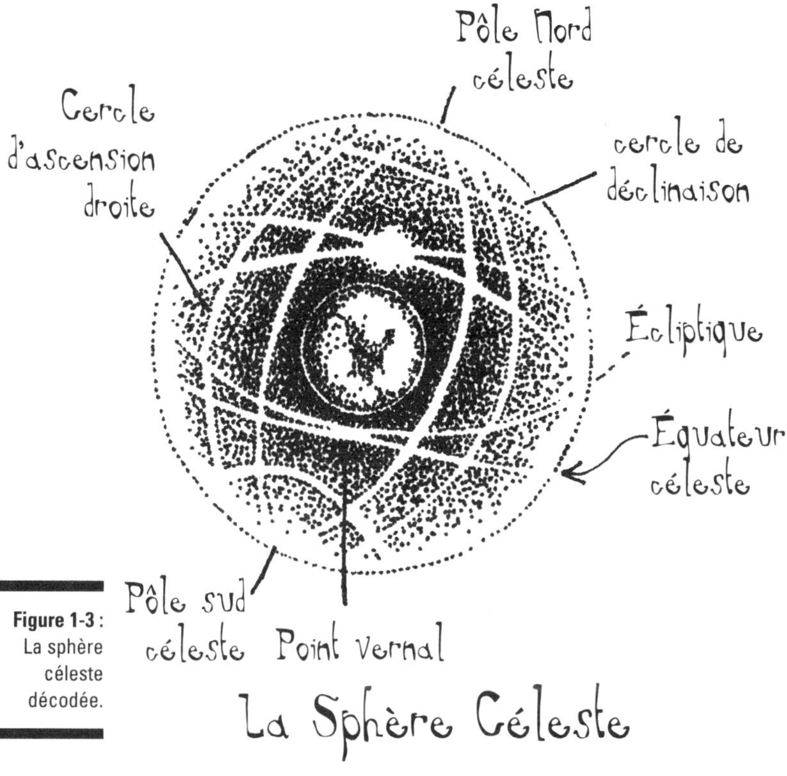

Figure 1-3 : La sphère céleste décodée.

Voici une bonne nouvelle : si vous voulez seulement repérer les constellations et les planètes, vous n'avez pas besoin de savoir comment utiliser l'ascension droite et la déclinaison. Vous n'avez qu'à comparer une carte stellaire préparée pour le bon moment de l'année et de la nuit dans les magazines *Ciel & Espace* et *Astronomie magazine,* ainsi que sur les nombreux sites Web d'astronomie amateur avec les étoiles visibles à cette date et à ce moment de la nuit. Mais si vous voulez comprendre comment utiliser les catalogues stellaires et les cartes stellaires, et comment diriger votre télescope en plein sur des galaxies de faible éclat, il est utile de comprendre le système.

Et si vous vous procurez l'un de ces nouveaux télescopes très classe et abordables qui sont assistés par ordinateur (voir le chapitre 3), vous pourrez taper l'ascension droite et la

L'astronomie dans votre jardin

Si vous avez un bout de jardin avec vue sur le ciel, avec ni trop d'arbres, ni trop de maisons qui pourraient bloquer l'horizon, vous êtes fin prêt. Par une nuit sans nuage, vous pouvez installer un télescope, ou sortir avec une paire de jumelles, et commencer à repérer les étoiles. Si vous vivez en plein centre de Paris, là où le ciel est blanc à cause de toutes les lumières de la ville, vous pouvez vous inscrire à un club d'astronomie local dont les membres quittent sans doute la capitale pour leurs observations nocturnes.

Et si les activités et les découvertes des astronomes vous intéressent énormément, vous pouvez vous tenir au courant des nouvelles en lisant les magazines mensuels, qui sont destinés spécialement aux astronomes amateurs. Mieux, vous pouvez même visiter des sites Web gratuits, qui vous apprendront tout ce que vous avez toujours voulu savoir sur ce qui se passe dans le ciel, plus des tas de choses auxquelles vous n'avez pas encore pensé.

L'astronomie est idéale pour les familles. Installez votre télescope, et tout le monde va faire la queue pour y jeter un coup d'œil. Impossible de trouver une baby-sitter ? Habillez les enfants et emmenez-les avec vous à la soirée d'observation organisée par le club d'astronomie de votre département. Ils vous aideront même à porter le télescope. Emportez des couvertures et des sacs de couchage. Existe-t-il une meilleure manière de penser au monde que d'admirer le spectacle du ciel étoilé en vous endormant tout doucement ?

déclinaison d'une comète qui vient juste d'être découverte et annoncée, et le télescope pointera exactement dessus. (Chaque annonce de comète est accompagnée d'un petit tableau, ou *éphéméride*, de l'ascension droite et de la déclinaison prévues de la comète, nuit après nuit, au fur et à mesure qu'elle traverse le ciel.)

Le rôle central de la gravitation en astronomie

Depuis Isaac Newton, tout ce qui se passe en astronomie tourne autour de la force de gravitation. Newton la définit comme une force présente entre deux objets, quels qu'ils soient. Cette force dépend de la masse et de la séparation. Plus l'objet est massif, plus son attraction est puissante. Plus la distance est importante, plus l'attraction gravitationnelle est faible.

Einstein a développé une théorie de la gravitation améliorée, qui réussit les tests expérimentaux auxquels la vieille théorie d'Isaac se fait recaler. La théorie de Newton était suffisamment bonne pour la gravitation telle qu'on en fait habituellement l'expérience, par exemple la force qui a fait tomber la pomme sur sa tête (si elle l'a jamais touchée). Mais la théorie d'Einstein prédit aussi les effets qui arrivent à proximité des objets massifs, là où la gravitation est très, très forte. Pour Einstein, la gravitation n'est pas vraiment une force, c'est la courbure de l'espace et du temps due à la seule présence d'un objet massif, comme une étoile. J'en suis tout retourné, rien que d'y penser.

La théorie de la gravitation de Newton explique les choses suivantes :

- Pourquoi la Lune est en orbite autour de la Terre, la Terre autour du Soleil, le Soleil autour du centre de la Voie lactée, et également des tas d'autres orbites.
- Pourquoi une étoile ou une planète est de forme ronde.
- Pourquoi les gaz et les poussières de l'espace commencent à s'agglomérer pour former de nouvelles étoiles.

La théorie de la gravitation d'Einstein, qui s'appelle « théorie de la relativité générale », explique :

- Pourquoi lors d'une éclipse totale, la position des étoiles au bord du Soleil semble être légèrement décalée par rapport à leur position habituelle.
- Pourquoi il est possible que les trous noirs existent.

- Pourquoi un événement cataclysmique comme la fusion de deux étoiles à neutrons provoque la formation de rides de l'espace-temps, qui se propagent comme des vagues à la surface de l'eau.

Vous trouverez les explications sur les trous noirs au chapitre 10, mais vous n'aurez pas besoin de connaître la théorie de la relativité générale pour les comprendre. Vous deviendrez certes plus malin si vous lisez chaque chapitre, mais vos amis ne vous appelleront pas « Einstein » pour autant, à moins que vous ne laissiez pousser vos cheveux, que vous vous pavaniez de partout habillé d'un vieux pull, et que vous tiriez la langue lorsqu'on tente de prendre une photo de vous.

La théorie de la relativité est cependant importante pour la façon dont les scientifiques étudient l'Univers aujourd'hui. Le fait de savoir que l'espace-temps est courbé par la matière, et celui de pouvoir apprécier la nature paradoxale d'une bonne partie de l'Univers, (oui, la lumière est vraiment à la fois une particule et une onde) ont ouvert la porte à la spéculation et au progrès en astronomie.

Une véritable orgie de mouvement !

Dans l'espace, tout bouge et tout tourne. Les objets ne peuvent par rester tranquillement en place. N'importe quelle étoile, planète, galaxie, ou n'importe quel vaisseau spatial subit toujours l'attraction d'un autre corps. L'Univers n'a pas de centre.

Par exemple, la Terre :

- Tourne autour de son axe, ce qui est un phénomène que les astronomes appellent la *rotation*. La Terre met un jour à accomplir un tour complet.
- Orbite autour du Soleil, phénomène que les astronomes appellent la *révolution*. Il faut à la Terre une année pour décrire une orbite complète autour du Soleil.
- Voyage avec le Soleil sur une gigantesque orbite autour du centre de la Voie lactée. Le système solaire met 226 millions d'années à effectuer le tour complet du centre de la galaxie. La durée de ce voyage est appelée l'*année galactique*.

- Se déplace avec la Voie lactée sur une trajectoire autour du centre de masse du *Groupe local de galaxies*, composé d'environ une trentaine de galaxies dans notre coin de l'Univers.
- Se déplace à travers l'Univers avec le Groupe local en raison de l'expansion générale de l'Univers causée par le big bang.

Et vous, qui êtes une personne sur la Terre, vous participez aux mouvements de rotation, de révolution, d'orbite galactique, de croisière du Groupe local et d'expansion cosmique. Vous faites tout cela alors même que par exemple vous conduisez votre voiture pour aller au travail, et peut-être que vous ne le saviez pas. Demandez un peu de considération la prochaine fois que vous aurez quelques minutes de retard !

La Lune, quant à elle, suit tous les mouvements de la Terre, sauf la rotation ; la Lune présente toujours la même face vers la Terre, ce qui veut dire que sa rotation sur elle-même s'accomplit dans le même temps que sa révolution autour de la Terre, en un peu moins d'un mois.

Le big bang est l'événement théorique qui donna naissance à l'Univers tel que nous le connaissons, et qui a mis l'espace lui-même en expansion, à une vitesse phénoménale. Il explique quantité de phénomènes observés, et prévoit certains phénomènes qui n'avaient pas été observés avant que la théorie ne soit promulguée. C'est la meilleure théorie du début de l'Univers dont disposent les astronomes aujourd'hui.

Chapitre 2

Rejoignez les foules qui admirent le ciel !

Dans ce chapitre :

- Devenez membre d'un club d'astronomie, et utilisez d'autres possibilités
- Visitez les observatoires et les planétariums

L'astronomie exerce un attrait universel. Depuis l'époque préhistorique, les étoiles ont toujours fasciné les hommes partout dans le monde. Les anciennes observations du ciel ont donné naissance à toutes sortes de théories sur l'Univers, ainsi qu'à des attributions de pouvoirs et de buts aux mouvements des étoiles, des planètes et des comètes. Alors que vous regardez le ciel, des milliers, voire des millions de personnes dans le monde entier l'observent en même temps que vous. Et avec le temps, ce sont ces observateurs et d'autres comme eux qui ont fourni la base de la compréhension du ciel et de ses habitants. En ce qui concerne l'observation du ciel, vous n'êtes pas seul. Vous pouvez compter sur l'aide de beaucoup de gens et recourir à de nombreuses publications et autres sources pour commencer à pratiquer l'astronomie, puis poursuivre, et enfin participer au grand travail d'explication de l'Univers.

Dans ce chapitre, je vous présente les sources disponibles, et je vous donne des idées pour commencer. Le reste dépend de vous. Donc, à vous de jouer !

Tous les yeux sont tournés vers le ciel, et vous n'êtes pas seul !

Des tas d'informations facilement disponibles, de nombreuses organisations, personnes et infrastructures peuvent vous aider à démarrer et à progresser en astronomie. Vous trouverez des sites Web avec l'information de base sur l'astronomie et sur les événements actuels dans le ciel. Vous pourrez devenir membre d'associations et participer à des activités pour aider les chercheurs à suivre les progrès des étoiles et des planètes, vous pourrez participer à des réunions de club d'astronomie, aller à des conférences et à des cours, ce qui vous permettra de partager des télescopes et des sites avec d'autres, et de prendre plaisir à observer le ciel.

Devenez membre d'un club d'astronomie, pour avoir de la compagnie au clair des étoiles

Le meilleur moyen de commencer l'astronomie sans trop d'effort ni de frais consiste à devenir membre d'un club, et de rencontrer les habitués. Ils tiennent des réunions mensuelles où les experts transmettent aux débutants des conseils et des techniques, leur font essayer les équipements, et où les scientifiques du coin et ceux qui sont en visite présentent des exposés et animent des discussions. Les membres de ces clubs savent sans doute où et comment obtenir à bon prix un télescope ou des jumelles d'occasion, et quels produits sur le marché valent vraiment leur prix.

Mieux encore, les clubs parrainent des réunions d'observation, qui se tiennent habituellement les nuits de week-end et de temps en temps à des dates particulières lorsque se produit une pluie d'étoiles filantes, une éclipse ou un autre événement saisissant. À une réunion d'observation, vous en apprendrez davantage sur les pratiques et sur l'équipement astronomiques que nulle part ailleurs. Vous n'aurez même pas besoin d'emmener un télescope. La plupart des participants seront heureux de vous permettre de jeter un coup d'œil à travers le leur.

Habillez-vous chaudement, portez des chaussures commodes, apportez des gants, et venez avec le sourire !

Si vous habitez en ville ou dans la banlieue proche d'une ville, les probabilités sont élevées que votre ciel nocturne soit brillant, et vous feriez mieux de pratiquer votre observation depuis un lieu sombre à la campagne. Votre club d'astronomie local a probablement déjà trouvé un endroit approprié, et lorsque ses membres convergent vers cet endroit isolé, il y a la sécurité qui est due au groupe. Donc n'hésitez pas à les rejoindre !

Si vous habitez dans une ville de taille suffisante ou dans une ville universitaire, il existe vraisemblablement un club d'astronomie actif près de chez vous. Pour trouver le club d'astronomie le plus proche de chez vous, consultez le site d'astronomie amateur « Astrosurf » (www.astrosurf.com), sélectionnez la rubrique « clubs & asso. » et choisissez votre département sur la carte de France.

Vos sources : sites Web, magazines et autres

Il est facile de s'informer sur l'astronomie. Vous avez le choix parmi une grande quantité de sources, y compris les sites Web, les magazines et divers logiciels nouveaux et innovants. Les sections qui suivent vous apportent quelques conseils pour trouver les meilleures informations.

Le Cyberespace

Quelques propositions pour la France :

- Le site Web de l'Association Française d'Astronomie et du magazine *Ciel & Espace* :

  `www.cieletespace.fr`

- Le site de la Société Astronomique de France (fondée par Camille Flammarion en 1887) :

  `www.iap.fr/saf/`

- Astrosurf (Astronomie amateur) :

  www.astrosurf.com
- AstroWeb 2000 (Astronomie amateur) :

  www.astrosurf.com/astroweb2000
- Le Centre National d'Étues Spatiales (CNES) :

  www.cnes.fr
- L'Agence Spatiale Européenne (ESA) :

  www.esa.int

Vous trouverez des indications qui vous orienteront vers ces sites Web et vers d'autres tout au long de ce livre ; si vous recherchez davantage d'informations sur les planètes, les comètes, les météores ou les éclipses, le Web propose de bons sites sur chaque sujet.

Complètement dérouté ? Vous pouvez poser vos questions à un astronome par courrier électronique sur le site :

www.unige.ch/science-cite/astroqr/

Les clubs d'astronomie

Pour trouver un club d'astronomie près de chez vous, recherchez-le sur la carte interactive de la France par départements du site Web de Ciel & Espace, le magazine de l'Association française d'astronomie (AFA). En voici l'adresse :

www.cieletespace.fr

Si vous vivez en Belgique, allez consulter le site de la Société Royale Belge d'Astronomie, de Météorologie et de Physique du Globe : www.oma.be/BIRA-IASB/SRBA/, dont le bulletin bimestriel est « Ciel et Terre ».

En Suisse, le site de référence est celui de l'Observatoire de Genève :

obswww.unige.ch.

Quant à nos amis québecois, ils peuvent s'adresser à la Société d'astronomie de Montréal www.com.org/~sam/ qui est le centre francophone de la Société Royale d'Astronomie du Canada (SRAC) :

www.rasc.ca

Des clubs d'astronomie existent aussi dans la plupart des autres pays. L'astronomie est vraiment une passion « universelle ».

Les publications

Vous pouvez vous procurer d'excellents magazines pour élargir vos connaissances de l'astronomie et améliorer votre pratique. La plupart des astronomes amateurs s'abonnent à au moins un magazine. Dans de nombreux cas, si vous devenez membre d'un club local d'astronomie, vous pourrez peut-être vous abonner à un magazine en profitant d'une remise accordée aux membres de ce club.

En France, l'AFA (Association Française d'Astronomie) édite pour tous les curieux du ciel le magazine *Ciel & Espace* (tirage de 90 100 ex.). Vous trouverez également en kiosque *Astronomie magazine* (tirage supérieur à 30 000 ex.) qui donne une foule de bons conseils pour vos observations. Pour les amateurs plus chevronnés vous pouvez vous abonner à *L'Astronomie*, la publication de la Société Astronomique de France (tirage d'environ 2 600 ex.).

Les logiciels

Un programme de planétarium pour votre PC sera un véritable plus. Chaque jour, ce programme pourra vous montrer à quoi le ciel ressemble observé depuis chez vous. Il est génial de regarder le ciel présenté à l'écran avant de sortir observer le véritable ciel nocturne. Certains astronomes utilisent ces programmes pour planifier leurs missions d'observation. Ils préparent des listes d'objets à pointer avec leurs télescopes afin d'utiliser efficacement leur temps au cours de la nuit.

Il existe de nombreux programmes de planétarium personnels avec différentes fonctions dans une large gamme de prix. Recherchez les plus récents, ceux dont on voit la publicité dans les magazines d'astronomie et les revues scientifiques. Ils ont tendance à être les meilleurs, parce qu'ils bénéficient de la nouvelle technologie et des derniers résultats de la recherche. Vous n'aurez toutefois besoin que d'un seul programme pour commencer, et il est d'ailleurs possible que ce sera le seul programme dont vous aurez jamais besoin. En français, un tel programme pourrait être REDSHIFT 3 (environ 50 euros), spectaculaire avec ses cartes de la Terre, la Lune et Mars, et ses bases de données photographiques très vastes.

- Qu'il me soit déjà arrivé de payer plus de 300 euros pour des programmes de planétarium, j'ai récemment eu le plaisir d'en utiliser un en vente à environ 80 euros. Il s'agit de Starry Night Deluxe, de l'éditeur Sienna Software de Toronto. Le site de Sienna se trouve à l'adresse

  `www.siennasoft.com`

  Vous aurez besoin d'un lecteur de cédérom sur votre ordinateur pour faire tourner ce programme, comme d'ailleurs la plupart des autres programmes récents de planétarium. Une fois le programme installé, cliquez simplement sur l'icône Starry Night, et une image du ciel en couleur s'affiche, complète avec un horizon et quelques arbres.

  Si vous accédez au programme la nuit, l'image montre comment les étoiles, les planètes et la Lune apparaissent à l'œil nu au dehors, à l'endroit où vous êtes situé (en supposant que le ciel soit sans nuage). Si vous faites tourner le programme durant la journée, vous obtenez une image du ciel bleu, avec le Soleil à la bonne altitude. Allumez le programme juste après le coucher du Soleil et, minute après minute, vous verrez le ciel s'assombrir et les planètes et les étoiles apparaître. C'est exactement comme si vous étiez dehors, mais vous n'avez pas encore quitté votre ordinateur ! Il n'y a pas de teintes rougeâtres sous le ciel de ce Soleil, car ce programme est scientifique, et pas romantique ! Cliquez sur les icônes, déplacez les objets dans le ciel de l'ordinateur avec la souris, ou modifiez certains paramètres, et vous verrez à quoi ressemblera le ciel observé depuis n'importe quel endroit de la Terre à quasiment n'importe quelle heure.

- Il existe aussi des programmes gratuit de cartes du ciel à télécharger sur Internet. Vous pouvez vous en procurer un à l'adresse :

  `www.astrosurf.com/astropc/cartes`

La meilleure manière de choisir un programme de planétarium adapté à vos besoins, c'est d'en parler aux astronomes amateurs de votre club d'astronomie local. L'équipement qu'ils utilisent devrait aussi faire l'affaire pour vous.

Visitez les observatoires et les planétariums, et suivez le guide

Pour en apprendre davantage sur les télescopes, l'astronomie et les programmes de recherche, vous pouvez visiter certains observatoires professionnels (qui sont des organisations chargées d'étudier l'Univers, et qui sont équipées de grands télescopes opérés par des astronomes et d'autres scientifiques) et les planétariums publics (qui sont des bâtiments spécialement équipés d'installations qui projettent les étoiles et les autres objets célestes dans une pièce sombre, le tout accompagné par des explications compréhensibles de divers phénomènes célestes).

Les observatoires

Vous trouverez une douzaine d'observatoires professionnels en France, et bien plus encore à l'étranger. Il s'agit d'institutions de recherche qui dépendent du Ministère de l'Éducation Nationale. Mais il en existe bien d'autres qui appartiennent à des associations d'amateurs. Certains sont situés en plein centre-ville, d'autres sur des sommets de montagnes loin de tout. Certains observatoires se consacrent entièrement à l'éducation et à l'information du public, et sont souvent intégrés aux services municipaux, ou à ceux des départements, des systèmes scolaires et des organisations à but non lucratif.

L'Observatoire de Paris est un établissement public à caractère scientifique, culturel et professionnel. Créé en 1667, il est le plus ancien des observatoires en service, dans le monde. Sa mission est la recherche en astronomie, et son activité s'étend à toutes les branches de celle-ci. Il regroupe les observatoires de paris et Meudon, et la station de radioastronomie de Nançay.

les astronomes observent surtout dans de sites plus favorables que celui de paris : ils vont en mission à Saint-Michel de Haute-Provence, au Pic-du-Midi, aux Iles Canaries, à Hawaï, au Chili entre autres. À Paris et à Meudon, ils dépouillent et analysent les résultats de leurs observations. Toutefois, on continue de faire à Meudon une surveillance systématique de l'activité solaire. La grande coupole de cet observatoire abrite encore la 3e plus grande lunette du monde avec son objectif de 83 cm. L'observatoire de la Côte d'Azur à Nice est doté quant à lui d'une lunette de 76 cm, la 5e au monde.

Le besoin d'avoir des instruments de plus en plus grands pour sonder toujours plus profondément l'Univers a conduit les Français à s'associer à des projets européens et internationaux. Ainsi, le télescope Canada-France-hawaii (CFHT), inauguré le 28 septembre 1979, a-t-il été installé au sommet du Mauna Kea (4 200 m d'altitude) sur l'île d'Hawaii. Ce télescope de 3,60 m bénéficie d'un site exceptionnel pour l'astronomie et est muni d'une instrumentation de pointe (optique adaptative par exemple).

la France est aussi une des 9 nations membres de l'Observatoire Européen Austral (ESO), organisation intergouvernementale pour la recherche en astronomie. L'ESO gère deux observatoires dans la Cordillière des Andes (Chili) : La Silla et le mont Paranal. Au sommet du mont Paranal (altitude 2685 m), les Européens construisent depuis 1991 un observatoire géant qui comprend déjà 4 télescopes de 8 m. Un réseau de télescopes secondaires (1,80 m) est en cours de construction.

CONSEIL

De nombreux observatoires organisent des journées « portes ouvertes » au public à des intervalles hebdomadaires ou mensuels, et certains proposent même des visites quotidiennes (de jour), et entretiennent également des musées consacrés à l'astronomie, complets avec des boutiques de souvenirs. Guettez également les « Journées du Patrimoine » et la semaine de la « Science en Fête ».

Vous pouvez également visiter des observatoires qui font fonctionner des radiotélescopes. Les scientifiques « écoutent » les signaux radio en provenance des étoiles, et ils recherchent même des signaux qui seraient émis par des civilisations extraterrestres.

À Nançay, dans le Cher, l'Observatoire de paris possède une vaste station de radioastronomie dotée d'un centre pour les visiteurs (planétarium, exposition). Près de Grenoble, l'Institut de RadioAstronomie Millimétrique (IRAM) gère un réseau d'antennes sur le Plateau de Bure.

Depuis 1996, l'Association Française d'Astronomie (AFA) met en place sous l'appellation « Stations de nuit », un réseau d'observatoires ouverts au public, et dédiés à l'initiation à l'astronomie. la carte de France des Stations de nuit se trouve sur le site de l'AFA (www.cieletespace.fr).

Appelez l'observatoire près de chez vous ou envoyez-lui un mél pour obtenir les horaires des visites. Si vous trouvez que l'observatoire est vraiment intéressant, retournez-y souvent. Habituellement, la visite est gratuite, mais on y trouve souvent une urne pour les dons. « Traînez-y » suffisamment souvent, montrez que votre intérêt est sincère, et vous pourrez peut-être vous aussi devenir un stagiaire bénévole qui participera à un programme de recherche excitant.

Au début des années 1960, j'avais un job de guide de visites dans un observatoire du Midwest des États-Unis. Parfois, certains visiteurs sympas me donnaient même 25 cents de pourboire. Lorsque l'on est étudiant et que l'on gagne environ 1 200 dollars par an, on ne crache pas sur 25 cents !

Voici les sites Web des observatoires français ou dans lesquels la France est impliquée. Certains sont ouverts au public et proposent des visites guidées, d'autres non.

- Observatoire Astronomique de Strasbourg :

  `astro.u-strasbg.fr`
- Observatoire de Besançon :

  `www.obs-besancon.fr`
- Observatire de Bordeaux :

  `www.observ.u-bordeaux.fr`
- Observatoire de la Côte d'Azur :

  `www.obs-nice.fr`
- Observatoire de Haute-provence :

  `www.obs-hp.fr`
- Observatoire de Lyon :

  `www-obs.univ-lyon1.fr`

- Observatoire de Marseille : www-obs.cnrs-mrs.fr
- Observatoire Midi-Pyrénées : www.obs-mip.fr/omp
- Observatoire de Paris-Meudon-Nançay : www.obspm.fr
- Observatoire des Sciences de l'Univers de Grenoble : osug.obs.ujf-grenoble.fr
- Télescope Canada-France-Hawaii (CFHT) : cdsweb.u-strasbg.fr:2001/
- Observatoire Européen Austral (ESO) : www.eso.org
- Institut de RadioAstronomie Millimétrique (IRAM) : iraux2.iram.fr

Les planétariums

Les planétariums sont exactement ce qu'il faut à l'astronome débutant. Ils proposent des expositions instructives et de formidables spectacles célestes projetés sur la voûte du planétarium ou sur un écran à l'extérieur. Nombreux sont ceux qui proposent des séances d'observation du ciel avec de petits télescopes, habituellement à l'extérieur du bâtiment, sur le parking ou dans un parc proche. Ils ont souvent d'excellents magasins, où vous pourrez parcourir les derniers livres et magazines d'astronomie, et les cartes stellaires. Le personnel du planétarium pourra vous donner les coordonnées du club d'astronomie le plus proche de chez vous. Il est même possible que ce club tienne des réunions au planétarium après les horaires d'ouverture. À Paris, rendez vous au Planétarium du Palais de la Découverte (www.palais-decouverte.fr) ou à celui de la Cité des Sciences (www.cite-sciences.fr).

En ce qui me concerne, j'ai quasiment grandi dans le planétarium Hayden du Musée d'histoire naturelle de New York. De temps en temps, je le confesse, je m'y suis même introduit subrepticement (et gratuitement !). Son personnel a été suffisamment gentil pour me demander de venir prononcer un discours (gratuit, lui aussi) à l'occasion du 50e anniversaire du planétarium. Bien que mon bon vieux planétarium de New York ait été démoli, un nouveau, absolument spectaculaire, est en train d'être érigé. Il devrait constituer pour vous l'une des toutes premières destinations la prochaine fois que vous serez à Big Apple. Une visite coûtera bien moins cher qu'un spectacle de Broadway, et ses étoiles ne manqueront jamais une réplique et elles ne chanteront jamais faux !

HAUTEMENT RECOMMANDÉ

Pour trouver le planétarium près de chez vous ou près d'un endroit où vous allez vous rendre, allez sur le site de *Ciel & Espace*, rubrique « Allez-y/LesPlanétariums ».

Chapitre 3

Observez le ciel ce soir

Dans ce chapitre :

- Observer le ciel à l'œil nu
- Repérer les objets célestes
- Le choix de votre équipement d'astronome
- Comprendre les notions fondamentales de l'observation

L'observateur à l'œil nu peut distinguer les couleurs et les relations entre les objets, il peut par exemple trouver l'étoile du Nord en utilisant les « étoiles guides » du Grand Chariot.

En partant de l'observation à l'œil nu, vous franchirez vite le pas et vous vous équiperez avec des instruments d'optique, afin d'observer des étoiles de plus faible éclat et certains objets avec davantage de détails. Essayez d'abord des jumelles, puis passez au télescope. Et vous vous rendrez compte que vous êtes devenu un astronome !

Mais ne vendons pas la peau de l'Ourse avant de l'avoir tuée D'abord, vous devez jeter pour vous-même quelques regards sereins au cosmos, et apprécier simplement sa beauté et son mystère. Pour cela, vous pouvez utiliser trois instruments de base, et vous en possédez déjà au moins un.

Que vous utilisiez vos propres yeux, une paire de jumelles ou un télescope, chaque méthode d'observation convient le mieux à certains objectifs spécifiques.

- L'œil humain est idéal pour observer des météores ou des aurores boréales, ou admirer la conjonction de plusieurs planètes (lorsque deux planètes ou davantage apparaissent proches l'une de l'autre dans le ciel) ou d'une planète et de la Lune, par exemple.

- Les jumelles conviennent le mieux pour observer des étoiles variables brillantes, qui sont trop éloignées de leur étoile de comparaison (des étoiles d'un éclat constant connu utilisées comme références pour estimer l'éclat variable d'une étoile) pour qu'on puisse les voir ensemble au télescope. Les jumelles sont également appropriées pour balayer la Voie lactée et observer les nébuleuses brillantes et les amas stellaires ici et là. Certaines des galaxies les plus brillantes – comme M 31 dans la constellation d'Andromède, les nuages de Magellan et M 33 dans la constellation du Triangle – offrent les meilleures vues aux jumelles.
- Un télescope (ou une lunette) est nécessaire pour obtenir une vue acceptable de la plupart des galaxies, et pour faire la distinction entre des deux composantes rapprochées d'une étoile binaire, entre autres nombreuses utilisations possibles.

Commencez par l'observation à l'œil nu

Ce qui est importe le plus dans l'observation à l'œil nu, c'est de protéger votre vision des lumières importunes. Si vous ne pouvez pas vous rendre dans un endroit sombre à la campagne, trouvez au minimum un endroit sombre dans votre jardin ou si possible sur le toit de votre bâtiment. Vous n'éliminerez certes pas la « pollution lumineuse » haute dans le ciel qui résulte des éclairages publics de votre ville, mais des arbres ou le mur d'une maison pourront peut-être empêcher les réverbères de vous éblouir.

En 1996, alors que j'étais en train d'observer la brillante comète Hyakutake depuis une petite ville du nord de l'État de New York, j'ai découvert qu'il suffisait que je me mette juste au coin d'un bâtiment pour me trouver dans son ombre et ne plus être exposé aux lumières de la rue principale adjacente. Ce faisant, j'ai considérablement amélioré mes conditions d'observation de la comète.

Si vous ne connaissez pas déjà les directions géographiques dans votre région, prenez le temps de les apprendre. Puis vous pourrez utiliser les images des prévisions hebdomadaires du site AstroWeb 2000 (www.astrosurf.com/astroweb2000) par exemple ou l'image qui apparaît à votre écran lorsque vous utilisez un logiciel de planétarium, afin de vous orienter vers les étoiles et les planètes les plus brillantes. Lorsque vous reconnaîtrez les étoiles brillantes, vous pourrez plus facilement détecter les figures de celles dont l'éclat est légèrement plus faible autour d'elles.

Le tableau 3-1 donne la liste de certaines des étoiles les plus brillantes observables dans le ciel nocturne, avec les constellations qui les abritent. Nombreuses sont celles visibles depuis l'Europe. Certaines, plus rares, ne sont facilement visibles que depuis des latitudes sud. Donc les étoiles brillantes qui ne sont pas visibles pour les lecteurs de France métropolitainepourraient en fait constituer un spectacle fabuleux pour ceux qui vivent en polynésie française. Reportez-vous au chapitre 11 pour en savoir plus sur la classe spectrale.

Commencez vos observations en consultant une carte stellaire ou un logiciel de planétarium ; puis voyez combien de ces étoiles vous arrivez à localiser de nuit. Ensuite, identifiez dans les mêmes constellations certaines des étoiles dont l'éclat est plus faible. Et, bien sûr, gardez à l'œil les planètes brillantes : Mercure, Vénus, Mars, Jupiter et Saturne.

Tableau 3-1 Les étoiles les plus brillantes vuoc dopuic la Torro

Nom usuel	*Magnitude apparente*	*Nom officiel*	*Type spectral*
Sirius	-1,5	α Canis Majoris	A
Canopus	-0,7	α Carinae	A
Rigil Kentarus	-0,3	α Centauri	G
Arcturus	-0,04	α Bootis	K

Tableau 3-1 Les étoiles les plus brillantes vues depuis la Terre (suite)

Nom usuel	*Magnitude apparente*	*Nom officiel*	*Type spectral*
Véga	0,0	α Lyrae	A
Capella	0,1	α Aurigae	G
Rigel	0,1	β Orionis	B
Procyon	0,4	α Canis Minoris	F
Achenar	0,5	α Eridani	B
Bételgeuse	0,5	α Orionis	M
Agena	0,6	β Centauri	B
Acrux	0,7	α Crucis	B
Altaïr	0,8	α Aquilae	A
Aldébaran	0,9	α Tauri	K
Antares	1,0	α Scorpii	M
Spica	1,0	α Virginis	B
Pollux	1,1	β Geminorum	K
Fomalhaut	1,2	α Piscis Austrini	A
Deneb	1,3	α Cygni	A

En hiver et en été, la Voie lactée court haut dans le ciel en France. Si vous arrivez à reconnaître la Voie lactée, qui est comme une large bande de faible éclat à travers le ciel, votre site d'observation est assez correct.

L'idéal, c'est d'avoir un site qui possède un bon horizon, avec seulement des arbres et des bâtiments bas dans le lointain, mais il est presque impossible de trouver ce type d'endroit dans une grande agglomération urbaine.

Si vous ne parvenez pas à trouver un site avec un bon horizon dans toutes les directions, c'est l'horizon sud qui est le plus important. La plupart des observations dans l'hémisphère Nord depuis la Terre sont effectuées en faisant plus ou moins face au sud, de telle sorte que l'Est soit à votre gauche et l'Ouest à votre droite. En faisant face au sud, les étoiles se lèvent à votre gauche et se couchent à votre droite. Si vous habitez dans l'hémisphère Sud ou si vous y séjournez, inversez les directions et faites face au nord.

Ayez toujours avec vous une montre, un bloc-notes et une lampe de poche peu puissante ou à lumière rouge non éblouissante, que vous utiliserez pour noter ce que vous observez. Certaines lampes de poche sont équipées d'une ampoule rouge ; vous pouvez sinon acheter du Cellophane rouge et l'enrouler autour de la lampe.

La Terre tourne !

La Terre tourne. Ce concept fut proclamé au IVe siècle avant Jésus-Christ par le philosophe grec Héraclide du Pont. Mais les contemporains d'Héraclide doutèrent de ses observations parce qu'ils pensèrent que si la Terre tournait vraiment, alors ils devraient eux aussi sentir leurs têtes tourner follement, comme s'ils avaient été sur un manège ultra rapide ou sur un chariot tourbillonnant. Ils ne pouvaient pas imaginer que la Terre puisse tourner sur elle-même puisqu'ils ne pouvaient pas en sentir physiquement les effets. Nos ancêtres pensaient en revanche que le Soleil tournait autour de la Terre, en effectuant une révolution complète chaque jour.

La preuve de la *rotation* de la Terre n'a pas été fournie avant 1851, plus de deux millénaires après Héraclide du Pont (il n'y avait pas beaucoup de fonds de recherche scientifique du gouvernement à l'époque, et le progrès de la science était lent, mais il coûtait aussi moins cher). La preuve fut apportée par un grand physicien français, qui utilisa pour cela une lourde boule de métal qu'il suspendit à un fil d'acier de 67 mètres au plafond du Panthéon, à Paris. Cette boule est passée à la postérité sous le nom de Pendule de Foucault, et elle porte le nom du physicien qui l'a conçue. Imaginez que vous ayez été présent à la démonstration et que, durant toute la journée, vous ayez gardé un œil sur le pendule en train d'osciller d'avant en arrière. Vous avez alors pu observer que la direction prise par la boule en train d'osciller au-dessus du sol changeait graduellement, comme si le sol tournait au-dessous. Et c'était bien de cela qu'il s'agissait : le sol tournait avec la Terre.

CONSEIL

Si vous n'êtes pas encore convaincu que la Terre tourne, vous pourrez observer un pendule de Foucault au Musée des Arts et Métiers à Paris. En revanche, si vous pensez qu'elle tourne, vous pourrez tout simplement boire un verre en profitant du coucher du Soleil, par exemple.

Le mouvement apparent des astres autour de la Terre

Comme je l'explique au chapitre 1, la rotation de la Terre autour de son axe fait que les étoiles et les autres objets célestes semblent se déplacer à travers le ciel, d'est en ouest. En outre, le Soleil se déplace apparemment à travers le ciel durant un an sur un cercle qu'on appelle *l'écliptique*. L'écliptique se trouve sur un plan incliné de 23,5 degrés par rapport à l'équateur céleste, le même angle d'inclinaison que l'axe de la Terre par rapport à la perpendiculaire à son plan orbital.

Les planètes restent près de l'écliptique au fur et à mesure qu'elles se déplacent au cours de l'année. Douze constellations disposées autour de l'écliptique forment le Zodiaque : le Bélier, le Taureau, les Gémeaux, le Cancer, le Lion, la Vierge, la Balance, le Scorpion, le Sagittaire, le Capricorne, le Verseau et les Poissons. (En fait une treizième constellation croise l'écliptique, il s'agit d'Ophiuchus, le Serpentaire, mais elle n'était autrefois pas incluse dans les douze constellations d'origine.)

Au fur et à mesure que la Terre décrit son orbite autour du Soleil, les heures de lever et de coucher des étoiles avancent de 4 minutes chaque nuit. Ceci résulte du fait que le ciel nocturne apparaît différent au fur et à mesure que la Terre progresse à travers ses saisons. Les étoiles ne sont pas situées aux mêmes endroits pendant toute la nuit ni pendant toute une année. Les constellations qui étaient hautes dans le ciel au crépuscule il y a un mois sont basses à l'Ouest au crépuscule aujourd'hui. Et lorsque vous observez certaines constellations qui sont basses à l'Est juste avant le lever du Soleil, c'est une avant-première de ce que vous observerez à minuit dans quelques mois.

Pour vous aider à suivre tout ce qui arrive et disparaît (si vous ne disposez pas d'un télescope qui le fera pour vous), utilisez les cartes du ciel qui sont publiées mensuellement dans les magazines comme *Ciel & Espace* ou *Astronomie magazine*. Il se peut également que votre journal quotidien contienne des cartes des cieux locaux. Vous pouvez aussi vous procurer un planisphère céleste bon marché, sur lequel le ciel est représenté par une roue qui tourne à l'intérieur d'un cadre, avec un trou découpé à l'intérieur qui représente les limites de votre champ de vue. Il peut être ajusté en fonction de la date et de l'heure.

Magnitude apparente, magnitude absolue et magnitude limitée

Je parle de magnitude au chapitre 1, mais vous devriez quand même savoir que la magnitude peut être donnée de trois manières différentes :

- La magnitude absolue est ce que les scientifiques appellent l'éclat intrinsèque d'un objet céleste tel qu'il est perçu depuis une distance standard de 32,6 années-lumière.
- La magnitude apparente est l'éclat de l'objet perçu depuis la Terre, qui peut être différent de sa magnitude absolue, en fonction de l'éloignement de l'objet par rapport à la Terre. Une étoile plus proche de la Terre pourrait sembler plus brillante qu'une autre plus éloignée, même si sa magnitude absolue est plus faible.
- La magnitude limite est liée aux conditions du ciel observable au moment de l'observation, c'est-à-dire dans quelle mesure il est dégagé et obscur. Un objet très brillant peut être invisible si les conditions atmosphériques ne sont pas propices. La magnitude limite est utilisée le plus souvent pour les observations de météores et les observations du ciel profond. Par une nuit sombre avec un ciel dégagé, la magnitude limite peut se monter à 6 au zénith, mais dans une ville elle ne sera peut-être que de 4.

Les cartes stellaires présentent les magnitudes apparentes des étoiles, pour simuler leur apparence dans le ciel.

Trouvez l'étoile du Nord (la Polaire)

Bien sûr, n'importe qui peut sortir par une nuit dégagée et voir quelques étoiles. Mais comment saurez-vous ce que vous êtes en train de regarder ? Comment pourrez-vous le retrouver ? Que devriez-vous guetter ?

L'une des manières consacrées par l'usage de se familiariser avec le ciel nocturne, si vous vivez dans l'hémisphère Nord, consiste à se familiariser avec l'étoile Polaire, qui se déplace à peine. Une fois que vous savez où est le Nord, vous pouvez vous orienter vous-même vers le reste du ciel boréal (de l'hémisphère Nord), ou vers n'importe quoi d'autre en fait. Dans le ciel austral (de l'hémisphère Sud), vous devez trouver les étoiles brillantes Alpha et Bêta du Centaure, qui montrent le chemin vers la Croix du Sud.

Il est facile de trouver la Polaire (l'étoile Polaire) en utilisant le Grand Chariot dans la constellation de la Grande Ourse. Le Grand Chariot est l'une des figures célestes les plus facilement reconnaissables (voir la figure 3-1). Si vous vivez en France métropolitaine, vous pourrez l'observer chaque nuit pendant toute l'année.

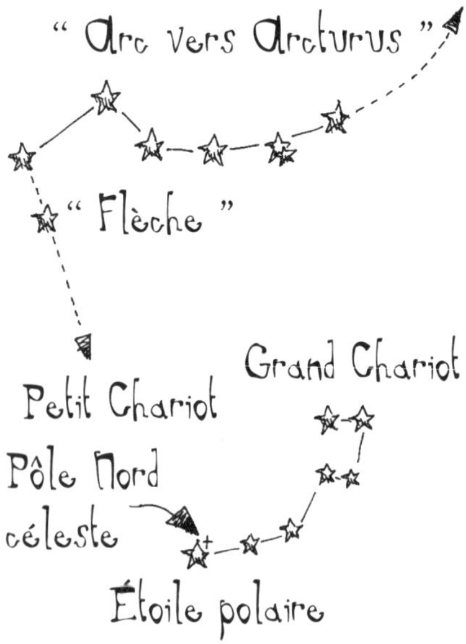

Figure 3-1 : Le Grand Chariot forme une grande flèche vers d'autres étoiles du ciel.

Les deux étoiles les plus brillantes du Grand Chariot, Dubhe et Mérak, forment une extrémité de la louche et pointent directement vers la Polaire. On utilise aussi la louche du Grand Chariot comme point de repère pour trouver d'autres étoiles, comme Castor et Pollux dans la constellation des Gémeaux, et Deneb dans celle du Cygne. Le manche de la louche pointe en direction d'Arcturus, dans la constellation du Bouvier.

Les étoiles proches de la Polaire ne se couchent jamais au-dessous de l'horizon à la plupart des latitudes de l'Europe, ce qui fait d'elles des étoiles circumpolaires. Elles semblent décrire des cercles autour de la Polaire. La Grande Ourse est une constellation circumpolaire lorsqu'on l'observe depuis quasiment n'importe où dans l'hémisphère Nord. Les zones du ciel qui sont *circumpolaires* dépendent de la latitude depuis laquelle vous effectuez votre observation. Plus vous vivez près du pôle Nord, plus la partie circumpolaire du ciel est grande. Et dans l'hémisphère Sud, plus vous vous trouvez au Sud, plus la partie circumpolaire du ciel est grande.

Bien qu'Orion ne soit pas une constellation circumpolaire, elle constitue aussi une constellation qui se distingue et qui est visible en hiver, avec les trois étoiles qui forment sa ceinture pointant vers Sirius, dans le Grand Chien, et vers Aldébaran, dans le Taureau. Orion contient aussi les étoiles de magnitude 1 Bételgeuse et Rigel, qui sont deux balises brillantes dans le ciel (voir la figure 3-2).

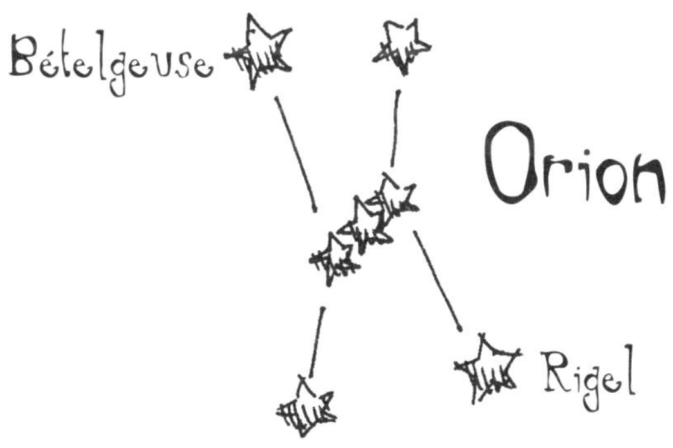

Figure 3-2 : Orion et ses étoiles brillantes, Rigel et Bételgeuse.

Vous pourrez vous familiariser avec le ciel nocturne à l'aide des cartes des constellations de ce livre et de vos propres yeux. De même que le fait de vous familiariser avec les rues de votre ville vous permet de trouver plus facilement votre chemin, connaître les constellations vous aidera à régler et diriger vos observations sur les objets célestes que vous voulez observer, et à suivre leurs apparitions et leurs mouvements au cours de vos manœuvres durant une séance nocturne avec les étoiles.

Pour mieux voir, utilisez des jumelles, une lunette ou un télescope

Comme pour tout nouveau passe-temps, il vaut mieux y aller doucement avant d'acheter des équipements coûteux. Sans aucun doute, vous devriez prendre votre temps avant d'acheter une lunette ou un télescope, le temps de voir plusieurs instruments de différents types en action et le temps pour en discuter avec d'autres observateurs. Dans les sections qui suivent, je vous propose mes conseils pour choisir la paire de jumelles et le télescope qui seront adaptés à vos besoins.

Les jumelles sont idéales pour balayer le ciel

Une bonne paire de jumelles est un must. Achetez des jumelles ou empruntez-en avant de vous procurer un télescope. Elles sont excellentes pour de nombreux types d'observation, et si (soupir) vous laissez tomber l'astronomie, vous pourrez quand même encore les utiliser pour des tas d'autres choses.

Les jumelles sont super pour l'observation des étoiles variables, pour rechercher les comètes brillantes et les novae, et pour balayer le ciel afin de tout simplement en admirer la vue. Vous ne découvrirez peut-être jamais une comète vous-même, mais vous aimerez sans doute repérer certaines des plus brillantes lorsqu'elles seront visibles. Pour cela, rien ne vaut une bonne paire de jumelles.

La figure 3-3 montre l'intérieur d'une paire de jumelles.

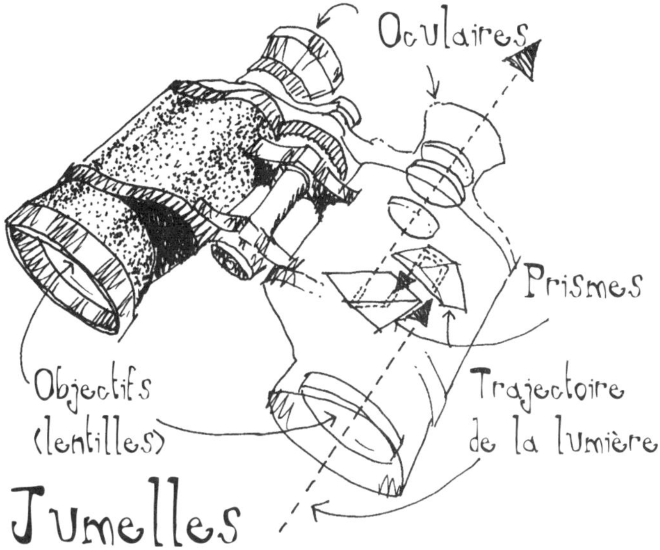

Figure 3-3 : Les jumelles sont utiles pour explorer une partie étendue du ciel. De plus grandes lentilles vous permettent de voir des objets moins lumineux.

Comment déchiffrer les indications numériques

Il existe de nombreux types et de nombreuses tailles de jumelles. Mais chaque paire est décrite par des indications numériques comme 7 x 35, 7 x 50, 16 x 50, 11 x 80, etc. Voici comment déchiffrer ces nombres :

- Le premier nombre indique le grossissement optique. Des jumelles 7 x 35 ou 7 x 50 rendent les objets 7 fois plus grands qu'ils le sont à l'œil nu.
- Le deuxième nombre est le diamètre des lentilles qui collectent la lumière (les grandes lentilles) des jumelles, mesurées en millimètres. Donc des jumelles de 7 x 35 ou 7 x 50 ont la même puissance de grossissement, mais la paire 7 x 50 a de plus grands objectifs qui collectent davantage de lumière et permettent de voir des étoiles dont l'éclat est plus faible qu'avec les jumelles 7 x 35.

Gardez aussi ces considérations à l'esprit :

- Des jumelles plus grandes permettent de mieux voir des objets de faible éclat que des plus petites, mais il est aussi plus difficile de les tenir immobiles et de les pointer avec précision (risque de « bougé »).
- Des jumelles avec un fort grossissement, comme 10 x 50 et 16 x 50, montrent les objets avec plus de détails, à condition que vous les mainteniez de façon suffisamment stable, mais elles ont un champ de vue plus réduit, il est donc plus difficile de trouver des objets célestes avec elles qu'avec des jumelles de moindre grossissement.
- Des jumelles géantes, 11 x 80, 20 x 80 et au-delà, sont lourdes et il est difficile de les tenir avec stabilité. De nombreuses personnes ne peuvent pas les utiliser sans trépied ou support. Les plus grandes, 40 x 150 doivent être installées sur un pied.
- Il existe de nombreuses tailles intermédiaires, comme 8 x 40 ou 9 x 56.

Un bon « seeing »

La turbulence de l'atmosphère a une influence sur la qualité d'observation d'un objet céleste. C'est ce qui fait scintiller les étoiles. Le terme anglais « seeing » est couramment employé pour décrire l'état de l'atmosphère relatif à la stabilité de l'image. Un bon « seeing » est obtenu lorsque le ciel est clair et l'image stable. Vous aurez peut-être un meilleur « seeing » tard dans la nuit après dissipation de la chaleur accumulée durant la journée. Lorsque le « seeing » est mauvais, l'image a tendance à s'agiter et à se brouiller. Par exemple, les deux composantes d'une étoile double se fondent en une unique tache lumineuse. Le « seeing » est toujours plus mauvais bas sur l'horizon.

Voici mon opinion : des jumelles 7 x 50 sont les mieux appropriées pour toutes les utilisations astronomiques, et ce sont celles avec lesquelles vous devriez commencer. Si vous achetez des jumelles bien plus petites que 7 x 50, vous vous équipez pour observer les oiseaux, mais pas pour l'astronomie. Il y a quelques rares exceptions, par exemple au moins une comète qui fut découverte avec des jumelles de seulement 7 x 35. Si vous achetez des jumelles d'une puissance bien supérieure à 7 x 50, vous risquez d'investir dans un grand éléphant blanc que vous n'utiliserez que rarement.

Une bonne paire de jumelles 7 x 50 pourra coûter des centaines, voire quelques milliers d'euros. Mais en vous renseignant et en visitant différents magasins, vous pourrez trouver une paire parfaitement appropriée pour 120 euros ou moins. Cherchez dans les magasins de surplus de l'armée, ou recherchez des jumelles d'occasion, qui sont souvent une bonne affaire.

Essayez vos jumelles

N'achetez pas de jumelles à moins de pouvoir les retourner si vous n'en êtes pas satisfait. Voici comment effectuer la vérification de base pour déterminer si une paire de jumelles vaut la peine d'être gardée :

- L'image doit être nette à travers le champ visuel lorsque vous regardez un champ d'étoiles.
- Vous ne devez avoir aucune difficulté à mettre les jumelles au point pour votre propre vue, avec un ajustement séparé pour au moins un des oculaires (les petites lentilles qui sont les plus proches de vos yeux lorsque vous regardez à travers les jumelles).
- Lorsque vous effectuez la mise au point, l'image doit changer lentement, et les images des étoiles doivent être des points nets lorsque la mise au point est réalisée, et ces images doivent être de forme circulaire lorsque ce n'est pas le cas.
- Un revêtement transparent est déposé sur les lentilles des objectifs de nombreuses jumelles. Ce traitement, appelé multi-couches, procure habituellement une vision plus claire et plus contrastée des champs d'étoiles.

On peut se procurer de bonnes jumelles dans des magasins spécialisés de matériel d'optique et scientifique. Certains magasins de photo proposent aussi un bon choix de jumelles. Mais je suggère que vous évitiez les grands magasins. Vous risquez en effet d'obtenir de la marchandise de mauvaise qualité dans certains de ces magasins, ou de payer un prix exorbitant pour des jumelles à la mode dans d'autres. Et vous pouvez parier que les vendeurs en sauront moins que vous dans ce domaine !

De nombreux astronomes achètent leurs jumelles chez des détaillants ou des fabricants spécialisés qui font de la pub dans les magazines d'astronomie.
Si vous devez commander par courrier (ou via le Web), choisissez un fournisseur recommandé par des amateurs qui ont de l'expérience, que vous rencontrerez à un club d'astronomie, ou par un membre du personnel d'un planétarium.

Les marques de jumelles de renom comprennent Bausch & Lomb, Bushnell, Canon, Celestron, Fujinon, Leica, Meade, Nikon, Orion et Pentax.

Le télescope est indispensable pour avoir un fort grossissement

Si vous avez l'intention d'observer des cratères sur la Lune, ou les surfaces et les couvertures nuageuses des planètes, vous avez besoin d'un télescope. Le même conseil vaut pour l'observation des étoiles variables de faible éclat, ou celle des galaxies et des magnifiques petits nuages brillants qu'on appelle « nébuleuses planétaires », qui n'ont d'ailleurs rien à voir avec les planètes (voir les chapitres 11 et 12).

ATTENTION

En observant le Soleil ou tout objet qui passe devant le Soleil dans votre champ visuel, suivez strictement les instructions du chapitre 10 pour protéger vos yeux et éviter tout risque de devenir aveugle !

Voici les trois principaux types d'instruments :

- Les réfracteurs, ou lunettes astronomiques, utilisent des *lentilles* pour collecter et faire converger la lumière (figure 3-4). Dans la plupart des cas, vous regardez tout droit à travers un réfracteur.

- Les réflecteurs, ou télescopes, utilisent des *miroirs* pour collecter et faire converger la lumière (figure 3-5). Il existe plusieurs types de réflecteurs. Dans un réflecteur de type *Newton*, vous regardez à travers un oculaire à angle droit du tube du télescope. Dans un télescope de type *Cassegrain*, vous regardez à travers un oculaire au fond du tube du télescope.
- Les télescopes de type *Schmidt-Cassegrain* et *Maksutov-Cassegrain* utilisent à la fois des miroirs et des lentilles. Ils ont tendance à être plus coûteux que des réflecteurs ou réfracteurs comparables.

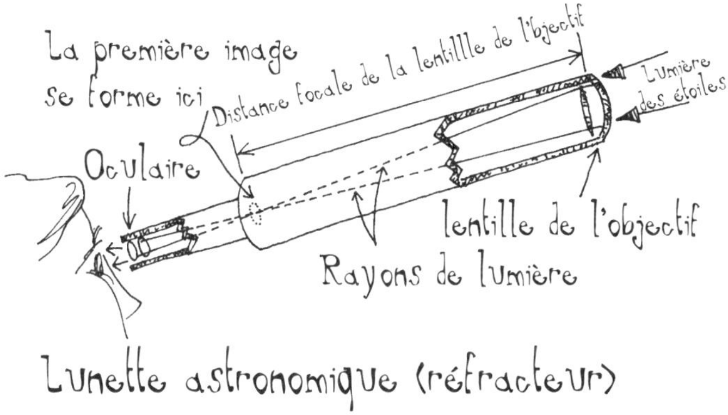

Figure 3-4 : Une lunette astronomique (ou réfracteur).

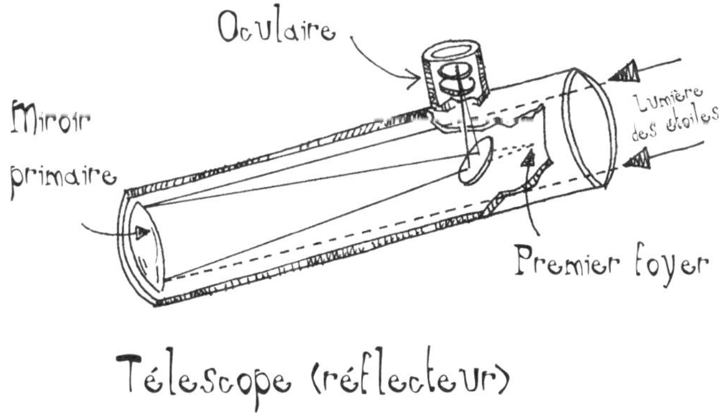

Figure 3-5 : C'est le célèbre savant anglais Sir Isaac Newton qui inventa le télescope (ou réflecteur).

Il existe de nombreuses combinaisons possibles de ces trois types généraux d'instruments. Chaque instrument d'amateur est muni d'un *oculaire*, qui est une lentille spéciale (en fait, un système de plusieurs lentilles qui forment une unité) pour grossir l'image focalisée afin de l'examiner. Lorsque vous prenez des photos, vous n'utilisez en général pas d'oculaire.

On peut utiliser des oculaires interchangeables sur quasiment n'importe quel télescope, tout comme n'importe quel microscope ou appareil photo peut être muni d'objectifs interchangeables. Certaines sociétés ne fabriquent pas de télescopes du tout, mais se spécialisent à la place dans la fabrication d'oculaires utilisables sur de nombreux télescopes différents.

Les débutants achètent d'habitude les oculaires qui offrent le plus fort grossissement possible, ce qui est un excellent moyen de gaspiller de l'argent. Je recommande des oculaires de grossissement faible à moyen. Avec un petit télescope, la qualité d'observation est d'habitude la meilleure avec des oculaires de 25 x ou de 50 x, et pas de 200 x et plus (le « x » signifie « fois », donc 25 x signifie que vous obtenez une image 25 fois plus grande qu'à l'œil nu).

Si vous voyez un télescope dont la pub vante son « fort grossissement », il peut s'agir d'une pub qui essaie de faire acheter un matériel de qualité médiocre à des naïfs. Et si un vendeur insiste sur le fort grossissement d'un télescope, changez de magasin.

Ce qui limite l'observation de détails fins dans un petit télescope, ce n'est pas la puissance de l'oculaire, mais les turbulences de l'atmosphère, ou même le tremblement du télescope dans la brise. En conséquence, on peut rarement utiliser des oculaires très puissants. De plus, en supposant que tous les autres facteurs restent constants, plus le grossissement est fort, plus le champ de vue est étroit. Souvent, si vous placez un oculaire à fort grossissement sur un télescope, vous aurez des difficultés à pointer l'instrument correctement et à suivre une cible de faible éclat, ou même une cible brillante.

Les télescopes sont généralement montés de l'une des deux manières suivantes :

- Avec une *monture altazimutale,* vous pouvez faire pivoter le télescope vers le haut et vers le bas et d'un côté à l'autre, c'est-à-dire en azimut (dans le plan horizontal) et en hauteur (dans le plan vertical). Vous devez ajuster les deux axes pour compenser le mouvement du ciel au fur et à mesure que la Terre tourne. La monture Dobson est une version bon marché de la monture altazimutale utilisée pour les grands réflecteurs d'amateurs.
- Avec une *monture équatoriale,* plus coûteuse, un des deux axes du télescope est orienté parallèlement à l'axe de rotation de la Terre, et pointe vers le pôle Nord céleste (ou vers le pôle Sud céleste pour les observateurs situés dans l'hémisphère Sud). Une fois que vous avez repéré un objet, il suffit de faire pivoter le télescope autour de cet axe, appelé axe *polaire,* pour le conserver dans le champ de vue. Veillez toujours à bien aligner l'axe polaire à chaque séance d'observation.

Une monture altazimutale est habituellement plus stable, mais une monture équatoriale permet de suivre plus facilement le mouvement des étoiles.

Souvenez-vous qu'au télescope, vous observez habituellement les objets à l'envers, ce qui n'est pas le cas avec les jumelles. Bien sûr, cela ne fait pas vraiment de différence dans l'observation que vous effectuez, mais vous devez savoir que le haut et le bas sont inversés lorsque vous regardez à travers un télescope. Observé à travers un télescope à monture équatoriale, un champ d'étoiles conserve la même orientation quand il se lève et quand il se couche. Mais avec un télescope à monture altazimutale, le champ tourne pendant la nuit, et donc les étoiles qui commencent en haut terminent sur le côté.

Comment se procurer un bon télescope à un prix abordable

Acheter un *télescope bon marché,* de fabrication de masse et qu'on appelle souvent un « télescope de supermarché », cela revient d'habitude à jeter de l'argent par les fenêtres. Et il coûtera quand même plusieurs centaines d'euros.

Un bon télescope ou une bonne lunette, neufs, pourront coûter plusieurs milliers d'euros. Mais il existe des alternatives :

PETITS SECRETS

La couleur de votre Univers

Qu'allez-vous voir lorsque vous observerez un objet céleste avec votre paire de jumelles ou votre télescope ? Allez-vous voir de magnifiques étoiles, planètes et objets célestes de brillantes couleurs, comme le montrent les photos couleur de ce livre ?

Désolé de devoir vous le dire, mais il est probable que vous voyiez la majorité des étoiles et des autres objets célestes dans des couleurs pâles. La plupart des étoiles sont de couleur blanche ou blanc cassé : jaunâtre plutôt que jaune, par exemple. Les couleurs ressortent le mieux lorsque des étoiles voisines sont de couleurs très différentes comme dans certaines étoiles doubles (par exemple Albireo c'est-à-dire β Cygni).

La plupart des photos d'objets célestes ont été traitées, c'est ce que l'on appelle habituellement l'utilisation de *fausses couleurs*. On n'utilise pas de fausses couleurs pour refaire une beauté à l'Univers, qui est brillant et magnifique à lui tout seul, merci bien. Elles ne sont pas non plus destinées à donner une fausse impression du ciel profond. En fait, le rehaussement est effectué pour aller plus loin dans la recherche de l'information, comme le colorant utilisé dans des radios médicales révèle les détails dans les cellules et facilite l'identification de liens ou d'absences de liens physiques.

Selon les méthodes d'observation et de traitement, les photos du même objet peuvent présenter des différences frappantes. Mais elles informent toutes les scientifiques des différences dans la structure d'un objet, des gaz qu'il peut contenir, et des processus dynamiques qui y sont en cours.

- Des télescopes d'occasion sont souvent en vente dans les petites annonces des magazines d'astronomie ou des clubs d'astronomie locaux. Si vous pouvez inspecter et essayer un télescope d'occasion, et si vous trouvez votre bonheur, achetez-le ! Un télescope bien entretenu peut durer des décennies.
- Les amateurs peuvent souvent utiliser les télescopes des clubs d'astronomie, des planétariums et des observatoires ouverts au public.

Protégez bien vos yeux lorsque vous observez le Soleil

Il est très dangereux de risquer ne serait-ce qu'un très bref coup d'œil sur le Soleil dans un télescope, des jumelles ou n'importe quel autre instrument d'optique, à moins que l'appareil ne soit équipé d'un filtre solaire de marque réputée et spécialement conçu pour l'observation du Soleil. Le filtre doit en outre être monté correctement sur le télescope, et pas simplement installé de façon improvisée.

Vous devez aussi utiliser un filtre solaire lorsque vous observez les planètes qui traversent le disque solaire. De telles planètes sont dites *en transit*. L'observation de n'importe quel objet devant le Soleil exige l'utilisation de techniques de protection. Si vous avez un télescope (réflecteur) de type Newton ou une lunette astronomique (réfracteur), vous pouvez essayer d'utiliser la technique de la projection. Reportez-vous au chapitre 10 pour plus de détails sur l'observation du Soleil et pour la protection des yeux.

La technologie des télescopes d'amateur progresse à toute vitesse, et ce dont rêvait l'astronome hier représente peut-être un équipement obsolète aujourd'hui. La qualité et les possibilités montent en même temps que les prix baissent.

De manière générale, un bon réfracteur procure de meilleures images qu'un bon réflecteur de même ouverture ou taille. L'ouverture ou la taille du télescope se rapporte au diamètre de la lentille principale ou du miroir primaire, ou, dans les télescopes plus élaborés, à la partie du système d'optique qui n'est pas obstruée. Une bonne lunette astronomique (réfracteur) coûte bien plus cher qu'un bon télescope (réflecteur).

Un choix de compromis

Les télescopes de type Maksutov-Cassegrain et Schmidt-Cassegrain constituent de bons compromis entre le bas prix d'un réflecteur et les performances élevées d'un réfracteur. Ce sont les télescopes préférés de nombreux astronomes.

En 1999, le télescope d'amateur le plus canon du marché était le modèle Meade ETX-90/EC. Il s'agit d'une version fortement améliorée de l'ETX-90, qui était déjà un instrument hautement prisé. Son ouverture est d'environ 90 mm, ce qui représente quasiment la taille minimale de n'importe quel télescope avec lequel vous devriez démarrer. (Si vous trouvez un bon instrument à un prix correct à partir d'une ouverture de 60 mm, en particulier si c'est une lunette, cela mérite d'y réfléchir.)

Le modèle de base de télescope Meade ETX-90/EC coûte environ 750 euros, mais je recommande en plus la raquette en option Autostar, qui coûte 190 euros. Vous aurez probablement aussi besoin du trépied d'observation terrestre. Cet instrument est si efficace que certains puristes le condamnent, parce qu'il fonctionne pratiquement tout seul. Il s'orientera automatiquement sur n'importe lequel des milliers d'objets célestes dont l'ascension droite et la déclinaison sont enregistrées dans la mémoire de son petit ordinateur (voir le chapitre 11 si vous avez besoin de plus d'informations sur l'ascension droite et la déclinaison). L'Autostar peut même trouver des objets en mouvement, comme les planètes, en utilisant sa base de données.

Vous n'aurez certainement pas besoin de dépenser autant d'argent avant d'avoir vu ce télescope en action, à une soirée d'observation d'un club d'astronomie, par exemple. Mais son prix n'est pas plus élevé que celui d'un bon appareil photo avec un objectif supplémentaire ou deux. Il est aussi possible de trouver de plus grands télescopes pour moins d'argent. Pour cela, étudiez les petites annonces des numéros actuels des magazines d'astronomie. Vous devrez toutefois prévoir beaucoup plus d'efforts pour apprendre à les utiliser efficacement.

Certains télescopes de marque ne sont commercialisés que par l'intermédiaire de revendeurs autorisés. Ces revendeurs possèdent généralement des connaissances d'expert dans le domaine des télescopes, et l'on peut souvent prendre leur conseil et n'y ajouter qu'une pincée de sel, surtout lorsqu'ils vendent plusieurs marques concurrentes.

Voici les sites Web clés que vous pouvez visiter pour vous informer sur les télescopes :

- Celestron qui est depuis de nombreuses années le fabricant préféré de milliers d'astronomes :

  `www.celestron.com`
- Meade Instruments Corporation :

  `www.meade.com`
- Paralux :

  `www.astronomie-paralux.com`
- MEDAS :

  `www.medas.fr`

Un plan d'action pour bien débuter l'astronomie

Je vous recommande de vous mettre progressivement à pratiquer le passe-temps de l'astronomie, et d'y investir aussi peu d'argent que possible jusqu'à ce que vous soyez certain de savoir ce que vous voulez faire. Voici un plan qui vous guidera pour l'acquisition des connaissances et de l'équipement de base.

1. **Si vous avez un ordinateur récent, investissez dans un programme de planétarium bon marché ou téléchargez-le gratuitement sur Internet. Commencez à effectuer des observations à l'œil nu au crépuscule chaque soir où le ciel est dégagé, et avant l'aube si vous aimez vous lever tôt.**

   Afin de prévoir vos observations des planètes et des constellations, utilisez simplement les cartes célestes hebdomadaires du site Web *Astroweb2000*. Si vous n'avez pas d'ordinateur approprié, prévoyez vos observations sur la base des principaux événements mensuels des magazines *Ciel et Espace* ou *Astronomie magazine*.

2. **Une fois que vous vous serez familiarisé pendant un mois ou deux avec le ciel, et que vous vous serez rendu compte de la mesure dans laquelle vous l'aimez, investissez dans une bonne paire de jumelles 7 x 50.**

3. **Au fur et à mesure que vous vous familiariserez avec les étoiles brillantes et les constellations, investissez dans un atlas stellaire qui montre de nombreuses étoiles de plus faible éclat, de même que les amas stellaires et les nébuleuses.**

   L'*Atlas du ciel 2000.0* de Wil Tirion, décliné en plusieurs versions, est vendu dans un format pratique à utiliser sur le terrain. Mais voyez aussi quels sont les autres produits disponibles vantés dans les annonces de magazines et en vente dans les boutiques des planétariums et des musées scientifiques. Comparez les cartes de votre atlas stellaire avec les constellations que vous commencez à connaître ; l'atlas vous donnera leurs ascensions droites et leurs déclinaisons, et vous devriez commencer à être à l'aise avec ce système de coordonnées (voir le chapitre 1 si vous avez besoin de plus d'informations sur l'utilisation des ascensions droites et des déclinaisons).

4. **Si c'est possible, devenez membre d'un club d'astronomie de votre région, et renseignez-vous auprès des membres qui ont de l'expérience avec le maniement d'un télescope.**

5. **Si tout se passe bien et que vous souhaitez continuer sur le chemin de l'astronomie, comme je parie que ce sera le cas, investissez dans un télescope ou une lunette de bonne qualité, avec une ouverture comprise entre 60 et 115 mm.**

   Visitez les sites Web des fabricants de télescopes dans cette section ou demandez qu'on vous envoie un catalogue gratuit, comme les pubs des magazines le proposent. Mieux encore, renseignez-vous auprès des membres expérimentés de clubs d'astronomie, si vous en avez la possibilité.

Si vous prenez autant de plaisir à l'astronomie que je le pense, envisagez après quelques années de passer à un télescope de 150 ou 200 mm. Certains sont moins chers que ce télescope Meade de 90 cm par exemple. Ils seront peut-être plus difficiles à utiliser, mais vous serez alors prêt à les maîtriser. Équipé d'un plus grand télescope, vous serez en mesure d'observer bien plus d'étoiles et bien plus d'autres objets célestes qu'avant.

Chapitre 4

Admirez nos visiteurs : météores, comètes et lunes artificielles

Dans ce chapitre :

- Les données de base sur les météores, les météorites et les autres visiteurs
- La tête et la queue des comètes
- Comment repérer les satellites artificiels

Vous voyez un objet qui se déplace dans le ciel diurne (pendant la journée) ? Alors vous allez probablement savoir s'il s'agit d'un oiseau, d'un avion, ou de Superman. Mais dans le ciel nocturne (de nuit), pouvez-vous faire la différence entre l'éclat d'un météore et celui d'un satellite Iridium ? Et parmi les objets qui se déplacent lentement mais de façon perceptible à travers le fond étoilé, pouvez-vous faire la différence entre une comète et un astéroïde ?

Ce chapitre explique et définit nombre d'objets qui traversent le ciel de nuit. (Le Soleil, la Lune et les planètes traversent aussi le ciel, mais dans un défilé plus majestueux. Je m'y consacrerai aux chapitres suivants.)

Les poussières cosmiques dans vos cheveux

Si une *micrométéorite* (une météorite tellement petite qu'elle doit être observée au microscope) est découverte, ce pourrait bien être une particule de ce qui commença sous la forme d'un météoroïde cométaire, ou peut-être que c'est un très petit météoroïde d'astéroïde.

Les micrométéorites sont si petites qu'elles ne créent pas suffisamment de friction pour brûler ou se désintégrer dans l'atmosphère, et elles tombent donc lentement au sol. Il est possible que vous ayez quelques-uns de ces grains de poussières spatiales dans vos cheveux à cet instant précis, mais il est quasiment impossible de les repérer parce qu'ils seraient perdus au milieu des millions d'autres particules microscopiques qui s'y trouvent (sans vouloir vous offenser).

Pour recueillir les micrométéorites, les scientifiques utilisent des plaques ultra propres montés sur des avions à réaction qui volent à haute altitude. À bord de bateaux, ils draguent la boue du fond des océans avec des râteaux aimantés, pour attirer les micrométéorites de fer.

Les météores sont des phénomènes lumineux

Il n'existe aucun autre terme d'astronomie dont l'emploi est aussi abusif que celui de *météore*. Il est souvent mal employé, même par les scientifiques, lorsque *météorite* ou *météoroïde* serait le terme exact. Voici les significations correctes :

- Un *météoroïde* est un petit objet solide de l'espace, habituellement un morceau d'astéroïde ou de comète, en orbite autour du Soleil. Certains rares météoroïdes sont en fait des rochers éjectés de Mars ou de la Lune.
- Un *météore* est un phénomène lumineux produit lorsqu'un objet solide, en provenance de l'espace et de petite taille (un météoroïde), entre dans l'atmosphère terrestre ; on appelle souvent les météores « étoiles filantes ».

- Une *météorite* est un objet solide de l'espace qui est tombé sur le sol de la Terre.

Si un météoroïde fonce dans l'atmosphère de la Terre, elle va peut-être, en se consumant, produire un météore (une traînée de lumière) suffisamment brillant pour que vous puissiez l'observer. Si le météoroïde est de taille assez importante pour heurter le sol sans s'être complètement désintégré dans l'atmosphère, il devient une météorite. De nombreuses personnes recherchent et collectionnent les météorites, et le marché aux météorites est florissant.

Il existe deux principaux types de météoroïdes, qui ont des origines différentes :

- Les météoroïdes *cométaires* sont de petites particules légères de poussière qui ont été éjectées par des comètes.
- Les météoroïdes d'*astéroïdes*, dont la taille est comprise entre celle des particules microscopiques et celle de grosses pierres, sont littéralement des morceaux d'astéroïdes, ou *petites planètes* et qui sont des corps rocheux en orbite autour du Soleil (et que je décris au chapitre 7).

Lorsque vous visitez un musée des sciences et que vous y regardez une météorite, vous examinez un météoroïde d'astéroïde qui est tombé sur la Terre (ou, dans de rares cas, un rocher qui est tombé sur Terre après avoir été détaché de la Lune ou de Mars par l'impact d'un corps plus important). La météorite peut se composer de roche, de fer (en fait d'un alliage de nickel et de fer presque résistant à la rouille), ou des deux. Faisant (pour une fois) preuve d'une grande simplicité, les scientifiques appellent ces météorites respectivement *météorites pierreuses*, *météorites métalliques* et *météorites métallo-pierreuses.*

Les météores sporadiques, les boules de feu et les bolides

Lorsque vous êtes à l'extérieur par une nuit sombre et que vous observez une « étoile filante » (c'est-à-dire la traînée lumineuse que produit un météoroïde en train de tomber au hasard), il s'agit d'un météore *sporadique.* Mais si de nombreux météores apparaissent cette nuit-là et semblent tous provenir du même endroit du ciel, alors vous êtes témoin d'une *pluie d'étoiles filantes.* Les pluies d'étoiles filantes comptent parmi les spectacles célestes les plus magnifiques, et je vais donc y consacrer la prochaine section de ce livre.

Un météore qui est éblouissant est appelé *boule de feu.* Bien qu'il n'existe pas de définition officielle des boules de feu, de nombreux astronomes considèrent qu'un météore qui est plus brillant que Vénus est une boule de feu. Toutefois, il est possible que Vénus ne soit pas visible au moment où vous observez le météore brillant. Donc comment savoir si vous êtes en train d'observer une boule de feu ?

Voici ma méthode pour identifier les boules de feu : si les gens qui font face au météore crient tous des « Oh ! » et des « Ah ! » (tout le monde a tendance à crier en observant un météore brillant), il ne s'agit que d'un météore assez brillant. Mais si les gens qui *tournent le dos* remarquent une lueur brillante momentanée dans le ciel ou sur le sol autour d'eux, alors c'est le vrai truc.

Les boules de feu ne sont pas très rares. Si vous observez régulièrement le ciel par des nuits sombres, quelques heures à chaque fois, vous verrez probablement une boule de feu à peu près deux fois par an. Ce sont les *boules de feu visibles de jour* qui sont très rares. Si le Soleil brille et que vous voyez quand même un bolide, vous avez de la chance. Il s'agit alors d'un bolide extrêmement brillant. Lorsqu'on aperçoit l'une de ces « belles de jour », on la prend presque toujours pour un avion ou un missile en feu et sur le point de s'écraser.

Pour toute boule de feu très brillante (dont l'éclat approche celui d'un quartier de Lune ou est encore plus fort) ou toute boule de feu visible de jour, il est possible que le météoroïde qui produit la lumière va parvenir jusqu'au sol. Les météorites qui viennent de tomber sont souvent très intéressantes pour la science, et elles peuvent aussi valoir une belle somme d'argent. Si vous observez une boule de feu qui correspond à cette description, notez bien tous les renseignements suivants, de telle sorte que votre témoignage puisse aider les scientifiques à trouver la météorite :

1. **Notez l'heure à votre montre**

   Dès la prochaine occasion, vérifiez si votre montre avance ou retarde, et de combien.

2. **Notez exactement l'endroit où vous vous trouvez.**

   Il y a de bonnes chances que vous n'ayez pas de récepteur GPS sous la main pour y lire votre emplacement exact. Mais vous pouvez tracer un petit croquis montrant l'endroit où vous vous trouviez lorsque vous avez vu le bolide : notez les routes, les bâtiments, les grands arbres, ou tout autre repère.

3. **Faites un croquis du ciel, qui montre la trajectoire de la boule de feu par rapport à l'horizon où vous l'avez observée.**

   Même si vous n'êtes pas sûr de faire face au sud-est ou au nord-nord-ouest, votre croquis de l'endroit et de la trajectoire du bolide aideront les scientifiques à déterminer la trajectoire et l'endroit où la météorite a peut-être atterri.

Après qu'une boule de feu visible de jour ou qu'une boule de feu très brillante de nuit a été observée, les scientifiques qui souhaitent découvrir la météorite passent des annonces pour trouver des témoins visuels. Ils collectent des renseignements comme ceux qui sont spécifiés dans la précédente liste. Puis, en comparant les témoignages de personnes qui ont vu le bolide depuis différents endroits, ils peuvent repérer la zone dans laquelle il est le plus probable qu'il soit tombé sur Terre. Un bolide brillant peut être produit par une petite pierre, une qui tiendrait facilement dans la paume de votre main. Les scientifiques ont donc besoin de réduire au maximum la zone de recherche pour avoir une chance raisonnable de trouver la météorite.

Un *bolide* est une boule de feu que l'on voit exploser ou qui produit un grand bruit même s'il ne se disloque pas. Du moins, c'est comme cela que je le définis. Certains utilisent le mot « bolide » comme synonyme de « boule de feu ». (Il n'existe aucun accord officiel sur ce terme, et vous trouverez des définitions différentes dans différentes sources, même dans celles qui font le plus autorité.) Le bruit que vous entendrez peut-être est le bang que le météoroïde produit en passant le mur du son.

Lorsqu'une boule de feu se disloque, vous observez deux météores ou plus qui brillent simultanément, sont très proches l'un de l'autre et filent dans la même direction. Le météoroïde qui a produit la boule de feu s'est fragmenté, probablement à cause des forces aérodynamiques auxquelles il a été soumis, de la même manière qu'un avion qui tombe hors de contrôle depuis une haute altitude parfois se disloque même si son carburant n'a pas explosé.

Un météore brillant laisse souvent une traînée lumineuse derrière lui. Le météore dure quelques secondes ou moins, mais la trace brillante – qu'on appelle *queue du météore* – persiste parfois encore pendant quelques dizaines de secondes, voire quelques minutes. Si la queue du météore reste visible pendant suffisamment longtemps, elle est alors déformée par les vents de haute altitude, exactement comme la publicité tracée dans le ciel par un avion au-dessus d'une plage ou d'un stade se déforme peu à peu au gré du vent.

On voit davantage de météores après minuit qu'avant, parce que de minuit à midi, on se trouve sur le côté avant de la Terre, là où notre planète récolte les météoroïdes à travers l'espace. De midi à minuit, on se trouve à l'arrière, et les météoroïdes doivent rattraper la Terre pour entrer dans l'atmosphère et être visibles. Les météores sont en fait comme les bestioles qui s'écrasent sur le pare-brise de votre voiture lorsque vous conduisez sur l'autoroute. Il y en a beaucoup plus qui s'écrasent sur votre pare-brise que sur la vitre arrière, parce que le pare-brise avance dans les bestioles, alors que la vitre arrière s'en éloigne.

Les pluies d'étoiles filantes : ce sont parfois les plus beaux spectacles de l'année !

Normalement, seuls quelques météores sont visibles par heure, davantage après minuit qu'avant, et (pour les observateurs de l'hémisphère Nord) davantage en automne qu'au printemps. Mais chaque année, à certaines occasions, vous verrez peut-être dix, vingt, voire cinquante météores et plus par heure dans un ciel sombre sans Lune, loin des lumières des agglomérations. Ces *pluies d'étoiles filantes* se produisent lorsque la Terre traverse un grand *essaim météoritique*, c'est-à-dire un anneau de milliards de poussières éjectées du noyau d'une comète et qui se répartissent tout le long d'une orbite elliptique. (Je parle des comètes dans le détail plus loin dans ce chapitre). La figure 4-1 illustre comment se produisent les pluies d'étoiles filantes.

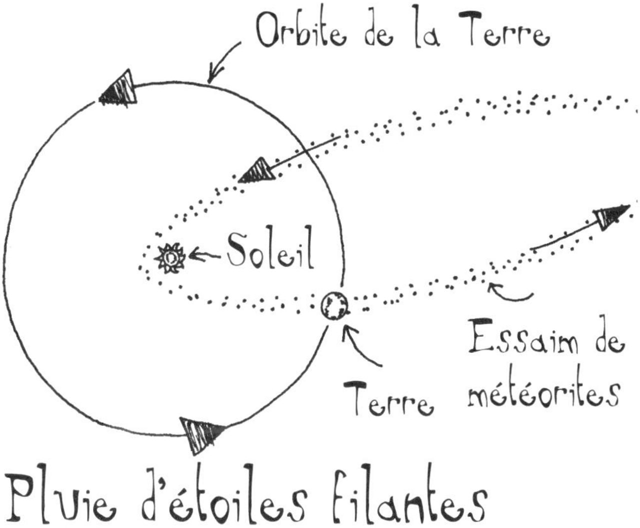

Figure 4-1 : La trajectoire de la Terre croise un essaim météoritique, et cela crée une pluie d'étoiles filantes.

Le point du ciel d'où les d'étoiles filantes de la pluie semblent provenir s'appelle le *radiant*. L'essaim le plus célèbre est celui des Perséides, qui produit à son maximum jusqu'à 80 étoiles filantes par heure. Le nom de cet essaim vient du fait que le radiant se trouve dans la constellation de Persée. Ainsi, on donne habituellement aux pluies d'étoiles filantes le nom de la constellation ou des étoiles brillantes (comme Eta Aquarii) qui sont visibles près de leurs radiants.

Quelques autres essaims météoritiques produisent autant de météores ou davantage que les Perséides, mais rares sont ceux qui prennent le temps de les observer. Les pluies d'étoiles filantes des Perséides se produisent au cours de douces nuits d'août, alors que les autres principales pluies d'étoiles filantes, les Géminides et les Quadrantides traversent respectivement le ciel durant les mois froids de décembre et de janvier, alors que le temps est le plus mauvais et que les ambitions des observateurs sont modestes.

Le tableau 4-1 donne la liste des principales pluies d'étoiles filantes annuelles. Les dates du tableau sont celles des nuits où les pluies atteignent habituellement leur maximum. Certaines pluies continuent pendant des jours, d'autres pendant des semaines, mais il pleut des météores à une fréquence moins élevée qu'à la date du maximum. Il est cependant possible que les Quadrantides ne durent qu'une seule nuit, voire seulement quelques heures.

Tableau 4-1 Les plus belles pluies d'étoiles filantes annuelles

Nom de la pluie	*Date approximative*	*Nombre de météores (par heure)*
Quadrantides	3 et 4 janvier	90
Lyrides	21 avril	15
η Aquarides	4 et 5 mai	30
δ Aquarides	28 et 29 juillet	25
Perséides	12 août	80
Orionides	21 octobre	20
Géminides	13 décembre	100

Le radiant des Quadrantides se trouve dans le coin nord-est de la constellation du Bouvier. Cet essaim de météorites porte le nom d'une constellation que l'on trouve sur des cartes stellaires du XIXe siècle, mais qui n'est plus reconnue officiellement. Outre le fait qu'elles ont perdu la constellation dont elles portent le nom, les Quadrantides semblent aussi avoir perdu la comète qui les a fait naître, et leur origine est encore un mystère de l'astronomie.

Les Géminides constituent peut-être le seul essaim de météorites associé à l'orbite d'un astéroïde plutôt qu'à celui d'une comète. Toutefois, l'« astéroïde » est probablement une comète morte, qui n'éjecte plus de gaz ni de poussières pour former une tête et une queue. (Je parle des comètes dans la section suivante.)

Les Léonides produisent une pluie d'étoiles filantes aux alentours du 17 novembre chaque année, habituellement sans grand effet. Mais tous les 33 ans, on peut observer bien plus de météores que d'habitude, parfois plusieurs mois de novembre de suite. De gigantesques quantités de Léonides ont été observées en novembre 1966, 1999 et 2000, et de grands nombres sont encore prévus pour 2001 (malheureusement les maxima ne seront pas observables en Europe).

Vous ne pourrez quasiment jamais observer autant de météores par heure que le nombre porté au tableau 4-1. En effet, les nombres officiels de météores sont définis pour des conditions d'observations exceptionnelles, dont de rares personnes peuvent encore profiter. Mais les pluies d'étoiles filantes varient d'année en année, comme les chutes de pluie. Parfois, les observateurs voient vraiment autant de Perséides qu'il est prévu. À de rares occasions, elles semblent même être bien plus nombreuses. C'est pourquoi le fait de noter avec précision le nombre de météores que vous observez pourra être utile pour le comptage scientifique.

Pour suivre les météores, vous avez besoin d'une montre, d'un bloc-notes, d'un stylo ou d'un crayon de papier pour noter vos observations, et d'une lampe de poche à l'éclairage atténué pour voir ce que vous écrivez.

La meilleure manière d'observer les météores et de les compter consiste à vous allonger dans une chaise longue. (Vous pouvez aussi vous allonger sur une couverture avec un oreiller, mais il est plus probable que vous vous endormiez dans cette position et que vous manquiez la meilleure partie du spectacle.) Inclinez la tête de façon à regarder légèrement plus haut que la moitié de la distance entre l'horizon et le zénith (voir la figure 4-2). C'est l'orientation optimale pour compter les météores.

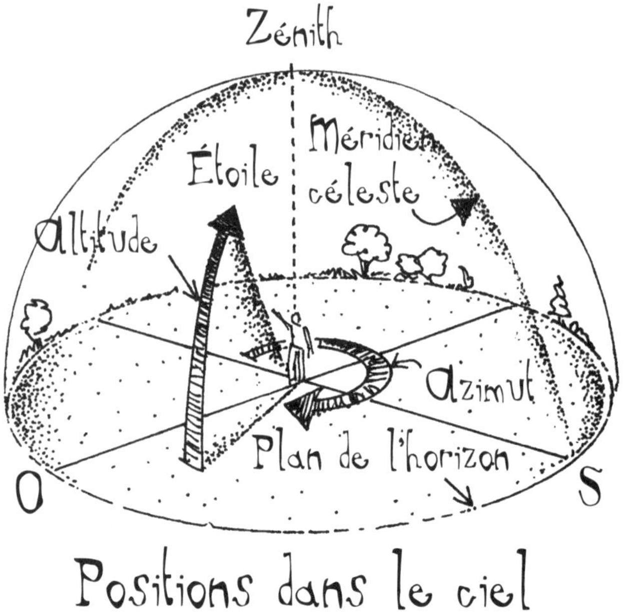

Figure 4-2 : Inclinez la tête à mi-parcours entre l'horizon et le zénith pour observer les météores de façon optimale.

Il n'est pas nécessaire de faire face au radiant lorsque vous observez une pluie d'étoiles filantes, bien que beaucoup de personnes le fassent. Les météores vont strier tout le ciel, et leurs trajectoires visibles peuvent commencer et se terminer bien loin du radiant. Mais vous pouvez extrapoler visuellement les trajectoires des météores dans la direction de laquelle ils semblent provenir, et trouver ainsi le radiant. C'est comme cela que vous pourrez faire la distinction entre une pluie d'étoiles filantes et une étoile filante isolée (ou météore sporadique).

Toutefois, si vous faites face au radiant, vous verrez que certains météores semblent avoir des trajectoires très courtes, bien qu'ils soient assez lumineux. Ces trajectoires semblent courtes parce que les météores viennent quasiment tout droit dans votre direction. Heureusement, les météoroïdes de la pluie sont microscopiques et n'atteindront pas le sol.

Des lumières rouges qui ne sont pas celles de maisons closes !

Le meilleur éclairage pour l'observation astronomique, c'est celui que fournit une lampe de poche rouge. Vous pouvez l'acheter ou la bricoler vous-même, à partir d'une lampe de poche ordinaire en enveloppant du plastique rouge transparent autour de la partie transparente du boîtier. Certains astronomes peignent la lampe avec une fine couche de vernis à ongle rouge. Si vous utilisez de la lumière blanche, vous risquez de vous éblouir vous-même et d'être incapable de voir les étoiles de faible éclat et les météores pendant 10 à 30 minutes, selon les circonstances. Vous devez laisser à vos yeux le temps de s'adapter à l'obscurité à chaque fois que vous observez le ciel nocturne.

La Commission des Comètes de la Société Astronomique de France regroupe des amateurs spécialisés dans l'observation des astres chevelus. Vous pouvez les contacter ou simplement prendre connaissance de leurs activités sur le site de la SAF :

www.iap.fr/saf

Les comètes, ces boules de neige sale

Les comètes, ces grosses boules de glaces et de poussières qui suivent lentement leur trajectoire à travers le ciel et ressemblent à des taches floues qui traînent des voiles gazeux, sont des visiteurs venus des profondeurs de notre système solaire. Elles sont très populaires sur Terre et ne manquent jamais d'attirer l'attention. Tous les 75 à 77 ans, la plus connue, la comète de Halley, revient au voisinage de la Terre et de son Soleil. Si vous avez manqué son apparition en 1986, réessayez en 2061 ! Mais si vous êtes impatient, vous pourrez observer d'autres comètes entre-temps. Souvent une comète moins célèbre, comme récemment la comète de Hale-Bopp, est bien plus brillante que celle de Halley.

CONSEIL

Comment photographier les météores et les pluies d'étoiles filantes

Les conditions idéales pour la photographie des météores sont réunies lorsque le ciel nocturne est dégagé, sombre et sans Lune. Pour obtenir les meilleurs résultats, utilisez un appareil photo traditionnel avec un objectif de 35 mm, ou un appareil photo moderne qu'il est possible de faire fonctionner entièrement manuellement. Puis suivez ces instructions :

1. **Utilisez un objectif ordinaire, pas un zoom ni un téléobjectif, et réglez-le à l'infini.**

2. **Réglez l'ouverture de l'objectif sur sa plus faible valeur.**

   Utilisez un objectif sur lequel il est possible de régler une ouverture de f/5.6 ou moins, plus le nombre est petit, mieux c'est.

3. **Utilisez un film de 400 ISO.**

   Les experts préfèrent souvent des films noir et blanc, mais la couleur fonctionne très bien et ces films sont plus faciles et souvent meilleur marché à faire développer.

4. **Installez votre appareil photo sur un trépied et orientez-le environ à mi-chemin vers le haut du ciel ou un peu plus haut, en faisant face à la direction, quelle qu'elle soit, qui subit la nuisance lumineuse céleste (pollution lumineuse) la plus faible en provenance de la ville ou d'autres sources lumineuses.**

5. **Réglez l'appareil pour une durée d'exposition de 10 à 15 minutes. Puis fermez l'obturateur, faites défiler la pellicule, et prenez une autre pose.**

   Si une boule de feu traverse la partie de l'espace auquel l'appareil photo fait face, notez tout de suite l'heure et fermez immédiatement l'obturateur. Puis prenez une autre pose.

6. **Lorsque vous ferez développer la pellicule, indiquez « développement et tirage de toutes les poses ».**

   Les opérateurs qui effectuent le développement automatique des photos omettent souvent volontairement les photos du ciel, qu'un non-astronome peut trouver ratées ou sous-exposées.

Photographiez une pluie d'étoiles filantes de la même manière qu'un météore isolé. Mais pour obtenir les meilleures vues, attendez que le radiant (c'est-à-dire la constellation

Comment photographier les météores et les pluies d'étoiles filantes (suite)

ou la zone du ciel de laquelle semblent provenir les météores) soit bien au-dessus de l'horizon, disons à 40 degrés ou davantage, avant de pointer dessus votre appareil photo. Ensuite, si vous capturez plusieurs pluies d'étoiles filantes sur la même pose, leurs traces vont ressembler aux rayons d'une roue de bicyclette, toutes pointant en arrière vers le même point, le radiant.

Une remarque encore, concernant l'altitude : le point au-dessus de votre tête, qu'on appelle zénith, se trouve à une hauteur de 90 degrés, tandis que l'horizon se trouve à une hauteur de 0 degré. En conséquence, une hauteur à mi-chemin entre l'horizon et le zénith est de 45 degrés, une hauteur à deux tiers du zénith est de 60 degrés, etc.

On confond fréquemment météores et comètes, mais il est facile d'en faire la distinction : un météore ne dure que quelques secondes, alors qu'une comète est visible pendant des jours, des semaines ou même des mois. Les météores brillent à travers le ciel parce qu'ils tombent sur Terre ; l'observateur les voit alors qu'ils se trouvent à une distance d'environ 160 kilomètres. Les comètes, elles, semblent ramper à travers le ciel parce qu'on les observe à des distances de plusieurs millions de kilomètres. Les météores sont des phénomènes qu'on observe couramment ; en revanche, une comète facilement visible à l'œil nu ne se présente en moyenne qu'une fois par an, ou moins.

Autrefois, les astronomes disaient que les comètes avaient une tête et une queue, ou des queues. Plus tard, le point lumineux brillant dans la tête fut appelé le noyau. Aujourd'hui, nous savons que c'est le noyau qui constitue véritablement la comète. Une comète est une boule de neige sale, un agglomérat de glaces d'eau en majorité, d'autres gaz gelés (glaces de monoxyde de carbone et de gaz carbonique) et de particules solides, c'est-à-dire des poussières ou « saletés » que montre la figure 4-3. Les autres caractéristiques d'une comète sont simplement les émanations qui jaillissent du noyau.

Tête ou queue ? La structure d'une comète

Une comète très éloignée du Soleil ne se compose que de son noyau. Elle n'a ni tête ni queue. La boule de glaces peut avoir un diamètre de plusieurs dizaines de kilomètres, ou de simplement 2 ou 3 kilomètres. C'est une taille bien petite à l'échelle du système solaire, et comme le noyau ne brille que par réflexion de la lumière du Soleil, une comète éloignée a un éclat qui est très faible, et elle est très difficile à détecter.

Les images du noyau de la comète de Halley, prises par la sonde Giotto de l'Agence spatiale européenne qui l'a survolée en 1986, ont montré que la boule cabossée en rotation avait une croûte sombre, exactement comme le dessert « Tartufo » que l'on peut déguster dans certains restaurants chics : il s'agit de boules de crème glacée à la vanille, enrobées de chocolat. Les comètes n'ont pas aussi bon goût, mais elles procurent de véritables plaisirs pour les yeux : sur le noyau de la comète de Halley, des jets de gaz et de poussières crachés par des orifices ou des trous qui ressemblaient à des geysers se vaporisaient dans l'espace aux endroits où le Soleil n'avait qu'à peine réchauffé la croûte.

Au fur et à mesure qu'une comète se rapproche du Soleil, la chaleur de celui-ci fait s'élever la température du noyau, et les glaces se subliment partiellement pour se vaporiser de plus en plus dans l'espace, en éjectant aussi des poussières. Les gaz et les poussières forment un nuage brillant autour du noyau. Ce nuage s'appelle la « chevelure » ou « coma » de la comète. Coma est un terme dérivé du même mot latin qui veut dire « chevelure », il ne s'agit pas du mot que l'on emploie habituellement pour désigner un état d'inconscience. Presque tout le monde confond la chevelure de la comète avec sa tête, mais la tête, à proprement parler, se compose à la fois de la chevelure et du noyau.

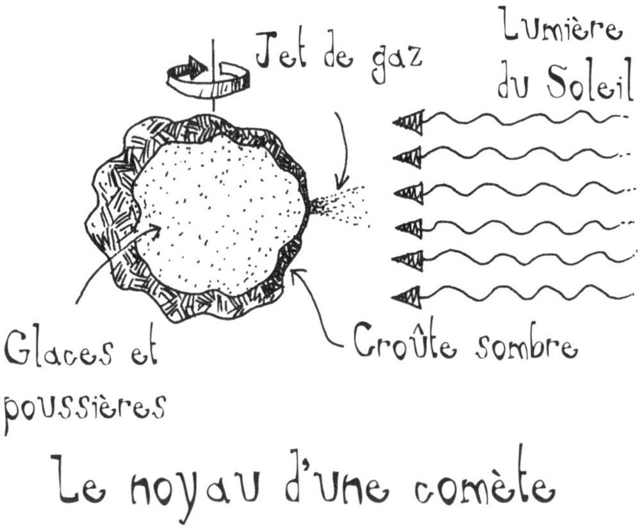

Figure 4-3 : Une comète n'est rien d'autre qu'une boule de neige sale.

L'éclat d'une comète est dû en partie à la lumière du Soleil qui est réfléchie par des millions de minuscules particules de poussière, et en partie à des émissions de faible éclat lumineux qui proviennent des atomes et des molécules de la chevelure.

Les poussières et les gaz de la chevelure de la comète sont soumis à des forces perturbatrices qui peuvent donner naissance à une queue ou deux.

La pression du rayonnement solaire repousse les poussières dans la direction opposée à celle du Soleil (voir la figure 4-4), ce qui génère la *queue de poussières* de la comète.

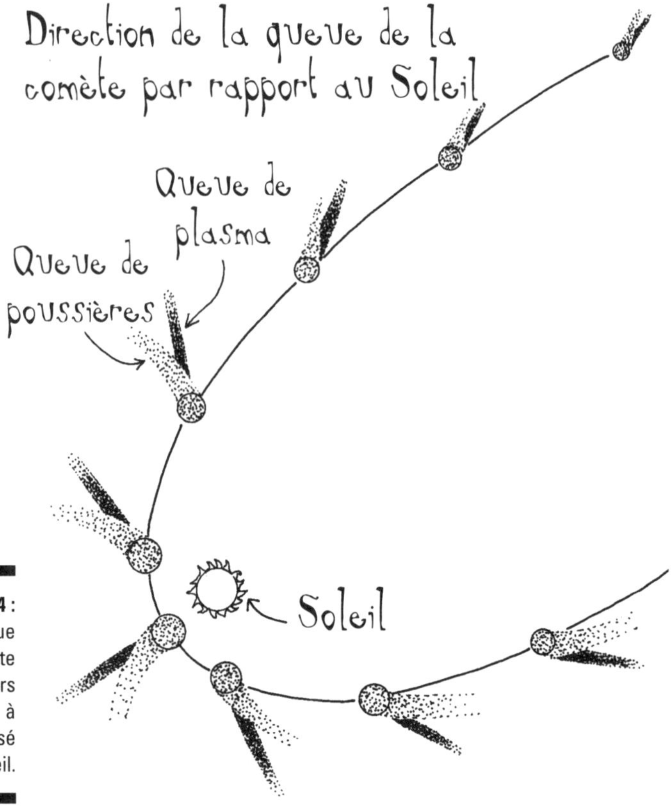

Figure 4-4 : La queue d'une comète est toujours dirigée à l'opposé du Soleil.

La queue de poussières brille par réflexion de la lumière du Soleil, et elle possède les caractéristiques suivantes :

- une apparence lisse et parfois légèrement incurvée ;
- une couleur jaune pâle.

NOTE TECHNIQUE

Les gaz de la chevelure sont en partie *ionisés*, c'est-à-dire chargés électriquement, lorsqu'ils sont frappés par le rayonnement ultraviolet du Soleil. Dans cet état, ces gaz sont sujets à la pression du *vent solaire*, qui est constitué par des courants invisibles d'électrons et de protons que le Soleil déverse dans l'espace (voir le chapitre 10). Le vent solaire repousse le gaz électrifié (plasma) de la comète dans une direction qui est en gros opposée à celle du Soleil, ce qui produit la *queue de plasma* de la comète. La queue de plasma est semblable à une manche à air sur un aérodrome : elle indique aux astronomes qui observent la comète dans quel sens le vent solaire souffle au point de l'espace où se trouve la comète.

Comparée à la queue de poussières, la queue de plasma de la comète :

- a une apparence fine en longueur, parfois tordue ou même cassée ;
- est de couleur bleue.

De temps en temps, un morceau de la queue de plasma se casse et s'éloigne dans la direction dans laquelle la queue est orientée. La comète forme alors une nouvelle queue de plasma, comme un lézard à qui une nouvelle queue repousse lorsqu'il a perdu la première. Les queues d'une comète peuvent s'étirer sur plusieurs millions de kilomètres, voire plusieurs centaines de millions de kilomètres.

Lorsqu'une comète se dirige vers le Soleil, sa queue ou ses queues traînent derrière elle. Une fois que la comète a fait le tour du Soleil et retourne vers l'extérieur du système solaire, la queue est encore orientée dans la direction opposée au Soleil, de telle sorte que la comète suit maintenant sa queue ! La comète de la figure 4-4 pourrait se déplacer dans le sens horaire ou dans le sens contraire, mais dans les deux cas, la queue de la comète est toujours orientée dans la direction opposée au Soleil.

La chevelure et les queues d'une comète ne sont qu'un phénomène de disparition. Les gaz et poussières éjectés du noyau qui forment la chevelure et les queues sont perdus pour toujours pour la comète, ils se vaporisent dans l'espace interstellaire. Lorsque cette comète sera retournée bien au-delà de l'orbite de Jupiter, dans les régions d'où viennent la plupart des comètes, elle sera redevenue un noyau. Mais les poussières qu'elle a perdues pourront un jour produire une pluie d'étoiles filantes, si elles traversent l'orbite de la Terre.

Les « Comètes du siècle »

Toutes les quelques années, une comète est suffisamment brillante et bien placée dans le ciel pour être facilement observable à l'œil nu ou avec de petites jumelles. Je ne peux pas vous dire quand la prochaine de ces comètes va venir, parce que les seules comètes dont le retour peut être calculé avec précision par les astronomes dans un avenir proche sont de petites comètes qui ne sont pas très brillantes. Presque toutes les comètes brillantes et excitantes sont découvertes plutôt que prédites.

La comète de Halley est la seule comète brillante dont les visites peuvent être prévues avec précision, mais elle ne vient pas très souvent. Son apparition en 1910 fut annoncée au public, et tout le monde y jeta un coup d'œil. Mais une comète encore plus brillante, la grande comète de 1910, fit son apparition au cours de la même année, et personne ne l'avait prédite. Vous devez donc tout simplement continuer à observer les cieux. Consultez les magazines d'astronomie et les sites Web à la fin de cette section pour y chercher des articles concernant les nouvelles comètes, et suivez ensuite les instructions pour les observer. Ou même soyez le premier à repérer et à signaler une nouvelle comète, et celle-ci recevra votre nom !

Tous les cinq à dix ans, une comète est si brillante qu'on la consacre « Comète du siècle ». Les gens ont la mémoire courte. Mais continuez votre observation, et attendez que l'occasion se présente, par exemple :

- En 1967, la comète Ikeya-Seki fut visible en pleine lumière du jour près du Soleil, il ne suffisait pour cela que de tenir le pouce devant le Soleil et de bloquer ainsi la lumière du disque solaire brillant. Je n'oublierai jamais cette vue, ni le coup de Soleil sur mon pouce.
- En 1976, la comète West fut visible à l'œil nu dans le ciel nocturne au-dessus du centre de Los Angeles, qui est l'un des pires endroits que je connaisse pour l'observation des objets célestes.
- En 1983, la comète IRAS-Iraki-Alcock put être observée à l'œil nu en train de se déplacer à travers le ciel nocturne.

Pour admirer les comètes, mettez-vous au vert !

La première règle d'observation des comètes, c'est qu'il faut sortir des villes ! Bien que le noyau d'une comète puisse ne faire que 8 à 16 kilomètres de diamètre, la chevelure qui se forme autour peut atteindre une taille de dizaines de milliers, voire de centaines de milliers de kilomètres. Les gaz sont en expansion, comme les volutes de fumée d'une cigarette. Au fur et à mesure qu'ils s'éclaircissent, ils disparaissent et on ne peut plus les voir. Donc la taille de la chevelure d'une comète ne dépend pas seulement de la quantité de matière qui est éjectée de la comète, mais aussi de la sensibilité de l'œil humain ou encore de celle du film photo ou du détecteur électronique qui est utilisé pour l'observer. Et la taille apparente de la chevelure dépend aussi de l'obscurité du ciel dans lequel vous l'observez. Une comète brillante a l'air bien plus petite lorsqu'on l'observe dans un centre-ville que lorsqu'on l'observe à la campagne, où le ciel est sombre.

(La plupart des comètes se déplacent si lentement à travers le ciel étoilé que vous devrez attendre une heure ou deux pour remarquer l'effet.)

Et dans les années 1990, les brillantes comètes Hyakutake et Hale-Bopp sortirent de nulle part et furent observées par des millions de gens dans le monde entier.

Une flopée de sites Web proposent des informations sur les comètes visibles en ce moment, ainsi que des photos d'astronomes amateurs et de professionnels. La plupart du temps, les comètes actuellement visibles ont un éclat qui est trop faible pour être détecté par n'importe quel instrument d'amateur, sauf par les télescopes avancés. Voici 3 sites pour tout savoir sur les comètes :

- Notions de base sur les comètes sur le site « les Comètes pour les Nuls » de l'astronome Jacques Crovisier :

  `wwwusr.obspm.fr/~crovisie/promenade/pro_comete_nuls.html`

- Le site du Bureau des longitudes :
  www.bdl.fr/s2p/cometes.html
- le site d'Hervé Cottin :
  www.lisa.univ-paris12/GPCOS/Hc/H21.html

Chassez la Grande Comète

Il n'est pas difficile de trouver une comète, mais vous pourriez bien mettre des années à trouver votre première comète. Le célèbre chasseur de comète David Levy a systématiquement balayé le ciel pendant neuf ans avant de trouver sa première comète. Depuis, il en a découvert vingt de plus.

Les télescopes qui conviennent le mieux à la recherche de comètes ont une grande ouverture (comme l'ouverture d'un objectif d'appareil photo), avec des chiffres bas : f/5.6 ou mieux encore, f/4. Et vous devez utiliser un oculaire de faible puissance, comme 20 x ou 30 x. L'idée générale de la grande ouverture et du faible grossissement, c'est de visualiser une zone du ciel aussi grande que possible avec votre télescope. Car les comètes brillantes que vous découvrirez peut-être sont rares.

Il existe deux manières de rechercher des comètes inconnues : au petit bonheur, ou en suivant une méthode systématique.

Comment découvrir des comètes en se la coulant douce

La manière facile de rechercher des comètes consiste à ne pas faire d'efforts du tout. Soyez simplement à l'affût des taches floues lorsque vous admirez les étoiles ou d'autres objets à travers vos jumelles ou votre télescope dans le ciel nocturne. Balayez le ciel à la recherche d'un point flou (contrairement aux étoiles, qui sont des points lumineux nets si vos jumelles sont correctement mises au point). Puis vérifiez dans votre atlas stellaire si quelque chose est *censé* avoir l'air flou à cet endroit, comme une nébuleuse ou une galaxie.

Le plus important, c'est d'attendre quelques heures. Si le Soleil se lève ou si des nuages viennent cacher la vue, reprenez votre observation la nuit suivante. Si l'objet est une comète, il aura un peu bougé. Et si elle est suffisamment brillante, la comète aura une queue, ce qui la trahira à coup sûr.

Comment découvrir des comètes avec une méthode systématique

La manière systématique de rechercher les comètes est fondée sur le précepte suivant : on trouve le plus facilement les comètes lorsque leur éclat est maximum, c'est-à-dire lorsqu'elles sont aussi proches du Soleil que possible, et on les observe le mieux là où le ciel est sombre, c'est-à-dire dans des régions aussi lointaines du Soleil que possible. (Bien que le Soleil se soit couché, le ciel à l'Ouest reste plus brillant que le reste du ciel pendant une durée considérable ; avant l'aube, le ciel à l'Est est plus brillant que le reste du ciel, et ce phénomène commence bien avant le lever du Soleil.)

Pour trouver un compromis entre « aussi loin et aussi près du Soleil que possible », cherchez les comètes à l'Est, avant l'aube, dans la partie du ciel comprise entre

- au moins 40 degrés du Soleil (qui se trouve au-dessous de l'horizon) et
- au maximum 90 degrés du Soleil.

Souvenez-vous que le tour d'horizon fait 360 degrés, parce que l'horizon est un cercle. 90 degrés représentent donc un quart de tour de ciel.

Un logiciel de planétarium vous sera utile pour repérer les régions des constellations qui correspondent à ces critères pour n'importe quelle nuit de l'année. Et, bien sûr, vous pouvez rechercher des comètes à l'Ouest au crépuscule en suivant les deux mêmes règles. Selon mon expérience, les premières rares « comètes » que vous découvrirez seront les traînées laissées dans le ciel par les avions à réaction qui reflètent les rayons du Soleil à leur haute altitude, malgré le fait que le Soleil soit déjà couché à l'emplacement où vous vous trouvez.

Commencez par un coin de la zone du ciel que vous prévoyez de scruter, et balayez lentement le télescope à travers la zone. Puis déplacez le télescope légèrement vers le haut ou vers le bas et balayez la bande suivante de ciel dans votre zone de recherche. Vous pouvez effectuer chaque balayage de gauche à droite ou vous pouvez balayer en faisant des allers-retours.

Il sera bien plus facile d'impressionner vos amis en leur parlant de votre projet de recherche de comète que de véritablement en découvrir une. Cela gonflera votre ego. Une fois que vous aurez découvert une comète, suivez les instructions du Bureau central des télégrammes astronomiques de l'Union astronomique internationale (qui n'utilise plus de télégrammes), et faites-en le témoignage par mél. Le site est :

`cfa-www.harvard.edu/cfa/ps/cbat.html`

Les fausses alertes n'y sont guère appréciées. En conséquence, essayez de faire en sorte qu'un ami observateur du ciel expérimenté vérifie votre découverte avant que vous ne l'annonciez. Si la découverte est bien celle d'une véritable comète, vous serez peut-être, en tant que découvreur amateur d'une comète, éligible pour une récompense en espèces du fonds Edgar Wilson Award, selon les termes qui sont décrits sur le site Web du Bureau central :

`cfa-www.harvard.edu/iau/special/EdgarWilson.html`

Même si, comme la plupart des astronomes amateurs, vous ne découvrez jamais de comète, vous pourrez quand même admirer les comètes que les autres découvrent !

Les satellites artificiels, adorés et détestés

Un satellite artificiel est un objet que les humains construisent et lancent dans l'espace, où il tourne en orbite autour de la Terre. Ces satellites aident aux prévisions météorologiques et à la gestion de sinistres de grande envergure (raz-de-marées, tremblements de terre, etc.), surveillent El Niño ou retransmettent les programmes de télévision et les communications téléphoniques. On peut aussi les utiliser pour l'astronomie.

Les noms de comètes, d'astéroïdes et de météorites

Si vous découvrez une comète, celle-ci portera votre nom et peut-être celui de la prochaine personne ou des deux suivantes qui l'auront signalée.

Si vous découvrez un astéroïde, vous pouvez recommander que l'astéroïde porte le nom de quelqu'un d'autre, mais pas le vôtre.

Si vous découvrez un météore, celui-ci est trop éphémère pour qu'on puisse le nommer avant qu'il ne disparaisse. Les seuls météores qui obtiennent un nom sont ceux qui sont spectaculaires et qui sont vus par des milliers de gens dans la zone géographique de leur apparition. On leur donne des noms comme la « Grande boule de feu visible de jour le 10 août 1972 ».

Si vous découvrez une météorite, on lui donnera le nom de la ville ou de la région dans laquelle vous l'avez ramassée. Il y a un certain flou dans la législation française sur la propriété des météorites ramassées. Suivant les cas, l'inventeur (le découvreur) de la météorite peut avoir à partager les gains de la vente avec le propriétaire du terrain.

Le télescope spatial Hubble est un satellite artificiel que les astronomes adorent. Il nous procure des images sans précédent des étoiles et des galaxies éloignées, et nous permet d'observer l'Univers dans le domaine de l'ultraviolet et de l'infrarouge, qui sont des rayonnements bloqués par les couches épaisses de l'atmosphère terrestre au-dessous de Hubble.

Les satellites artificiels peuvent aussi réfléchir les rayons du Soleil couchant ou ceux du Soleil déjà couché pour les observateurs au sol. Ainsi, les astronomes voient parfois leurs photos d'objets faibles nécessitant de longues poses gâchées par une traînée lumineuse. Ce type d'interférence n'est guère apprécié. Pire encore, certains satellites artificiels émettent aux mêmes fréquences radio que celles des signaux naturels issus de l'espace que les radioastronomes cherchent à capter. Ces ondes radio peuvent provenir d'un quasar et avoir voyagé pendant 5 milliards d'années, ou avoir mis 5 000 ans pour atteindre la Terre après avoir été émises par un autre système stellaire de la Voie lactée, en portant peut-être les messages de salutations d'extraterrestres bienveillants qui nous envoient le remède miracle pour traiter le cancer. Mais juste au moment où ces ondes sont sur le point de nous parvenir, elles sont parasitées par le beuglement strident de l'émission d'un satellite qui passe au-dessus de l'observatoire. À cause de cela, nous ne recevrons peut-être jamais le signal que nous attendons !

En résumé, les astronomes adorent les satellites lorsqu'ils font quelque chose de bon pour eux, et ils les détestent lorsqu'ils produisent des interférences qui gênent leurs observations.

Pour tirer le meilleur parti de ces gêneurs, les astronomes amateurs sont devenus des observateurs et des photographes enthousiastes des satellites artificiels lorsque ceux-ci passent au-dessus de leurs têtes.

Comment observer les satellites artificiels

Des centaines de satellites en service orbitent autour de la Terre, auxquels il faut ajouter des milliers de débris spatiaux : des satellites qui ne fonctionnent pas, des étages supérieurs de fusées de lancement, des restes de satellites cassés ou même explosés, et de minuscules écailles de peinture provenant de satellites et de fusées.

Au sol, la navette spatiale est une fusée habitée, mais dans l'espace, c'est un satellite artificiel.

Vous pourrez vous-même peut-être entrevoir la lumière réfléchie par les gros débris spatiaux et les gros satellites, et les puissants radars de défense repèrent même les pièces très petites.

La meilleure façon de commencer l'observation de satellites artificiels, c'est de détecter les gros, comme la Station spatiale internationale et la navette spatiale lorsque celle-ci est en orbite, et de rechercher ceux qui envoient des éclairs brillants, c'est-à-dire les nombreux satellites du réseau de communication Iridium.

L'observation d'un satellite artificiel grand ou brillant peut être rassurante pour l'astronome débutant. Les prédictions de visibilité de comètes et de pluies d'étoiles filantes sont souvent incertaines. Les comètes semblent toujours de plus faible éclat que ce que vous aviez espéré, et il y a souvent moins de météores que ce qui avait été annoncé. Mais les prévisions de l'observabilité de satellites artificiels sont habituellement très exactes. Vous pourrez ainsi en mettre plein la vue à vos amis en les emmenant au-dehors par un soir où le ciel est dégagé, en jetant un coup d'œil à votre montre et en leur disant « Hum ! La Station spatiale internationale devrait passer dans le ciel dans cette région [pointez le doigt dans la bonne direction en disant cela] dans juste une minute ou deux. » Et elle passera vraiment !

BIEN OBSERVER

- Un satellite comme le télescope spatial Hubble ou la Station spatiale internationale ISS est généralement visible le soir comme un point lumineux qui se déplace régulièrement et de façon perceptible d'ouest en est dans la moitié ouest du ciel. Il est bien trop lent pour qu'on le confonde avec un météore, et il se déplace bien trop rapidement pour qu'on le prenne pour une comète. On peut le repérer facilement à l'œil nu, et donc il est bien trop brillant (et aussi bien trop rapide) pour qu'il s'agisse d'un astéroïde.

  Il est parfois possible de confondre un avion à réaction volant à haute altitude avec un satellite. Donc vérifiez aux jumelles. Si vous observez un avion, vous devriez être capable de distinguer les feux de position, ou même les contours de l'avion qui se détachent sur la faible illumination du ciel nocturne. Et si votre lieu d'observation est tranquille, vous serez peut-être même en mesure d'entendre l'avion. On ne peut pas entendre un satellite.

- Un satellite Iridium donne une situation d'observation complètement différente : il apparaît habituellement comme un « flare », c'est-à-dire une traînée de lumière qui se déplace et qui devient remarquablement brillante, puis disparaît au bout de quelques secondes. Il se déplace bien plus lentement qu'un météore. Et un « flare » d'Iridium est souvent plus brillant que Vénus, le deuxième objet du ciel par la brillance après la Lune. Il s'agit du phénomène de réflexion des rayons du Soleil (qui se trouve lui-même au-dessous de l'horizon d'observation) par l'une des antennes d'aluminium plates et de la taille d'une porte qui se trouvent sur le satellite. Aux soirées d'observation, les participants crient « Hourra ! » à chaque fois qu'un satellite Iridium produit un éclair, exactement comme lorsqu'ils observent une boule de feu. Il est même possible de voir de jour certains « flares » produits par les satellites Iridium.

Et réfléchissez à ceci : il y a plus de 60 satellites Iridium. Ils interfèrent avec les observations des astronomes, et ceux-ci aimeraient bien qu'on s'en débarrasse. Mais au moins, ils fournissent des éclairs divertissants et facilement observables.

Où trouver des prévisions pour observer les satellites ?

Certains météorologues de journaux et de chaînes de télévision vous procurent des prévisions journalières ou occasionnelles pour l'observation de satellites depuis le lieu où vous résidez. Toutefois, vous trouverez des informations plus détaillées à n'importe quelle heure en consultant les sites suivants :

- Pour ISS, la Station spatiale internationale, le magazine *Sky & Telescope* propose des prévisions d'observation depuis 500 villes dans le monde entier à l'adresse

  `www.skypub.com/sights/satellites/satellites/html`

- Pour les satellites de communication Iridium, les prévisions les plus pratiques sont fournies par le Centre allemand des opérations spatiales *(GSOC – German Space Operations Centre)* à l'adresse

  `www.heavens-above.com`

Vous devez connaître la latitude et la longitude de votre site d'observation pour utiliser les prévisions d'observabilité des satellites Iridium, mais celles-ci sont faciles à déterminer grâce à la base de données du site du GSOC.

Une fois que vous aurez observé quelques satellites artificiels brillants, vous pourrez essayer de les photographier. Suivez pour cela les instructions de l'encadré « Comment photographier les météores et les pluies d'étoiles filantes » plus haut dans ce chapitre. Tout ce dont vous avez besoin, c'est d'un appareil photo qui vous permette de prendre de longues poses, d'un trépied stable et d'un film sensible.

Félicitations : maintenant, vous connaissez les visiteurs nocturnes, et vous pouvez vous réjouir à l'idée de profiter à l'avenir des divertissements qu'ils procurent.

Deuxième partie

Il était une fois le système solaire

Dans cette partie…

Devinez quoi ? Les hommes ne viennent pas de Mars, ni les femmes de Vénus, d'ailleurs. En fait, aucune de ces deux planètes ne peut abriter la vie telle que nous la connaissons. Vénus est trop chaude, Mars trop froide, et aucune des deux ne possède d'eau à l'état liquide. Cette partie décrit ce à quoi ressemblent vraiment les planètes du système solaire. La vie a-t-elle vraiment déjà existé sur Mars ? Et qu'en est-il d'Europe, l'une des lunes de Jupiter ? Je vous présente ce que nous en savons actuellement.

Et si vous avez vu un de ces films du genre « Au secours, un gros astéroïde est en train de foncer droit sur la Terre ! », vous vous demandez peut-être si vous devriez ou non vous faire du souci. J'inclus un chapitre qui explique tout des astéroïdes et qui vous révèle la vérité sur les risques d'impact.

Chapitre 5

La Terre et sa lune

Dans ce chapitre :

- La planète Terre
- Comprendre le temps et les saisons
- La Lune et l'observation des éclipses lunaires
- Les cratères lunaires

Les humains se représentent souvent les planètes comme des objets dans le ciel, comme Jupiter et Mars. Les Grecs de l'Antiquité, de même que l'ensemble des hommes pendant les siècles qui suivirent, faisaient la différence entre la Terre, qu'ils considéraient comme le centre de l'Univers, et les planètes. Les planètes étaient de petites lumières dans le ciel qui tournaient autour de la Terre.

Aujourd'hui, nous en savons davantage. La Terre n'est pas le centre de l'Univers. Elle n'est même pas le centre du système solaire. Cette position est occupée par le Soleil. La Lune tourne autour de la Terre, avec des centaines de satellites artificiels, et c'est à peu près tout. Et huit autres planètes sont, comme la Terre, en orbite autour du Soleil, ainsi qu'une ceinture d'astéroïdes et d'autres débris spatiaux. Pourtant, selon l'état actuel de nos connaissances, la vie n'existe dans le système solaire que sur la Terre.

Dans la pensée humaine, la Terre est tombée de son podium de centre de l'Univers pour prendre sa véritable place, qui est encore tout à fait importante, je trouve : c'est la planète où nous sommes chez nous. Et rien de vaut son petit chez-soi.

La Terre est une planète tellurique. C'est une définition qui peut sembler redondante certes, puisque « tellurique » veut dire « qui concerne la Terre ». Mais le sens scientifique désigne une planète faite de rochers, en orbite autour du Soleil et dont la Terre est le prototype. Il existe quatre planètes telluriques, ce sont celles qui sont les plus proches du Soleil. Depuis le Soleil, ce sont Mercure, Vénus, la Terre et Mars.

Certains considèrent la Lune comme une planète tellurique, et le système Terre-Lune comme une planète double. Cette vision des choses constituerait probablement une indication utile à des extraterrestres en visite : « Dirigez-vous simplement vers cette étoile jaune-blanc dans le secteur 49.832 du bras d'Orion de la Voie lactée, et approchez le troisième rocher de ce soleil : c'est une planète double facile à repérer. »

La Terre ? Mais qu'a-t-elle donc de si spécial ?

La Terre est la seule planète connue à ce jour qui possède :

- **De l'eau à l'état liquide à sa surface.** La Terre possède des lacs, des rivières et des océans, contrairement à tout autre planète connue. Les océans couvrent 70 % de la surface de la Terre.
- **Beaucoup d'oxygène dans l'air.** L'air sur la Terre contient 21 % d'oxygène ; aucune autre planète ne possède, dans son atmosphère actuelle, plus d'oxygène que de simples traces.
- **Des plaques tectoniques (phénomène de dérive des continents).** La croûte terrestre se compose de gigantesques plaques rocheuses en mouvement ; des tremblements de Terre se produisent et de nouvelles montagnes s'élèvent là où les plaques se tamponnent. De la nouvelle roche émerge en profondeur au-dessous de la mer, le long des dorsales océaniques, ce qui cause l'étalement du plancher océanique.
- **Des volcans actifs.** Des roches chaudes en fusion, qui proviennent de régions très profondes de la Terre, remontent à sa surface, et créent ainsi de gigantesques paysages

volcaniques, comme les îles Hawaii. Chaque jour, des volcans sont en éruption sur la Terre.

- **La vie, intelligente ou non.** On peut certes se disputer sur ce qui fait l'intelligence, mais avec les amibes unicellulaires, les bactéries et les virus, les fleurs et les arbres, les poissons et les oiseaux, les insectes et les mammifères, la Terre abrite vraiment la vie en abondance.

Il existe des indices terriblement séduisants qui suggèrent que Mars et Vénus aient pu, il y a longtemps, partager certaines de ces caractéristiques avec la Terre (voir le chapitre 6). Mais d'après ce que nous savons, ces planètes n'ont plus ces propriétés aujourd'hui.

Les scientifiques estiment que la présence d'eau à l'état liquide à la surface de la Terre est l'une des principales raisons qui explique l'existence de la vie. On peut facilement imaginer des formes avancées de vie sur d'autres mondes. Vous pouvez les voir à la télé et au ciné. Mais elles sont toutes fictives. Malgré certaines affirmations récentes, les scientifiques ne possèdent encore aucune preuve convaincante de l'existence de la vie, passée ou présente, ailleurs que sur la Terre.

La Terre se compose de plusieurs « sphères »

La figure 5-1 montre quatre vues de la Terre prises depuis l'espace. Des formes de terres, de mers et de nuages y sont clairement visibles.

Les scientifiques classifient les régions de la Terre :

- La *lithosphère* désigne toute la roche présente sur la Terre.
- L'*hydrosphère* regroupe la totalité des eaux de la planète, comprenant l'eau des océans, des lacs et de partout ailleurs sur Terre.
- La *cryosphère* est constituée par toutes les régions gelées, notamment des calottes glacières de l'Antarctique et du Groenland.

- L'*atmosphère* se compose de l'air présent à la surface de la planète, depuis le niveau du sol jusqu'à des centaines de kilomètres d'altitude.
- La *biosphère* regroupe tous les êtres vivants sur Terre, dans l'air, dans l'eau et le sous-sol.

Vous êtes donc un membre de la biosphère, qui vit sur la lithosphère, boit un peu d'hydrosphère, fait des glissades sur la cryosphère (ou l'utilise peut-être pour rafraîchir ses cocktails), et respire l'atmosphère. Je ne connais aucun autre endroit de l'espace où l'on peut faire tout cela.

Il existe en outre une autre subdivision importante : la *magnétosphère*. Elle joue un rôle capital dans la protection de la Terre contre les effets négatifs du Soleil, dont je parle au chapitre 10. La magnétosphère est générée par le champ magnétique de la Terre, que je vais expliquer dans la section suivante.

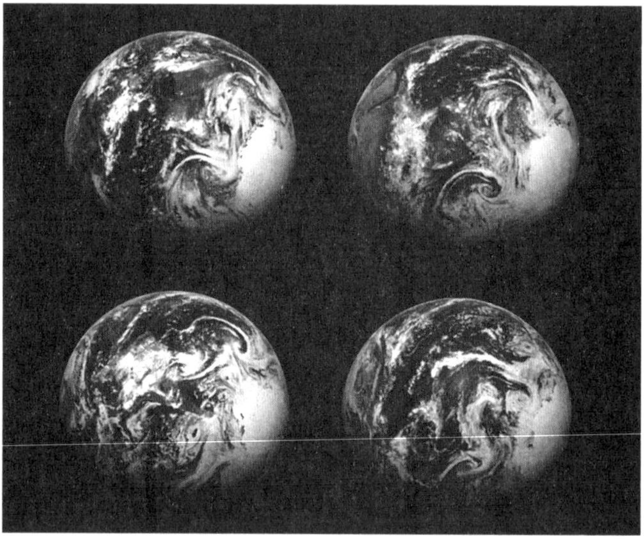

Figure 5-1 : Ces quatre vues montrent la face changeante de la Terre.

La magnétosphère est une zone d'influence

La magnétosphère désigne la vaste cavité entourant la Terre et dans laquelle se trouve confiné le champ magnétique terrestre. Les particules chargées électriquement (électrons et protons essentiellement) qui tombent dans la magnétosphère s'accumulent autour de la Terre, dans des zones qu'on appelle « ceintures de rayonnement » ou « ceintures de Van Allen ». Car c'est James Van Allen, un physicien américain, qui les découvrit en utilisant le premier satellite artificiel américain, Explorer 1, en 1958.

Quelques électrons s'échappent parfois et pleuvent sur l'atmosphère terrestre qui se trouve en dessous. Ils entrent en collision avec les atomes et les molécules et les font briller. Ce phénomène lumineux s'appelle *aurore polaire*, connue sous le nom d'*aurore boréale* (lumières du Nord) dans l'hémisphère Nord et *aurore australe* (lumières du Sud) dans l'hémisphère Sud. Reportez-vous à l'encadré de la fin de ce chapitre pour en savoir davantage sur l'observation des aurores.

Le champ magnétique de la Terre

La surface solide de la Terre, c'est-à-dire la partie sur laquelle vous vous trouvez, s'appelle la croûte terrestre. En dessous de la croûte, on trouve le manteau, puis le noyau. Le noyau se compose en grande partie de fer et de nickel ; il est très chaud, avec une température qui atteint 6 700°C (7 000 K) au centre. Il comprend deux parties : la couche externe ou noyau externe, en fusion, et le noyau interne, solide.

La pression considérable des couches qui les recouvrent fait que le fer chaud du noyau interne se solidifie. Comme la Terre va se refroidir au cours des prochains millions d'années, la taille de la partie solide centrale va augmenter aux dépends du noyau externe fluide, comme un cube de glace qui grossit au fur et à mesure que le liquide qui l'entoure se refroidit.

Nous ne disposons pas de moyens techniques qui nous permettraient de creuser jusqu'au noyau de la Terre, qui est bien trop profond. Le noyau produit cependant un effet que tout le monde peut observer à la surface. Les courants de fer en fusion qui se déplacent dans le noyau externe génèrent un champ magnétique, qui s'étend à travers l'ensemble de la planète et loin dans l'espace. On l'appelle *champ géomagnétique.*

Le champ géomagnétique :

- fait s'orienter l'aiguille de la boussole ;
- fournit un système de guidage invisible aux pigeons voyageurs, à certains oiseaux migrateurs et même à quelques bactéries qui vivent dans l'océan ;
- forme la magnétosphère bien au-dessus de la Terre ;
- protège la Terre des particules chargées électriquement qui arrivent de l'espace, comme celles qui composent le vent solaire et les rayons cosmiques.

Le champ géomagnétique, ou champ magnétique de la Terre, est un *champ magnétique planétaire global.* Cela veut dire qu'il s'étend au-dessus de toutes les parties de la Terre, et qu'il est généré en permanence. Un champ magnétique global comme celui de la Terre fait défaut à Mars, à Vénus et à la Lune, et cette différence clé fournit des informations aux scientifiques sur les noyaux de ces objets. Pour en savoir plus sur le noyau lunaire, lisez « Un impact géant : une théorie de l'origine de la Lune » plus loin dans ce chapitre.

L'étalement du plancher océanique

Des études de géophysique ont montré qu'il existe des formations de roches magnétisées au fond des océans de chaque côté des dorsales océaniques. La roche a été magnétisée en se refroidissant à partir de son état de fusion, en piégeant et en « gelant » une partie du champ magnétique de la Terre qui l'infiltrait alors que la roche se solidifiait. La roche du plancher océanique ressemble donc à un aimant, avec un champ magnétique qui a une force et une direction. Une fois la roche solidifiée, son champ magnétique n'a pas pu continuer à se transformer ; c'est maintenant un champ magnétique fossile, comme un dinosaure fossile qui garde pour toujours la forme qu'il a prise au moment de sa mort.

Les formations découvertes près des dorsales océaniques se composent de bandes de roche magnétisée, longues de centaines de kilomètres, qui sont parallèles aux dorsales et dont les directions alternent. Une bande possède une polarité orientée sur le Nord magnétique, comme le bout d'un aimant qui attire l'aiguille d'une boussole, alors que la bande suivante est de polarité opposée, et ainsi de suite.

Les bandes alternées de roches aimantées de polarités opposées sont formées par la nouvelle roche qui émerge des dorsales océaniques, se refroidit et s'aimante, et qui est ensuite écartée des dorsales par de la nouvelle roche qui la repousse. Cet effet est conservé dans les champs magnétiques fossiles des roches du plancher océanique, et dans la roche des continents qui se trouvaient auparavant immergés.

Pourquoi mentionner toutes ces explications sur le plancher océanique dans un livre d'astronomie ? Parce que cette propriété inhabituelle de la Terre correspond peut-être à un phénomène découvert sur Mars. Alors que les scientifiques étudient les connaissances collectées sur les diverses planètes telluriques, y compris sur la Terre, ils trouvent des similarités et des différences qui les aident à mieux les comprendre. Cette recherche s'appelle la *planétologie comparée*, et j'en parle davantage dans les descriptions de Mars et de Vénus du chapitre 6.

Le temps et les mouvements de la Terre

De nos jours, on utilise les horloges atomiques pour mesurer le temps avec une grande précision. Mais jusqu'à l'époque moderne, le système horaire de la Terre était fondé sur la rotation de la Terre.

La Terre tourne une fois autour de son axe en 24 heures. Elle tourne d'ouest en est (ou dans le sens inverse au sens horaire visible depuis le pôle Nord). Et elle orbite autour du Soleil dans le sens inverse au sens horaire lorsqu'on l'observe depuis l'espace au-dessus du pôle Nord. La durée de la journée, 24 heures, est la durée moyenne que met le Soleil à se lever, à se coucher et à se lever de nouveau. On l'appelle le *temps solaire moyen*, et il est équivalent à l'heure normale qu'indique votre montre.

La durée de la journée est donc de 24 heures de temps solaire moyen. Et il y a environ 365 jours dans une année, qui est la durée durant laquelle la Terre décrit son orbite complète autour du Soleil.

L'heure sur Terre dépend de sa rotation et de sa révolution

Étant donné que la Terre tourne autour du Soleil, l'heure à laquelle vous observez le lever du Soleil dépend à la fois de la rotation de la Terre et de son mouvement orbital (révolution).

La Terre tourne une fois sur elle-même en 23 heures, 56 minutes et 4 secondes. Cette durée est appelée *jour sidéral* (sidéral signifie par rapport aux étoiles). Notez que la différence entre 24 heures et 23 heures, 56 minutes et 4 secondes n'est que de 1/365 d'un jour. Ce n'est pas une coïncidence. Cela est dû au fait que durant une journée, la Terre se déplace d'une distance de 1/365 de son orbite autour du Soleil.

Les astronomes utilisaient auparavant des horloges spéciales appelées horloges sidérales, qui mesuraient le temps sidéral en enregistrant 24 heures sidérales au cours d'un intervalle de 23 heures, 56 minutes et 4 secondes de temps solaire moyen. Les heures, minutes et secondes sidérales sont toutes légèrement plus courtes que les unités correspondantes de temps solaire. L'utilisation d'horloges sidérales a permis aux astronomes de suivre les étoiles et de pointer correctement les télescopes. Mais les astronomes n'ont plus besoin de ça, et vous non plus. Les logiciels qui orientent les télescopes ou qui présentent le ciel sur un écran d'ordinateur (logiciels de planétarium), effectuent pour vous tous les calculs, comme je l'explique au chapitre 2. Vous pouvez donc tout simplement utiliser l'heure normale de l'endroit où vous vous trouvez pour repérer les différentes étoiles et constellations dans le ciel.

D'autre part, il est d'usage de faire le compte-rendu d'observations astronomiques en utilisant un système courant utilisé partout par les astronomes, le *temps universel (TU)*, ou temps du méridien de Greenwich. Le TU est simplement l'heure normale à Greenwich, en Angleterre. En vertu d'un accord international, la journée commence à Greenwich. (En réalité, elle commence à minuit à Greenwich, c'est-à-dire à zéro heure en temps universel.) Si vous vivez en France, le temps civil se déduit en ajoutant au temps universel une heure en hiver et deux heures en été. Donc en juillet par exemple, lorsqu'il est midi à Greenwich, il est 14 heures à Paris.

Un temps défini avec plus de précision, le temps universel coordonné, ou UTC (Universal Time Coordinated en anglais), qui est en fin de compte identique au TU, constitue la norme officielle internationale.

Vous pouvez obtenir le temps UTC sur la page Web du laboratoire Primaire du Temps et des Fréquences (LPTF) en cliquant sur le lien « Heure actuelle » à l'adresse http://opdaf1.obspm.fr.

Aux États-Unis, c'est l'Observatoire naval de Washington, D.C., qui mesure le temps.

`tycho.usno.navy.mil/what.html`

Outre le temps UTC sur la page Web, se trouve également un endroit d'où vous pouvez cliquer pour calculer le temps sidéral apparent local de votre site d'observation. Le *temps sidéral apparent local* est égal à l'ascension droite (voir le chapitre 1) des étoiles qui se trouvent sur votre méridien, c'est-à-dire sur la ligne nord-sud au-dessus de vous dans le ciel. Lorsqu'une étoile se trouve sur le méridien, elle est au plus haut dans le ciel et à la meilleure place pour l'observation.

Pour déterminer le fuseau horaire de l'heure légale qui s'applique à n'importe quel endroit du monde et la convertir en temps universel, consultez la carte mondiale des fuseaux horaires du bureau de l'almanach nautique de Sa Majesté britannique sur le site Web de l'Observatoire naval américain à l'adresse

`aa.usno.navy.mil/AA/faq/docs/world_tzones.html`

De manière générale, l'heure d'été est décalée d'une heure par rapport à l'heure légale de la même région géographique. Mais il existe de nombreuses exceptions.

Un penchant pour les saisons

La tâche la plus frustrante de n'importe quel professeur d'astronomie consiste probablement à expliquer aux étudiants ce qui cause les saisons sur la Terre. Peut importe le soin qu'apporte le prof à expliquer que les saisons n'ont rien à voir avec la distance de la Terre avec le Soleil, de nombreux étudiants n'y croient pas. Des études effectuées dans des universités montrent que même certains diplômés de la brillante Université de Harvard pensent que l'été, c'est quand la Terre est plus proche du Soleil, et que l'hiver, c'est lorsqu'elle en est le plus éloigné.

Ce que ces étudiants oublient, c'est que lorsque c'est l'été dans l'hémisphère Nord, c'est l'hiver dans l'hémisphère Sud. Et lorsque c'est l'été en Australie, c'est l'hiver en Europe. Mais l'Australie et l'Europe se trouvent pourtant sur la même Terre. La Terre ne peut pas être à la fois plus loin et plus proche du Soleil. C'est une planète, pas une magicienne.

La véritable explication du phénomène des saisons nous est donnée par le fait que l'axe de la Terre est incliné (voir la figure 5-2). L'axe de la Terre, c'est-à-dire la ligne qui traverse les pôles Nord et Sud, n'est pas perpendiculaire au plan de l'orbite de la Terre autour du Soleil. Il est penché de 23 1/2 degrés par rapport à la perpendiculaire au plan orbital. L'axe est orienté au nord vers un endroit parmi les étoiles, près de l'étoile Polaire. (Au moins dans le court terme ; l'orientation de l'axe change lentement, et l'étoile polaire à une époque ne sera plus l'étoile polaire des époques suivantes.)

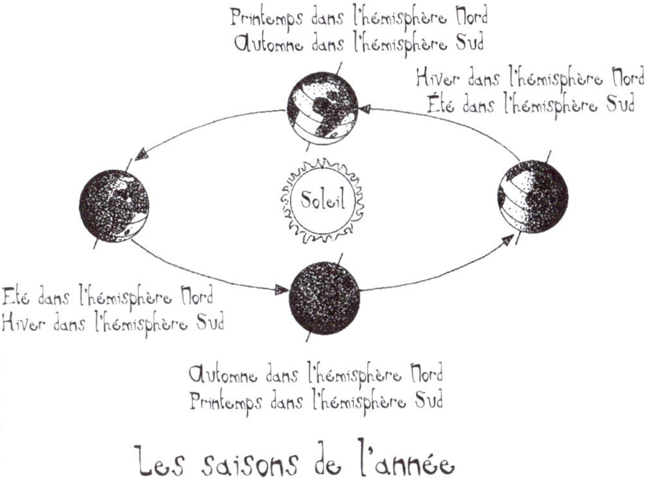

Figure 5-2 : La Terre et ses saisons.

À présent, l'étoile Polaire, qu'on appelle encore la Polaire ou Polaris, est l'étoile Alpha Ursae Minoris du Petit Chariot, dans la constellation de la Petite Ourse (*Ursa Minor*, en latin). Si vous êtes perdu la nuit et voulez trouver le Nord, cherchez le Petit Chariot (voir le chapitre 3 pour en savoir davantage sur la Polaire).

L'axe de la Terre est orienté « vers le haut » à travers le pôle Nord et « vers le bas » à travers le pôle Sud. Lorsque la Terre se trouve d'un côté de son orbite, l'axe orienté « vers le haut » pointe aussi plus ou moins vers le Soleil, de telle sorte que le Soleil est haut dans le ciel à midi dans l'hémisphère Nord. Six mois plus tard, l'axe orienté « vers le haut » pointe aussi en gros dans la direction opposée au Soleil.

L'été a lieu dans l'hémisphère Nord lorsque l'axe orienté vers le haut à travers le pôle Nord pointe plus ou moins vers le Soleil. Lorsque cela se produit, le Soleil à midi est plus haut dans le ciel qu'au cours des autres saisons de l'année, de telle sorte qu'il brille plus directement sur l'hémisphère Nord et lui fournit plus de chaleur. Dans le même temps, l'axe orienté vers le bas à travers le pôle Sud pointe dans la direction opposée au Soleil, et le Soleil est donc plus bas dans le ciel à midi qu'à tout autre saison de l'année, ce qui procure moins de lumière directe du Soleil, et l'hiver a donc lieu en Australie.

Il y a davantage d'heures d'ensoleillement en été, parce que le Soleil est plus haut dans le ciel. Il met plus de temps à s'élever à cette hauteur, et il met aussi plus longtemps à se coucher depuis cette position. Le plus long ensoleillement contribue à rendre la Terre plus chaude à cette saison de l'année.

Comme la Terre est en orbite autour du Soleil, le Soleil semble se déplacer à travers le ciel, en suivant un cercle qu'on appelle l'*écliptique,* dont je parle au chapitre 3. L'écliptique est inclinée par rapport à l'équateur de 23 1/2 degrés, ce qui est exactement l'angle d'inclinaison de la Terre sur son axe.

Dans l'hémisphère Nord :

- Lorsque le Soleil traverse l'équateur « par en dessous », c'est-à-dire du sud au nord, c'est le premier jour du printemps, et on l'appelle *équinoxe de printemps* (la durée du jour est égale à celle de la nuit).
- Lorsque le Soleil atteint le point le plus éloigné au nord sur l'écliptique, c'est le *solstice d'été* (début de l'été, durée du jour maximale).
- Lorsque de retour il traverse l'équateur vers le Sud, c'est le début de l'automne, l'*équinoxe d'automne* (la durée du jour est égale à celle de la nuit).
- Et lorsque le Soleil est à son maximum dans l'hémisphère Sud, c'est le *solstice d'hiver* (début de l'hiver, durée du jour minimale).

Dans l'hémisphère Nord, le solstice d'été est la journée qui a le plus d'heures de Soleil de toute l'année, parce que c'est la période où le Soleil atteint son point le plus haut dans le ciel : il met donc le plus de temps pour atteindre cette hauteur et pour redescendre à l'horizon. Pareillement, dans l'hémisphère Nord, le solstice d'hiver est le jour de l'année qui a le moins d'heures de Soleil.

L'âge de la Terre ? Une éternité !

La mesure de la radioactivité est le seul moyen précis dont nous disposons pour évaluer l'âge d'objets très anciens sur la Terre ou dans le système solaire. Certains éléments, comme l'uranium, possèdent des formes instables qu'on appelle *isotopes radioactifs*. Un isotope radioactif se transforme en un autre isotope du même élément, ou en un élément différent, à un taux qui est déterminé par la demi-vie de la substance radioactive. Si la *demi-vie* ou *période* de la substance est d'un million d'années, par exemple, la moitié des atomes de l'isotope radioactif qui était présent à l'origine se seront transformés en une autre substance (appelée l'isotope fils) en un million d'années, laissant intacte l'autre moitié. Et la moitié de la moitié restante se transformera en atomes de l'isotope fils au cours du million d'années suivant. Donc après deux millions d'années, seulement 25 % des atomes radioactifs d'origine existeront encore. Au bout de trois millions d'années, il n'en restera que 12,5 %. Et ainsi de suite.

Lorsque les atomes de l'isotope radioactif d'origine, qu'on appelle les *atomes pères* et les *atomes fils* sont piégés ensemble dans un morceau de roche ou de métal, comme une météorite, les scientifiques peuvent compter les nombres respectifs d'atomes pour déterminer l'âge de la roche. Cette méthode s'appelle la *datation radioactive.*

Avec la méthode de la datation radioactive, on obtient un âge de 3,8 milliards d'années pour les roches les plus anciennes de la Terre. Toutefois, il ne fait aucun doute que la Terre est beaucoup plus vieille que cela. L'érosion, la création de montagnes et le volcanisme (c'est-à-dire l'éruption de roche en fusion depuis le centre de la Terre, y compris la formation de nouveaux volcans) détruisent constamment les roches de la surface de la Terre, ce qui explique que les roches qui existaient à la surface de la Terre à l'origine de celle-ci ont disparu depuis longtemps.

Toutefois, selon cette méthode, l'âge des météorites atteint 4,6 milliards d'années. On considère que les météorites sont des fragments d'astéroïdes, et on pense que les astéroïdes sont des débris dont l'origine remonte au tout début du système solaire, c'est-à-dire à l'époque où se formèrent les planètes (voir le chapitre 7 pour en savoir davantage sur les astéroïdes).

Les scientifiques pensent donc que la Terre et d'autres planètes sont vieilles d'environ 4,6 milliards d'années. La Lune, pourtant, est plus jeune. Et c'est la prochaine histoire.

La Lune, satellite naturel de la Terre

La Lune fait 3 476 kilomètres de diamètre, c'est-à-dire légèrement plus que le quart du diamètre de la Terre. Sa masse ne représente que 1/81 de la masse terrestre, et sa densité est d'environ 3,3 fois celle de l'eau ; elle est nettement inférieure à la densité de la Terre, qui est de 5,5 fois celle de l'eau. La Lune n'a pas d'atmosphère significative, juste des traces d'hydrogène, d'hélium, de néon et d'atomes d'argon et d'autres éléments dans des quantités encore inférieures. Sa surface apparaît comme constituée de roches solides (voir la figure 5-3).

La densité est une mesure de la quantité de masse qui est concentrée dans un volume donné. Si vous prenez deux boulets de canon de la même taille et de la même forme, ils ont le même volume. Mais si un boulet est en plomb et l'autre en bois, le boulet de plomb est plus lourd. Il a la plus forte densité.

Figure 5-3 : La surface lunaire se compose de mers sombres et de continents clairs parsemés de cratères.

© NASA

Bien que la lune ait une densité inférieure à la densité moyenne de la Terre, elle a à peu près la même densité que le manteau de la Terre, c'est-à-dire que celle de la couche qui se trouve au-dessous de la croûte et au-dessus du noyau. La densité moyenne de la Terre est supérieure à la densité de son manteau, parce que le noyau se compose presque uniquement de fer et de nickel, qui sont bien plus denses que la roche. Le noyau de la Terre est plus dense que la moyenne de l'ensemble de la Terre, et le manteau est moins dense que la moyenne. Ces différences sont riches d'informations, comme je l'explique dans la section « La naissance de la Lune ».

Les phases de la Lune

Sauf lors d'une éclipse lunaire, une des faces de la Lune est toujours éclairée par le Soleil, tandis que l'autre est plongée dans la nuit. Mais ce ne sont pas, comme on pourrait le penser, la face visible et la face cachée depuis la terre. Ce sont d'une part l'hémisphère qui regarde le Soleil, et d'autre part celui qui lui tourne le dos. Et ils changent en permanence à mesure que la Lune tourne autour de la Terre (voir la figure 5-4).

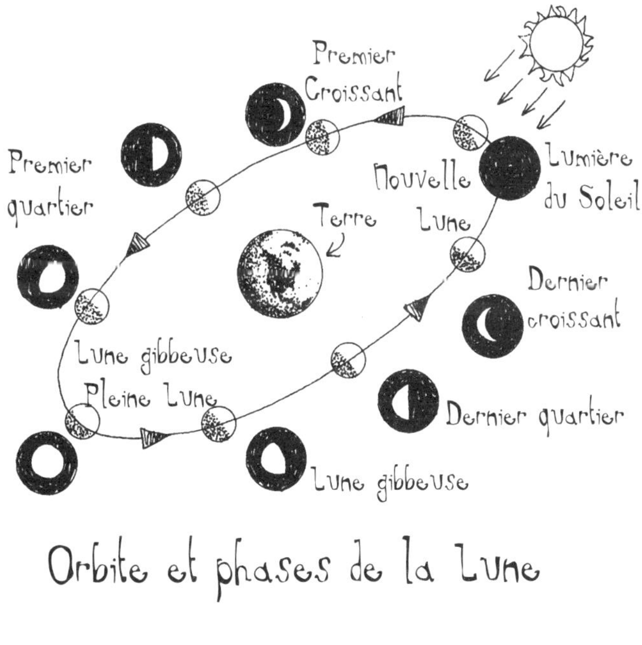

Figure 5-4 : Les phases de la Lune. Évitez la pleine Lune lorsque vous observez cet astre.

La *nouvelle Lune* est le début du cycle lunaire mensuel, qu'on appelle *lunaison*. À cette époque, la face proche est orientée dans la direction opposée au Soleil. La face proche est donc aussi la face sombre. Quelques heures ou jours après, on observe une phase de *croissant* dont la partie visible s'accroît. Cette phase se produit lorsque la Lune s'éloigne de la ligne Soleil-Terre en orbitant autour de la Terre. La moitié complète de la Lune est toujours éclairée face au Soleil, mais lorsque c'est un croissant, la plus grande partie de la zone éclairée est orientée dans la direction opposée de la Terre et on ne peut donc pas la voir.

Continuant sur son orbite, elle atteint un point où la ligne Terre-Lune est à angle droit avec la ligne Terre-Soleil. À ce point, nous voyons une *demi-lune*, qu'on appelle le *premier quartier*.

Comment une moitié peut-elle être égale à un quart ? La moitié du côté proche de la Lune, c'est-à-dire la partie qui fait face à la Terre, est éclairée, et les gens l'appellent donc la demi-lune. Mais la portion éclairée de la Lune que nous voyons n'est que la moitié de l'hémisphère brillant qui fait face au Soleil, et la moitié d'une moitié, c'est un quart.

Lorsque la part éclairée de la Lune que nous voyons est plus grande que le quartier et plus petit que la pleine Lune, on observe une *Lune gibbeuse.*

Les humains se demandent souvent pourquoi une éclipse de Soleil ne se produit pas chaque mois à la nouvelle Lune. La raison, c'est que la Terre, la Lune et le Soleil ne sont habituellement pas tous exactement alignés à la nouvelle Lune. Lorsqu'ils le sont *vraiment*, une éclipse de Soleil a lieu. Lorsque la Terre, la Lune et le Soleil sont tous alignés à la pleine Lune, il se produit une éclipse de Lune.

Lorsque la Lune est du côté éloigné de son orbite, dans la direction opposée à celle du Soleil dans le ciel, l'hémisphère lunaire qui fait face à la Terre est complètement éclairé. C'est la *pleine Lune.* La Lune continue à décrire son orbite, la portion éclairée devient plus petite et la Lune est à nouveau gibbeuse, c'est-à-dire plus petite qu'une pleine Lune et plus grande qu'un quartier. Elle atteint bientôt le *dernier quartier.* Ensuite, elle s'approche de la ligne entre la Terre et le Soleil, et elle apparaît à nouveau comme un *croissant*. Puis c'est la nouvelle Lune, et le cycle des phases recommence.

La Terre traverse elle aussi des phases, exactement comme la Lune ! Pour les observer, allez dans l'espace et regardez la Terre depuis la Lune. Alors que les humains sur la Terre observeront une merveilleuse pleine Lune, vous admirerez une « nouvelle Terre » et alors que les Terriens verront une nouvelle Lune, vous serez éclairé par une « pleine Terre ».

Les éclipses de Lune

Les éclipses totales de Lune ne se produisent pas aussi fréquemment que les éclipses totales de Soleil, mais nous pouvons les observer plus souvent. C'est parce qu'une éclipse totale de Soleil n'est visible sur Terre que le long d'une étroite bande qu'on appelle la bande de totalité. Mais lorsque l'ombre de la Terre tombe sur la Lune, la Lune éclipsée peut être observée depuis n'importe quel endroit sur la moitié de la Terre où il fait nuit.

Une éclipse de Lune se produit lorsque la pleine Lune est exactement alignée avec le Soleil et avec la Terre. La Lune se trouve alors dans l'ombre de la Terre. Vous pouvez observer une éclipse de Lune sans aucun danger, tant que vous ne vous cognez pas contre quelque chose dans l'obscurité et que vous ne vous placez pas au milieu de la route pour le faire.

Au cours d'une éclipse totale de Lune, vous pouvez encore voir la Lune, bien qu'elle se trouve dans l'ombre de la Terre (voir la figure 5-5). La lumière solaire directe n'atteint pas la Lune, mais quelques rayons de lumière sont courbés par l'atmosphère terrestre autour des bords de la Terre et éclairent ainsi indirectement la Lune. Cette lumière solaire est fortement filtrée du fait qu'elle est passée à travers notre atmosphère ; habituellement, seules les bandes rouges et oranges du spectre parviennent à la traverser. Cet effet varie d'une éclipse lunaire à l'autre, en fonction des conditions météo et des nuages qui se trouvent dans l'atmosphère de la Terre durant chaque éclipse. En conséquence, la lune totalement occultée peut nous apparaître orange terne, rouge encore plus terne, ou rouge très sombre. Parfois, on n'arrive qu'à peine à la distinguer.

Voici les dates des prochaines éclipses lunaires jusqu'en 2011 :

16 mai 2003

8 novembre 2003

4 mai 2004

28 octobre 2004

3 mars 2007

28 août 2007

21 février 2008

21 décembre 2010

15 juin 2011

10 décembre 2011

Vous trouverez bien à l'avance des tas d'informations sur les heures exactes de ces éclipses et sur des endroits de la Terre depuis lesquels elles seront visibles. Recherchez ces informations dans les magazines *Ciel et Espace* et *Astronomie magazine* et sur le site Web de l'Association Française d'Astronomie (AFA) et sur celui de l'Institut d'Astrophysique de Paris (IAP) par exemple.

- AFA : www.cieletespace.fr
- IAP : www.iap.fr

Les éclipses partielles ne sont pas aussi intéressantes. Comme le nom l'indique, au cours d'une éclipse *partielle*, c'est seulement une partie de la pleine Lune qui se trouve dans l'ombre de la Terre. La Lune semble simplement être à une phase différente. Les observateurs qui ne savent pas qu'une éclipse est en cours ni que c'est l'époque de la pleine Lune ne seront pas conscients du fait que quelque chose de spécial est en train de se produire. Ils penseront simplement que c'est un quartier ou un croissant de Lune. Mais ceux qui continueront à regarder l'astre pendant environ une heure verront la pleine Lune se dégager du cône d'ombre de la Terre. Et alors ils sauront.

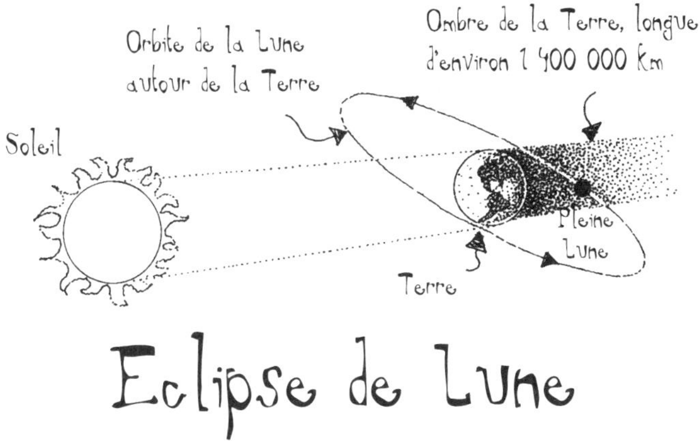

Figure 5-5 : Une éclipse totale de la Lune.

La géologie lunaire

Toute la surface de la Lune est criblée de cratères de toutes tailles, qui vont des trous microscopiques aux bassins de plusieurs centaines de kilomètres de diamètre. Le plus grand d'entre eux est le bassin Aitken (près du pôle Sud sur la face cachée), qui a un diamètre d'environ 2 600 kilomètres. Ces cratères furent creusés par des objets (astéroïdes, météorites et comètes) qui sont entrés en collision avec la Lune il y a très longtemps pour la plupart. Les cratères microscopiques découverts sur des roches ramenées de la surface de la Lune ont été causés par des micrométéorites, de minuscules particules de roche qui volent à travers l'espace. On désigne tous ces cratères et bassins par l'appellation collective de *cratères d'impact*, pour les distinguer des cratères volcaniques.

Il y a eu du volcanisme sur la Lune, mais il a pris une autre forme que celui de la Terre. Sur la Lune, il n'y a pas de *volcans*, au sens de grandes montagnes volcaniques avec des cratères au sommet. Mais on y trouve de petits dômes volcaniques, c'est-à-dire des collines aux sommets arrondis qui sont également présentes dans quelques régions volcaniques sur Terre. La Lune possède de gigantesques plaines de lave qui remplissent le fond des grands bassins d'impact. On appelle ces plaines de lave les *mers* (*maria* en latin). Elles constituent les zones sombres que vous voyez à la surface de la Lune.

Autrefois, quelques scientifiques pensaient que les mers pourraient être des océans, mais il ne s'agit en fait que de coulées de lave refroidies et sèches. S'il s'agissait d'océans, on pourrait y observer de brillantes réflexions du Soleil, exactement comme c'est le cas lorsque vous regardez depuis un avion et pendant la journée en bas vers la mer. Les grandes zones claires sur la surface lunaire sont les *continents* (*terrae* en latin), terrains très accidentés et saturés de cratères. Les mers ont elles aussi des cratères, mais moins de cratères par kilomètre carré que les continents, ce qui veut dire que les mers sont plus jeunes. De gigantesques impacts ont créé les bassins dans lesquels se trouvent les mers. Ces impacts ont effacé les cratères préexistants. Plus tard, les bassins se sont remplis de lave par-dessous, en effaçant tout nouveau cratère creusé après les gigantesques impacts. Donc tous les cratères que l'on observe aujourd'hui dans les mers proviennent d'impacts qui se sont produits après que la lave a gelé.

À la fin des années 1990, la sonde Lunar Prospector de la NASA a obtenu une preuve indirecte qu'il pourrait bien y avoir de l'eau glacée sur les fonds de quelques cratères près du pôle Nord et du pôle Sud de la Lune, là où le Soleil ne brille jamais. Au mieux, le Soleil est bas à l'horizon près des pôles de la Lune, et le bord des cratères empêche sa lumière d'en atteindre le fond. Cette glace pourrait provenir de comètes entrées en collision avec la Lune il y a longtemps, parce que les comètes se composent en grande partie de glaces, et qu'il arrive que certaines entrent en collision avec la Lune. Mais à part ces glaces, il n'y a pas d'eau sur la Lune.

Vues de la Lune et cartes lunaires

La Lune est l'un des objets les plus gratifiants qui soient à observer. Lorsque le ciel est brumeux ou partiellement nuageux, on peut quand même la voir, et parfois elle est même visible durant la journée. Il suffit de l'observer au télescope pour pouvoir discerner des cratères à sa surface. Avec un petit instrument de bonne qualité, vous pourrez admirer des centaines, peut-être des milliers de formations lunaires, y compris :

- **Les cratères d'impact** : structures rondes causées par les impacts de météorites et ceux d'autres corps de tailles plus importantes qui sont entrés en collision avec la Lune. Les plus grands cratères sont appelés « bassins ».
- **Les mers** : coulées de lave qui remplissent les fonds des bassins.
- **Les continents** : zones lunaires avec beaucoup de cratères.
- **Les rayonnements** : lignes brillantes qui s'étendent radialement vers l'extérieur depuis de jeunes cratères d'impact brillants, comme Tycho et Copernic (voir la figure 5-6). Ils sont formés par des débris poudreux très réfléchissants qui ont été projetés par les impacts.
- **Les rainures** : crevasses grossièrement rectilignes ou en forme d'arcs de cercle apparaissant à la surface des mers. Elles correspondent à des fractures.
- **Les pitons centraux** : montagnes de gravats érigées par effet de rebond à la suite d'un impact violent. On ne trouve les pitons centraux que dans certains cratères d'impact.
- **Les montagnes lunaires** : bordures de grands cratères ou de bassins d'impact, qui ont peut-être été partiellement détruits par des impacts ultérieurs, en laissant debout des parties de leurs murs comme s'il s'agissait d'une chaîne de montagnes. Il ne s'agit pas du type de montagnes que l'on voit sur Terre.

Figure 5-6 : Le cratère Copernic et ses rayonnements.

© NASA

Si vous désirez savoir quels cratères, quelles rainures ou quelles chaînes de montagnes lunaires vous êtes en train d'observer avec votre télescope, vous avez besoin d'une carte de la Lune, ou d'un jeu de cartes lunaires. Vous pourrez vous procurer ces articles bon marché dans des magasins de fournitures d'astronomie et d'autres loisirs scientifiques, et parfois dans des magasins de cartes. Voici quelques fournisseurs auprès desquels vous pourrez vous les procurer :

- Vous pouvez commander auprès de la maison de l'Astronomie à Paris dont l'adresse Web est :

  `www.maison-astronomie.com`

  la carte Hallwag de la Lune. Elle mesure 84 x 84 cm, est fournie avec un livret explicatif et coûte environ 12 euros.

Les cartes destinées à être utilisés avec des télescopes ne montrent qu'une face de la Lune, la face visible.

Une vue de la face cachée

Seule la face proche de la Lune est visible depuis la Terre. Notre vision est limitée parce que la lune est en *rotation synchrone*, ce qui veut dire qu'elle fait exactement un tour sur son axe tandis qu'elle décrit simultanément une orbite autour de la Terre (la période orbitale de la Lune, qui est identique à son « jour » est d'environ 27 jours, 7 heures et 43 minutes).

Les magasins qui commercialisent des équipements et des accessoires pour l'astronomie et d'autres sciences vendent également des globes lunaires qui, eux, montrent les caractéristiques de toute la Lune, c'est-à-dire la face visible et la *face cachée*. Ce sont les Russes qui nous ont fait connaître la face cachée de la Lune. En effet, les premières photographies de la face cachée de la Lune ont été réalisées par la sonde Luna 3 dès 1959 dans le cadre du programme spatial soviétique. Depuis, la Lune a été complètement cartographiée à l'aide de différentes sondes américaines, dont les Lunar Orbiters et la sonde Clementine. Vous n'avez pas besoin d'une carte de la face cachée pour observer la Lune, parce que comme son nom l'indique, vous ne pourrez justement pas la voir.

Suivez le terminateur

Le meilleur moment pour observer la plupart des objets sur la Lune, c'est le moment où ces objets sont proches du *terminateur*, c'est-à-dire de la ligne qui sépare le jour de l'obscurité. Plus précisément, c'est lorsque l'objet lunaire considéré se trouve juste au bord du terminateur dans le côté éclairé.

La pire période pour l'observation de quasiment n'importe quel objet lunaire, c'est la pleine Lune. Pendant la pleine Lune, le Soleil est haut dans le ciel pour la plus grande partie de la face visible, et les ombres sont donc rares et courtes. La présence d'ombres projetées par des objets sur la Lune vous permet de comprendre le relief de surface, la manière dont les formes de terrain s'étendent au-dessus ou au-dessous de leur environnement.

Pendant un mois, qui est approximativement la durée qui s'écoule d'une pleine Lune à la suivante, le terminateur se déplace systématiquement à travers la face visible, de sorte qu'à un moment où à un autre, tout ce que vous pouvez observer sur la Lune se trouve près du terminateur. Selon le moment du mois, le terminateur est soit le lieu de la Lune où se lève le Soleil, soit celui où il se couche. Comme vous le savez de par votre expérience sur la Terre, les ombres sont les plus longues lorsque le Soleil se lève ou se couche, et elles sont les plus courtes lorsque le Soleil est haut dans le ciel, près de midi. La longueur de l'ombre lorsque le Soleil se trouve à une altitude connue permet de déduire la hauteur de l'objet lunaire qui la projette.

La naissance de la Lune

Les scientifiques ont appris beaucoup de choses sur les âges des roches de différents terrains et de différentes parties de la Lune. Ils ont acquis ces connaissances grâce à la datation radioactive de quelques 2 200 échantillons de roches lunaires (environ 400 kg) rapportées sur Terre par les six missions Apollo, auxquels il faut ajouter quelques échantillons rapportés par les sondes automatiques soviétiques *Luna.*

Avant les missions lunaires Apollo, plusieurs experts de premier plan avaient prédit avec confiance que la Lune serait la pierre de Rosette du système solaire. Ils pensaient que comme elle n'avait pas d'eau à l'état liquide pour éroder sa surface, pas d'atmosphère significative et pas de volcanisme actif, elle devait contenir beaucoup de matière primordiale datant de la naissance de la Lune et des planètes. Mais les échantillons de sol lunaire rapportés par les missions Apollo ont jeté des pavés dans leur mare.

Lorsqu'une roche fond, puis se refroidit et se recristallise, toutes ses horloges radioactives sont remises à zéro. Les isotopes radioactifs commencent à produire de nouveaux isotopes fils qui sont piégés dans les cristaux de minéraux nouvellement formés. Les roches des missions lunaires Apollo montrent que, pour l'essentiel, la Lune tout entière ou du moins sa croûte jusqu'à une profondeur considérable furent fondues bien après l'époque de 4,6 milliards d'années en arrière. Les roches de surface les plus anciennes de la Lune ne sont, au maximum, âgées « que de » 4,5 milliards d'années. Et contrairement aux minéraux que l'on trouve dans les roches terrestres, qui contiennent de l'eau intégrée à des structures minérales, les roches lunaires sont complètement sèches.

La Lune est un endroit hostile

Lorsque le Soleil est levé, la température sur la surface lunaire peut monter jusqu'à +117 °C, mais elle peut aussi tomber la nuit jusqu'à –169 °C. Ces variations extrêmes de température sont dues à l'absence de toute atmosphère significative qui pourrait isoler la surface et réduire la chaleur perdue la nuit. Il n'existe pas d'eau à l'état liquide sur la Lune. Elle est trop chaude, trop froide et trop sèche pour que la vie telle que nous la connaissons y soit possible, même s'il y avait de l'air à respirer.

La théorie qui a émergé pour expliquer la formation de la Lune en comblant les lacunes des théories précédentes est l'hypothèse de la collision tangentielle.

Selon cette théorie, la Lune se compose de matériaux qui furent éjectés du manteau terrestre par une collision rasante entre la Terre et un gigantesque objet (jusqu'à trois fois la taille de Mars). On pense que la Lune comporte également certaines roches provenant du manteau de cet objet qui a disparu depuis longtemps.

L'impact géant de cette collision tangentielle sur la Terre encore jeune a pulvérisé toute cette matière dans l'espace sous la forme de vapeur de roche brûlante. Cette vapeur s'est ensuite condensée et solidifiée sous la forme de flocons en orbite dans l'espace. Ces flocons se sont cognés les uns aux autres, ils se sont agglomérés, et avant d'avoir le temps de dire « Ouf ! », la Lune s'était formée. La chaleur dégagée par les gros impacts aurait fondu l'ensemble en un corps unique.

Tous les impacts qui creusèrent les cratères que nous observons maintenant à la surface de la Lune se produirent bien plus tard, bien que la datation attribue un âge de plus de 3 milliards d'années à la plupart d'entre eux.

La Lune est moins dense que la Terre en moyenne, et elle est à peu près aussi dense que le manteau de la Terre, selon cette théorie, parce qu'elle aurait été faite avec des matériaux provenant du manteau. Cette théorie prédit que la

Admirez les aurores boréales

L'aurore polaire constitue l'un des événements les plus magnifiques du ciel nocturne, et aussi un événement rare pour de nombreuses personnes. Si vous vivez dans l'hémisphère Nord ou dans l'hémisphère Sud, vous pouvez observer respectivement des aurores boréales ou des aurores australes.

L'aurore polaire est un phénomène d'embrasement inquiétant du ciel nocturne sombre, qui peut rester stationnaire pendant quelques minutes à quelques heures (ce qui fait qu'un observateur débutant aura du mal à les identifier), ou qui change constamment. Elle peut scintiller, pulser, ou même envoyer des éclairs autour dans le ciel. L'aurore peut prendre de nombreuses formes différentes ; voici certaines des plus courantes :

- La *lueur* : c'est la forme la plus simple de phénomène auroral. La lueur ressemble à la réflexion, par un nuage mince, du clair de Lune ou des lumières de la ville dans une partie du ciel. Mais il n'y a pas de nuage, il n'y a que la lueur inquiétante de l'aurore.
- L'*arc* : avec la forme de l'arc-en-ciel, mais sans la lumière solaire pour le produire. Un arc stable ou pulsant est la forme la plus courante. Mais parfois c'est un arc rouge de faible éclat qui apparaît.
- Le *voile* : appelé aussi draperie. Cette forme spectaculaire d'aurore polaire ressemble à un rideau de théâtre ondoyant, mais c'est la nature qui est l'étoile de ce spectacle.
- Les *rayons* : une ou plusieurs lignes fines et brillantes dans le ciel, qui apparaissent comme des rayons de faible éclat provenant des cieux.
- la *couronne* : couronne dans le ciel bien au-dessus de la tête, avec des rayons émanant dans chaque direction.

Les aurores se produisent lorsque les courants d'électrons de la magnétosphère terrestre pleuvent sur l'atmosphère qui se trouve en dessous, en y « excitant » des atomes d'oxygène et des molécules d'azote ionisées pour l'essentiel, c'est-à-dire en leur faisant acquérir de l'énergie. En reprenant leur état initial, ces particules émettent de la lumière.

Les aurores se produisent en permanence dans deux bandes géographiques autour de la Terre à des latitudes Nord et Sud élevées. Les populations qui habitent au-dessous

Admirez les aurores boréales (suite)

de ces deux ovales auroraux observent des aurores chaque nuit. Mais il y a d'importantes exceptions : lorsqu'une grande perturbation du vent solaire frappe la magnétosphère, les ovales se déplacent dans la direction de l'équateur. Les populations des zones aurorales (c'est-à-dire des terres qui se trouvent au-dessous des ovales) manqueront alors peut-être l'aurore, mais ceux d'entre nous qui en voient rarement auront alors la chance de pouvoir admirer un formidable spectacle. Les périodes durant lesquelles la probabilité est la plus élevée que cela se produise sont situées quelques années après le sommet d'un cycle solaire. Donc gardez les yeux ouverts et soyez prêt à observer les aurores, surtout pendant la période comprise entre 2002 et 2003.

Vous pouvez surveiller l'apparition des ovales auroraux avec des vues et des données de satellites de la NASA, de la NOAA et de l'US Air Force à l'adresse suivante :

`www.astrolab.qc.ca/meteos/meteos.htm`

(site canadien en français).

Lune ne devrait pas avoir de noyau ferreux important, si elle en possède un. Et un petit noyau, dans un petit objet (la Lune), se serait refroidi et aurait gelé depuis longtemps s'il avait contenu du fer à l'état liquide. Donc la Lune ne devrait pas être capable de générer un champ magnétique global. Et c'est exactement ce que les mesures spatiales nous apprennent. Lunar Prospector, un satellite mis en orbite autour de la Lune à la fin des années 1990, a certes détecté des champs magnétiques, mais seulement en des lieux isolés de la Lune. Il s'agit simplement de champs magnétiques fossiles qui furent générés d'une manière inconnue il y a longtemps.

C'est la meilleure théorie dont nous disposions. Malheureusement, personne ne peut imaginer un test simple qui servirait à vérifier la théorie de la collision tangentielle. Car cette théorie ne prédit par exemple aucun type de roche particulier.

En conclusion, disons que c'est une bonne théorie, mais nous ne saurons peut-être jamais comment la Lune s'est formée.

Chapitre 6

Les voisins d'à côté : Mercure, Vénus et Mars

Dans ce chapitre :

- La surface, l'atmosphère et la composition de ces planètes
- Comment les repérer et les observer
- Pourquoi la Terre est différente

Vous pouvez repérer à l'œil nu les planètes telluriques voisines de la Terre, Mercure, Vénus et Mars, et les observer avec votre télescope. Ce sont des objets terriblement alléchants, qui ne révèlent qu'un tout petit peu de leur nature lorsqu'on les observe depuis la Terre. C'est pourquoi la plupart des connaissances qu'ont les scientifiques de leurs propriétés physiques, de leurs formes géologiques et de leurs histoires probables se fondent sur des données de mesures qui furent envoyées vers la Terre par des sondes interplanétaires.

Mercure n'a été visitée que par une seule sonde, qui l'a survolée trois fois et qui s'est ensuite enfoncée dans l'espace. Vénus a été visitée, survolée, et plusieurs sondes ont même atterri dessus. Mars a été la cible et la destination de nombreuses sondes (certains modules de sondes sont orbiteurs, d'autres, appelés atterrisseurs, se posent sur le sol) et d'un robot automobile, *Sojourner*. Les cartographies de Vénus et de Mars sont très précises, mais de grandes parties de Mercure n'ont toujours pas été observées.

Mercure est une grosse boule de fer, brûlante, ratatinée et cabossée

Malgré trois survols de la sonde américaine Mariner 10 en 1974 et 1975, une partie inférieure à la moitié seulement de Mercure a pu être cartographiée. Le reste n'était pas visible depuis Mariner 10, ou se trouvait dans l'obscurité lorsque la sonde l'a survolé. Pour remédier à ce manque, la NASA prévoit d'envoyer une nouvelle sonde vers Mercure en 2004.

Vous pouvez suivre l'état du développement de cette sonde, qui est appelée MESSENGER (acronyme de l'anglais *MErcury Surface, Space ENvironment, GEochemistry and Ranging* – Géochimie et classification de la surface de Mercure et de son environnement spatial) sur le site américain

`sd-www.jhuapl.edu/MESSENGER`

Pour visionner une vidéo des images de Mercure prises par Mariner 10, cliquez sur MESSENGER Science, puis sur MESSENGER Details, puis sur « Click here or on the Mariner 10 mosaic on the right for video animation of the first of the two Mercury flybys (8.8MB). »

Voici ce que les scientifiques savent jusqu'à présent, qui est déduit des informations recueillies des survols de Mariner 10 et des observations de la radioastronomie terrestre, qui envoie des ondes radio vers Mercure et en étudie les échos. La surface de Mercure est comme celle de la Lune, on y trouve un cratère d'impact après un autre. Mais Mercure possède de longues chaînes de montagnes sinueuses qui traversent les cratères d'impact et les autres formations géologiques. Elles ont probablement été formées par le rétrécissement de la croûte, qui se refroidissait depuis un état fondu. Et Mercure possède moins de petits cratères que la Lune, en proportion du nombre de grands cratères.

De même que pour la Lune, la surface de Mercure est criblée de cratères d'impacts (Mercure n'a aucun satellite naturel). Cependant, les zones intercratères sont des plaines doucement ondulées, beaucoup moins accidentées que sur la Lune.

La trace la plus grande laissée par un impact sur Mercure est le Bassin de la Chaleur (*Planitia Caloris*, en latin). Il n'est pas entièrement cartographié, car une bonne partie était dans l'obscurité au moment du survol par Mariner 10. Les estimations des astronomes suggèrent que le Bassin de la Chaleur a un diamètre de 1 340 kilomètres, ce qui en fait l'un des plus grands bassins d'impact du système solaire. Les bassins d'impact de Mercure sont de gigantesques cratères, comme les formations lunaires remplies de lave qu'on appelle *mers lunaires*. À l'*antipode* (c'est-à-dire au point opposé sur la planète Mercure) du Bassin de la Chaleur, on trouve une région étrange de collines cassées et de vallées. En effet, la collision qui a creusé le Bassin de la Chaleur a également généré de puissantes ondes sismiques, qui se sont propagées à la fois à travers Mercure et à sa surface, en convergeant vers l'antipode avec un effet catastrophique.

Mercure a une densité qui est de 5,4 fois celle de l'eau. Cette densité élevée signifie que cette planète possède un gigantesque noyau de fer qui constitue la plus grande partie de sa matière. La couche extérieure de roche, qu'on appelle le manteau, ne doit pas dépasser 610 kilomètres d'épaisseur. La présence d'un champ magnétique global, qui a été détecté par Mariner 10, fait penser à de nombreux experts qu'une partie de ce gigantesque noyau de fer doit encore être en fusion, bien que les simples calculs indiquent que le noyau devrait s'être maintenant suffisamment refroidi pour s'être solidifié.

On trouve bien quelques faibles traces de gaz atmosphériques sur Mercure, mais en fin de compte, cette planète est sans atmosphère, tout comme la Lune. Des variations considérables de température s'y produisent. La température peut atteindre +430 °C le jour et –180 °C la nuit. Des zones de réflectivité radar de niveaux inhabituellement élevés situées près des pôles Nord et Sud pourraient signifier qu'il existe en fait une grande quantité de glace aux pôles, dans les cratères qui se trouvent perpétuellement dans l'ombre. MESSENGER aura la mission de vérifier si cette interprétation est correcte.

Vénus, un véritable enfer !

Il n'y a jamais de journée sans nuage sur Vénus. Cette planète est continuellement couverte par une couche épaisse de 15 kilomètres de nuages d'acide sulfurique concentré, de son équateur jusqu'à ses pôles. Et il n'y a aucun moyen d'échapper à la chaleur infernale. Vénus est la planète la plus chaude du système solaire, avec une température à la surface de +450 °C qui reste quasiment constante de l'équateur aux pôles, jour et nuit.

Si vous êtes déjà rebuté par la chaleur, attendez de voir la pression barométrique : elle équivaut environ à 93 fois la pression qui règne sur Terre au niveau de la mer. Mais d'ailleurs, qui parle de mer ? Il n'y a pas d'eau sur Vénus. Vous pourrez vous plaindre de la chaleur, mais pas de l'humidité, car c'est une chaleur sèche, comme celle de l'Arizona.

Voici une bonne et une mauvaise nouvelle concernant la météo à la surface de Vénus : la mauvaise, c'est qu'une pluie perpétuelle d'acide sulfurique tombe partout au-dessus de la planète. La bonne, c'est que c'est une pluie fine qui s'évapore avant de toucher le sol.

La plupart des excellentes images de la surface de Vénus que vous pourrez visionner sur le site Web de la NASA (et sur d'autres) ne sont pas des photographies. Il s'agit de cartes détaillées provenant de l'imagerie radar, réalisées notamment par la sonde Magellan. Il n'existe pas beaucoup de photos de la surface de Vénus, parce que les nuages bloquent la vue des télescopes terrestres et de tout appareil photo embarqué sur un satellite en orbite autour de la planète. Les sommets des nuages se trouvent à une altitude de 65 kilomètres, c'est-à-dire bien plus bas que l'altitude à laquelle peut fonctionner un satellite.

Vous pourrez visionner des cartes d'imagerie radar satellite, des images envoyées par sondes qui se sont posées sur le sol de Vénus et d'autres images sur le site Web *Views of the Solar System* à l'adresse :

`www.solarviews.com`

Cliquez sur *Venus*, puis sur *Venus Animation Gallery.*

Les rares images du sol de Vénus que nous ont fournies les sondes d'atterrissage soviétiques Venera 9 et 10 (1975) puis 13 et 14 (1982), montrent des zones de plateaux rocheux séparées par de petites bandes de terre. Elles ressemblent à certaines zones de coulées de laves basaltiques durcies sur la Terre. Mais sur Vénus, les objets apparaissent oranges à la surface, parce que le manteau épais de nuages a filtré la lumière solaire.

Des plaines lisses et des plaines volcaniques, ridées par les canyons sinueux creusés par les coulées de lave, couvrent la grande majorité de Vénus, environ 85 %. Ce territoire inclut la plus longue vallée connue dans tout le système solaire, Baltis Vallis, qui s'étend sur environ 6 800 kilomètres. Sur Vénus, on trouve également des hauts-reliefs criblés de cratères, ainsi que des plateaux déformés.

Il n'y a pas autant de cratères sur Vénus que ce à quoi on pourrait s'attendre en extrapolant à partir de leur nombre sur la Lune (à propos, Vénus ne possède pas de satellite naturel) et sur Mercure. On n'y trouve pas de petits cratères. Et on n'y trouve pas non plus beaucoup de grands cratères, parce que la surface de la planète a été inondée par la lave ou refaçonnée par d'autres phénomènes volcaniques (dont je donne une définition au chapitre 5) après que son bombardement par des objets célestes a été en grande partie terminé. Cette inondation ou ce remodelage gomma tous les cratères anciens, ou la plus grande partie d'entre eux. Peu d'objets de taille importante sont entrés en collision avec Vénus depuis la destruction des cratères anciens, et les objets de faible taille ne créent pas beaucoup de cratères sur Vénus. En voici l'explication : les objets dont la taille ne dépasse pas celle qui permettrait de creuser des cratères inférieurs à 3,2 km sont ralentis et détruits par les forces aérodynamiques de l'épaisse atmosphère vénusienne.

On trouve de gigantesques volcans et des chaînes de montagnes à la surface de Vénus, mais rien qui ne ressemble aux montagnes terrestres formées par la tectonique des plaques, une plaque poussant l'autre. Et Vénus ne possède pas non plus de chaînes de volcans, comme l'« Anneau de feu » dans le Pacifique, que l'on trouve au bord des plaques. La tectonique des plaques et la dérive des continents, telles qu'on les connaît sur Terre, n'existent pas sur Vénus.

Mars est une planète pleine de mystères

Une cartographie topographique précise de Mars a déjà été réalisée, et vous trouverez les cartes les plus récentes de toute la planète sur le site Web de Philippe Labrot :

`www.nirgal.net`

« Topographique » signifie que les altitudes et les reliefs du terrain ont été mesurés. Cette cartographie a été établie à l'aide d'un instrument spécialisé, un altimètre laser, qui est embarqué à bord du Mars Global Surveyor (MGS), lui-même en orbite autour de Mars. Le MGS est également équipé d'un appareil photo, et vous trouverez ses photos les plus récentes également sur le site de Philippe Labrot. Entièrement consacré à Mars, doté d'environ 800 pages et 500 images, il a été récompensé en 1999 par la Société Astronomique de France (SAF). Vous y découvrirez l'histoire de l'exploration spatiale de la planète, l'affaire du visage sur Mars, la problématique de la recherche de la vie et bien d'autres choses encore.

Mais où est donc passée l'eau ?

La carte topographique de Mars montre que l'altitude de la plus grande partie de l'hémisphère Nord est bien plus basse que celle de l'hémisphère Sud. La gigantesque région de plaines du Nord est peut-être le lit d'une ancienne mer, mais même si ce n'est pas le cas, des indices importants suggèrent que l'eau à l'état liquide était autrefois chose courante sur Mars.

La planète Mars est aujourd'hui froide et sèche, avec beaucoup de glace aux pôles. Selon une estimation, il y a suffisamment de glace pour inonder la planète tout entière et la recouvrir de 3 mètres d'eau. Mais la glace ne fondra pas, car Mars est tout simplement trop froide. L'atmosphère se compose pour la plus grande partie de gaz carbonique et, en hiver, une partie de ce gaz gèle à la surface, en laissant de fins dépôts de neige carbonique. Au pôle où l'hiver est en cours, une fine calotte de neige carbonique recouvre souvent la calotte permanente constituée de glace d'eau. Les lits de rivières asséchées avec des îles profilées et des galets qui semblent avoir été arrondis dans un torrent constituent un autre indice que l'eau a autrefois existé à l'état liquide sur Mars. Des images de galets ont été prises par la sonde Mars Pathfinder (qui a atterri sur Mars) et par son petit robot automobile, Sojourner.

Un magnétomètre embarqué à bord de MGS a découvert de longues bandes parallèles de champs magnétiques opposés, qui sont figés dans la croûte rocheuse de Mars. Mars ne possède pas aujourd'hui de champ magnétique global, mais cette découverte pourrait signifier qu'elle posséda autrefois un champ global qui s'inversait périodiquement, exactement comme le fait actuellement celui de la Terre (voir le chapitre 5). Cela pourrait aussi vouloir dire que la croûte de Mars a subi un processus comparable à celui de l'étalement du plancher océanique sur Terre, qui a produit des formations semblables. Mais le fer fondu du noyau de Mars doit s'être solidifié en gelant il y a longtemps, de telle sorte qu'il ne génère plus de champ magnétique et que le flux de chaleur de l'intérieur vers la surface est si faible qu'il n'existe maintenant probablement plus de volcanisme.

Le volcanisme qui exista sur Mars a formé d'immenses volcans, comme Olympus Mons, qui fait environ 600 kilomètres de diamètre et 24 kilomètres de haut. Il est cinq fois plus large et trois fois plus haut que le plus grand volcan terrestre, le Mauna Loa. Mars possède aussi de nombreuses gorges, qui incluent l'immense Valles Marineris (Vallée de Mariner), de 4 000 kilomètres de long. On trouve aussi des cratères d'impact. Les cratères sont plus usés que ceux de la Lune, parce qu'ils ont subi bien plus d'érosion, elle-même probablement causée par l'eau qui entraîna les grandes inondations sur Mars.

Mars ne possède que deux satellites naturels connus, Phobos et Deimos. Ils sont petits et ne sont pas visibles avec des télescopes d'amateurs.

La vie existe-t-elle sur Mars ?

Les humains ont beaucoup de croyances erronées au sujet de Mars, et quelques-unes qui pourraient être exactes mais n'ont pas encore été prouvées. Ces idées tournent toutes autour de la possibilité de l'existence de vie sur Mars. La plupart d'entre elles sont aussi improbables que la fiction de l'astronaute qui rentre juste d'une mission sur la planète. « Alors, y a-t-il de la vie sur Mars ? », demandent les journalistes. « En semaine, pas des masses, répond-il, mais le samedi soir… ».

Les spéculations concernant l'existence de la vie sur Mars

La découverte des « canaux de Mars » a donné naissance aux premières spéculations largement répandues sur l'existence possible de vie sur Mars. Elles furent rapportées par certains des plus célèbres astronomes de la fin du XIXe siècle et du début du XXe siècle. Les photographies planétaires n'étaient pas très utiles en ce temps-là, parce que les poses étaient assez longues et parce que les images étaient brouillées par la turbulence atmosphérique (que je décris au chapitre 3). Ainsi, les scientifiques croyaient que les dessins tracés par des observateurs professionnels au télescope constituaient les images de Mars les plus précises. Certains de ces dessins montraient des réseaux de lignes qui s'étendaient et s'enchevêtraient sur la surface de Mars. Reprenant les observations de l'astronome italien Giovanni Schiaparelli, l'astronome américain Percival Lowell défendit avec acharnement l'idée que ces lignes étaient des canaux construits par une ancienne civilisation pour transporter l'eau afin de lutter contre le dessèchement de la planète. Lowell et ses partisans conclurent que les endroits où les lignes se croisaient étaient des oasis.

Au cours des années, les idées de « canaux » et celles d'autres prétendues indications d'une vie passée ou présente sur Mars ont pris d'autres directions :

- Dès 1909, le Français Antoniadi conclut à l'inexistence des canaux au terme d'une série d'observations avec la Grande Lunette de 83 cm de Meudon. Ce fut le coup numéro un.

- Lorsque la sonde américaine Mariner 4 atteignit Mars en 1965, ses photographies ne montrèrent pas de canaux. Cette conclusion fut vérifiée avec bien plus de détails et pour la surface tout entière de Mars, par les images des missions ultérieures vers Mars. Ce fut le coup numéro deux.
- Les modules Lander des deux sondes Viking qui suivirent (le module *Lander* de la sonde se pose sur le sol, tandis que le module *Orbiter* se place en orbite autour de l'astre, d'où les noms de *Viking Orbiter* et *Viking Lander*) effectuèrent des expériences chimiques automatiques sur Mars à la recherche d'indices de processus biologiques, tels que la photosynthèse ou la respiration. Au début, il sembla qu'ils avaient découvert la preuve d'une activité biologique, lorsque au cours d'une expérience de l'eau fut ajoutée à un échantillon du sol. Mais la plupart des scientifiques qui examinèrent le cas conclurent que l'eau entrait en réaction chimique avec le sol, et que cela ne constituait aucune preuve de vie. Ce fut le coup numéro trois.
- Les modules orbiteurs des sondes Viking envoyèrent également des images de la surface de Mars. Ces images montrent à un endroit une formation de la croûte qui – pour certains – ressemble à un visage. Bien que de nombreux sommets montagneux et formations rocheuses sur Terre ressemblent aux profils des célèbres souverains, chefs indiens, etc., dont ils portent le nom, certains observateurs pensèrent que le « visage sur Mars » était une sorte de monument érigé par une civilisation avancée. Plus tard, des images plus nettes du MGS montrèrent que cette formation géologique ne ressemble en fait pas du tout à un visage. C'était le coup numéro quatre porté aux partisans de la vie sur Mars.

Malgré ces quatre coups, l'idée de la vie sur Mars n'était pas pour autant « remise dans les tiroirs ».

Des fossiles ?

En 1996, des scientifiques analysèrent des échantillons d'une météorite supposée provenir de Mars, d'où elle a probablement été arrachée par l'impact d'un petit astéroïde ou d'une comète. Ils y trouvèrent des composés chimiques et de minuscules structures minérales, qu'ils interprétèrent comme étant des dérivés chimiques et de possibles résidus fossiles d'une ancienne vie microscopique. Ces travaux sont très controversés, et la plupart des études ultérieures indiquent que ces conclusions sont erronées. En se fondant sur les résultats actuels de la recherche, les scientifiques ne peuvent pas apporter d'arguments suffisamment convaincants pour soutenir la théorie d'une vie qui aurait existé sur Mars.

La seule chose qu'il convient de faire consiste à rechercher systématiquement des preuves de vie sur Mars, passée ou présente, dans les régions qui sont les plus susceptibles de l'abriter. Il s'agit des endroits où il semble que de grandes quantités d'eau aient été présentes dans le passé (anciens lacs ou anciennes mers), et où furent déposées des couches de sédiments. C'est sur ce type de sites que l'on trouve le plus de fossiles sur la Terre.

L'observation des planètes telluriques

On peut repérer Mercure, Vénus et Mars dans le ciel nocturne à l'aide des conseils d'observation publiés mensuellement dans les magazines d'astronomie et sur leurs sites Web (voir le chapitre 2), ou à l'aide d'un logiciel de planétarium. Vénus est particulièrement facile à trouver, parce que c'est l'objet céleste le plus brillant dans le ciel nocturne, après la Lune.

L'orbite de Mercure est celle qui est la plus proche du Soleil, suivie par celle de Vénus. Ces deux astres tournent à l'intérieur de l'orbite de la Terre, de sorte que Mercure et Vénus se trouvent toujours dans la même région du ciel que le Soleil lorsqu'on les observe depuis la Terre. En conséquence, vous pourrez trouver ces planètes à l'Ouest dans le ciel après le coucher du Soleil ou à l'Est dans le ciel avant l'aube. À ces moments, le Soleil ne se trouve pas très en dessous de l'horizon, de telle sorte que vous pouvez voir les objets qui sont proches du Soleil à l'ouest de celui-ci le matin avant qu'il ne se lève, et les objets proches du Soleil à l'est de celui-ci le soir lorsqu'il se couche.

On appelle habituellement *étoile du matin* une planète qui apparaît dans le ciel à l'Est avant l'aube, et *étoile du soir* une planète brillante qui apparaît à l'Ouest après le coucher du

Soleil. Étant donné que Mercure et Vénus se déplacent rapidement autour du Soleil, l'étoile du matin de cette semaine pourrait bien être le même objet que l'étoile du soir du mois suivant (voir la figure 6-1). On appelle aussi Vénus l'*étoile du berger*.

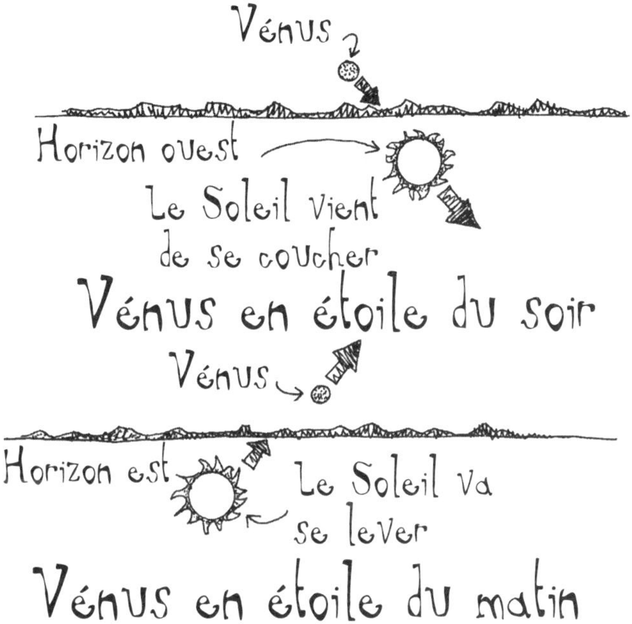

Figure 6-1 : Vénus peut être étoile du matin ou étoile du soir, bien que cet astre soit une planète et non une étoile.

Dans les sections qui suivent, je vous explique quels sont les meilleurs moments pour observer ces planètes telluriques en utilisant l'*élongation*, la *conjonction* et l'*opposition*. Ces trois termes permettent de décrire les positions des planètes par rapport au Soleil et à la Terre.

L'élongation, l'opposition et la conjonction

L'élongation, l'opposition et la conjonction sont des termes qui décrivent la position d'une planète par rapport au Soleil et à la Terre. Vous rencontrerez ces termes lorsque vous vérifierez des listes de positions de la planète afin de prévoir vos observations. Voici ce qu'ils signifient :

- L'*élongation* est la différence angulaire entre une planète et le Soleil lorsqu'on l'observe de la Terre. L'orbite de Mercure est si petite que cette planète ne s'éloigne jamais de plus de 28 degrés du Soleil. Au cours de certaines périodes, elle ne s'éloigne pas de plus de 18 degrés, ce qui la rend difficile à repérer. Vénus peut s'éloigner au maximum de 47 degrés du Soleil.
- La *plus grande élongation ouest (ou est)* a lieu lorsqu'une planète est arrivée à son maximum d'éloignement au cours d'une apparition donnée (lorsqu'elle est observée depuis la Terre). Certaines élongations maximales sont plus grandes que d'autres, parce que parfois la Terre est plus proche du Soleil qu'à d'autres occasions. L'élongation est particulièrement importante pour l'observation de Mercure, parce que cette planète est habituellement si proche du Soleil que le ciel n'est pas très sombre dans cette région.
- L'*opposition* se produit lorsqu'une planète se trouve du côté opposé à la Terre par rapport au Soleil. Cela n'arrive jamais pour Mercure ou pour Vénus, mais Mars est en opposition environ tous les 26 mois. C'est le meilleur moment pour observer cette planète, parce c'est alors que son image atteint sa taille maximale au télescope. Et, à l'opposition, Mars est au plus haut dans le ciel à minuit et on peut l'observer toute la nuit.
- Le terme *conjonction* est souvent employé lorsque deux objets du système solaire apparaissent proches l'un de l'autre dans le ciel, comme lorsque la Lune passe près de Vénus. En fait, Vénus est bien plus éloignée que la Lune, mais on appelle ce phénomène une conjonction de la Lune et de Vénus.

La conjonction possède aussi un sens technique. Au lieu de décrire les positions avec des ascensions droites (la position d'une étoile mesurée dans la direction est-ouest) et déclinaisons (la position d'une étoile mesurée dans la direction nord-sud), les astronomes utilisent parfois les *latitudes et les longitudes écliptiques*. L'écliptique est un cercle dans le ciel qui représente la trajectoire du Soleil à travers les constellations. La latitude et la longitude écliptiques mesurent des degrés nord et sud (latitude) ou est et ouest (longitude) par rapport à l'écliptique. Ne vous en faites pas, vous n'avez pas besoin d'utiliser ce système, mais il est utile de le connaître pour comprendre les définitions qui suivent.

Les conjonctions supérieures et inférieures

Supposez qu'une planète se trouve à l'extérieur de l'orbite de la Terre, à la même longitude que le Soleil. Elle se trouve donc dans la même direction est-ouest. Cette planète est en *conjonction supérieure* (voir la figure 6-2).

Les périodes de conjonctions supérieures sont peu propices à l'observation de la planète, parce qu'elle est du côté de la face cachée du Soleil. Donc n'essayez pas d'observer la planète Mars en conjonction supérieure : vous ne la verriez pas. Le meilleur moment pour l'observation de Mars, c'est quand cette planète est à l'opposition.

En revanche, Mercure et Vénus orbitent à l'intérieur de l'orbite terrestre. Comme le montre la figure 6-3, ces deux planètes peuvent se trouver sur la même longitude que le Soleil, en *conjonction inférieure* entre la Terre et le Soleil, ou en conjonction supérieure, du côté de la face cachée du Soleil.

Le meilleur moment pour observer Vénus, c'est lorsque cette planète se trouve en conjonction inférieure : c'est la période durant laquelle elle apparaît la plus grande et la plus brillante. Elle a alors l'aspect d'un fin croissant. Mercure, quant à lui, est trop proche du Soleil pour qu'on puisse l'observer à des périodes de conjonctions inférieures : le meilleur moment pour l'observer, c'est lorsque son élongation est maximale.

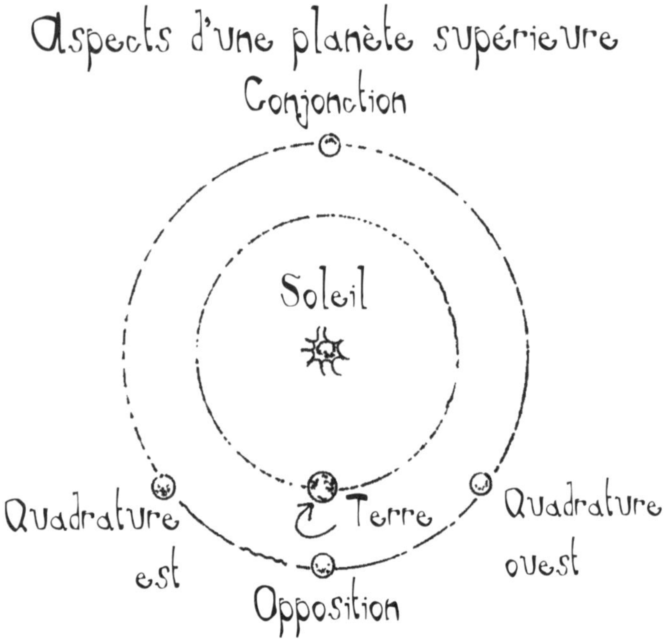

Figure 6-2 : Une planète en conjonction supérieure est orientée dans la même direction est-ouest que le Soleil.

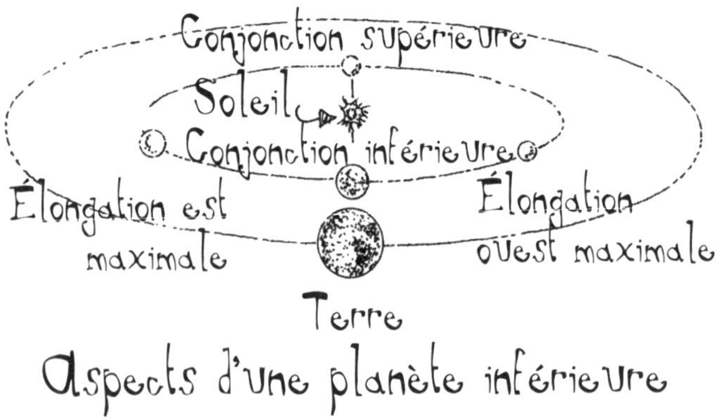

Figure 6-3 : Une conjonction inférieure aligne une planète intérieure avec le Soleil dans la direction est-ouest.

Dans les sections qui suivent, je vais vous expliquer comment observer les planètes telluriques dans l'ordre de facilité décroissante, en commençant par Vénus, qui est la plus facile à observer.

Observez Vénus et ses phases

La planète la plus simple à trouver, c'est Vénus. Vénus est si brillante qu'il arrive fréquemment que certaines personnes n'ayant aucune connaissance d'astronomie la remarquent, et appellent les rédactions des radios et des journaux pour demander le nom de « cette étoile brillante ».

Lorsque des nuages éparpillés se déplacent d'ouest en est devant Vénus, la scène est souvent mal interprétée. Les observateurs pensent que c'est Vénus (qu'ils n'ont pas reconnu) qui se déplace rapidement, dans la direction opposée à celle des nuages. En raison de sa brillance et de l'impression erronée qu'elle se déplace rapidement derrière la couverture de nuages, on la prend souvent pour un objet volant non identifié. Pourtant, Vénus n'est pas un ovni, car nous la connaissons bien.

Une fois que vous vous serez familiarisé avec Vénus, vous vous apercevrez peut-être que vous arriverez à la repérer même en plein jour. Souvent, Vénus est si brillante que si le ciel est dégagé, avec peu de brume, vous pourrez peut-être la repérer en plein jour en utilisant votre vision périphérique. Cela veut dire que vous pourrez l'apercevoir « depuis le coin de votre œil ». La périphérie de la rétine perçoit mieux les objets faiblement lumineux (comme les objets célestes) que le centre de la rétine. Il est possible que cela soit un mécanisme de survie, qui vous permette d'éviter qu'un ennemi ou un prédateur vous attaque par le flanc. Mais quelle que soit l'origine de ce mécanisme, il est utile de le connaître lorsque vous observez les cieux.

Un petit télescope vous permettra d'observer les attributs de Vénus les plus reconnaissables : ses phases et ses variations de taille apparente. Comme la Lune, Vénus traverse des phases, et cela pour la même raison : une partie de l'hémisphère de Vénus qui fait face au Soleil (et qui donc est

NOTE TECHNIQUE

Degrés, minutes d'angle et secondes d'angle

Les tailles apparentes dans le ciel sont mesurées en unités angulaires : un objet qui traverse tout le ciel, comme l'Équateur céleste, est long de 360 degrés. Le Soleil et la Lune, en comparaison, sont chacun long d'un demi degré. Les planètes sont bien plus petites, de telle sorte que des unités plus petites sont nécessaires pour les décrire. Un degré est divisé en 60 minutes d'angle, et une minute d'arc est divisée en 60 secondes d'angle. Il y a 3 600 (60 fois 60) secondes d'angle dans un degré. Dans de nombreux livres et articles sur l'astronomie, une minute d'angle est représentée par un symbole de minute ('), et une seconde d'angle par le même symbole, double (").

Le diamètre de Vénus n'est en réalité inférieur que de 5 % à celui de la Terre. Sa taille apparente ou son diamètre angulaire va d'environ 10 secondes d'angle, lorsque cette planète est la plus éloignée (et avec une forme de pleine Lune) de la Terre, à environ 58 secondes d'angle lorsqu'elle est la plus proche et qu'elle apparaît sous la forme d'un croissant étroit.

brillante) est parfois orientée dans la direction opposée à celle du Soleil, de telle sorte que l'observation de Vénus au télescope montre un disque qui est partiellement illuminé et partiellement sombre.

La ligne de partage entre la partie brillante et la partie sombre de Vénus est appelée *terminateur*, comme sur la Lune. Ne le prenez pas pour l'androïde tueur qu'a incarné Arnold Schwarzenegger : ce terminateur-là est parfaitement inoffensif. Il ne s'agit que d'une ligne imaginaire sur Vénus.

Comme Vénus et la Terre décrivent des orbites autour du Soleil, la distance entre les deux planètes se modifie considérablement. Dans sa position la plus proche de la Terre, Vénus n'en est éloignée que de 40 millions de kilomètres. Et dans sa position la plus éloignée, elle se trouve à 257 millions de kilomètres de distance. Ce qui est important ici, ce sont les proportions : dans sa position la plus proche, Vénus est environ six fois plus proche de la Terre que dans sa position la plus éloignée. Et elle apparaît six fois plus grosse au télescope.

Ce que l'on ne peut pas déceler lorsqu'on observe Vénus, ce sont ses caractéristiques frappantes, comme les mers et les continents sur la Lune. Vénus est entièrement recouverte par d'épais nuages, et tout ce que l'on peut voir, c'est la surface de ces nuages. Vénus est aussi brillante pour deux raisons : d'abord, parce qu'elle est relativement proche à la fois du Soleil et de la Terre, et ensuite parce qu'elle possède cette belle couche de nuages qui réfléchissent si bien la lumière. Pour une phase donnée, vous pourrez parfois observer que les cornes du croissant de Vénus s'étendent plus loin que prévu vers le côté obscur. Ce phénomène est dû à l'atmosphère de Vénus qui a courbé une partie des rayons solaires vers le côté nuit de la planète.

Les images de Vénus avec des formations nuageuses frappantes, comme celles que vous voyez dans les livres, ont été prises dans l'ultraviolet, domaine de la lumière dans laquelle ces figures sont visibles. Les UV ne traversent pas notre atmosphère (Un grand « Bravo ! » à la couche d'ozone qui bloque ce rayonnement dangereux), et si vous restez sur Terre, vous ne pourrez donc pas observer Vénus dans l'ultraviolet. En réalité, il n'est de toute façon pas possible à l'homme de voir dans l'ultraviolet, car cette lumière est invisible pour l'œil humain. Mais les télescopes spéciaux embarqués à bord des satellites et des sondes spatiales situés au-delà de l'atmosphère peuvent obtenir des images dans le domaine ultraviolet.

À de rares occasions, les observateurs font état d'un éclat pâle sur la partie sombre de Vénus. Cet éclat supposé, qu'on appelle *lumière cendrée* est parfois un phénomène véritable et parfois un tour que nous joue l'imagination. Après des siècles d'études, les experts ne peuvent toujours pas expliquer ce phénomène, et certains dénient donc son existence. Mais avec un peu de chance, vous pourrez le voir. Les gens prétendent observer d'autres phénomènes sur Vénus à travers leurs télescopes, mais la plupart de ces témoignages sont erronés. L'expérience montre que l'effet est psychologique : si une personne observe un globe blanc lisse à une certaine distance, elle discernera peut-être des motifs qui n'existent pas.

Observez Mars en train de faire marche arrière

Mars est un objet brillant rouge, mais il n'est pas, et de loin, aussi éclatant que Vénus. Vous devrez donc vérifier sur vos cartes du ciel que vous ne confondez pas la planète rouge avec une étoile rouge brillante, comme Antarès dans le Scorpion (dont le nom signifie justement « le rival de Mars »).

Le grand avantage de l'observation de Mars, c'est que vous l'effectuez dans le ciel nocturne, cette planète est souvent visible pendant une bonne partie de la nuit. Ce n'est pas le cas de Mercure et de Vénus, qui se couchent assez tôt après le coucher du Soleil ou ne se lèvent que brièvement avant l'aube. D'habitude, vous avez le temps de dîner et de regarder le journal à la télé avant de passer au jardin pour observer Mars.

Avec un petit télescope, vous pourrez déceler au moins quelques taches sombres sur Mars. Les meilleures périodes pour les observer durent quelques mois, mais elles ne se produisent que tous les 26 mois, lorsque Mars est en opposition. C'est en opposition que l'image reçue de Mars est la plus grande et la plus brillante, et qu'il est le plus facile d'observer les détails de sa surface.

Les prochaines oppositions de Mars auront lieu en

Août 2003

Novembre 2005

Décembre 2007

Janvier 2010

Ne les manquez pas !

CONSEIL

La meilleure opposition de Mars de toute la décennie aura lieu le 27 août 2003. Mars aura alors un diamètre apparent de 25 secondes d'angle, c'est-à-dire à moitié aussi grande que l'opposition d'avril 1999. À ses meilleurs moments d'opposition, Mars se trouve au sud de l'équateur céleste, mais on peut encore l'observer dans de bonnes conditions depuis des latitudes tempérées de l'hémisphère Nord.

Vénus en transit

L'un des événements planétaires les plus rares que l'on puisse observer, c'est un transit de Vénus. Cette planète passe alors directement devant le Soleil et apparaît ainsi comme un minuscule disque noir devant la surface solaire brillante.

Cet événement peut être observé sans instrument d'optique, mais n'oubliez surtout pas d'utiliser un filtre solaire, comme je le décris pour l'observation des taches solaires au chapitre 10 !

Aucun astronome actuellement vivant n'en a encore observé. C'est parce que le dernier transit de Vénus s'est produit en 1882.

Pourtant, vous pourrez vous-même observer ce phénomène, parce que deux transits vont bientôt avoir lieu, le 8 juin 2004 et le 6 juin 2012. Il se peut que vous deviez faire un voyage pour les observer, mais un événement si inhabituel vaut le déplacement.

L'objet de la surface martienne le plus facile à repérer à l'aide d'un petit télescope est d'habitude Syrtis Major, une grande zone sombre qui s'étend vers le Nord depuis l'équateur. Le jour de Mars est quasiment le même que celui de la Terre : 24 heures et 37 minutes. Donc si vous observez Mars par intermittence au cours d'une nuit, vous verrez peut-être Syrtis Major se déplacer lentement sur le disque de la planète au fur et à mesure que Mars tourne. Les observateurs de planètes qui sont expérimentés verront peut-être aussi ses calottes polaires et également d'autres détails.

La clé de l'observation des planètes consiste à profiter des moments de faible turbulence, ce qui signifie que l'atmosphère au-dessus de votre télescope est stable. À ces moments, les étoiles ne scintillent pas autant, et vous pouvez utiliser un oculaire à plus fort grossissement sur votre télescope, afin de faire ressortir les détails fins de la surface de Mars ou d'une autre planète. Lorsque la turbulence est plus forte, l'image du télescope est brouillée et elle semble sauter de part et d'autre. Dans ces conditions, un fort grossissement est parfaitement inutile : il ne fait que grossir l'image floue et

BIEN OBSERVER

Le mouvement apparent de Mars

Un bon exercice de base pour les observateurs débutants consiste à suivre le mouvement de Mars à travers les constellations ; tout ce dont vous avez besoin, c'est de vos yeux et d'une carte du ciel.

Repérez Mars parmi les étoiles et marquez cette position sur votre carte avec un crayon de papier à mine tendre. Répétez cette observation chaque nuit dégagée, et vous verrez émerger une figure, qui fut une énigme pour les Grecs de l'Antiquité et suscita des théories compliquées, fausses pour la plupart.

Généralement, Mars se déplace vers l'est de nuit en nuit, de même que la Lune se déplace vers l'Est à travers les constellations. La Lune continue de tourner, mais Mars inverse parfois son cours. Pendant une durée qui peut aller de deux à près de trois mois (de 62 à 81 jours) consécutifs, Mars avance vers l'Ouest à travers les constellations, et se déplace en arrière de 10 à 20 degrés. Puis cette planète reprend son cours normal et avance à nouveau vers l'Est. On appelle la marche arrière le mouvement rétrograde.

Cette marche arrière n'est pas due au fait que la planète Mars ne sait pas si elle doit avancer ou reculer. Le mouvement rétrograde n'est qu'un effet produit par la Terre qui file autour du Soleil. En traçant le mouvement de Mars, vous êtes sur la Terre, qui tourne autour du Soleil une fois tous les 365 jours. Mars tourne plus lentement et décrit une orbite complète en 687 jours. Il en résulte que lorsque nous dépassons Mars sur notre orbite interne, Mars semble se déplacer en arrière par rapport au cadre de référence des étoiles éloignées. Mais en réalité, Mars ne recule jamais !

instable, et il vaut donc mieux utiliser un oculaire de plus faible puissance.

Les images de Mars de la NASA, qui ont été prises par les sondes interplanétaires et par le télescope spatial Hubble, sont bien trop détaillées pour vous guider dans votre observation avec un petit télescope. Ce dont vous avez besoin, c'est d'une carte d'albédos qui présente et nomme les zones brillantes et sombres visibles sur Mars avec des petits télescopes. Une carte d'albédos donnera de toute façon plus de détails que l'observateur moyen n'en discerne, mais c'est un bon guide et un défi pour vos capacités d'observation. Vous trouverez une telle carte dans le *Norton's Star Atlas and Reference Handbook* (Epoch 2000.0), 19e édition – de Arthur P. Norton, Ian Ridpath (Editeur), publié chez Longman Publishing Group en 1998. Un atlas de Mars est disponible sur le site « Nirgal » de Philippe Labrot :

`www.nirgal.net/atlas.html`

JARGON

Les astronomes évaluent les conditions célestes en termes de *seeing* (la stabilité de l'atmosphère au-dessus du télescope), de *transparence* (l'absence de nuage et de brume) et de *fond de ciel* (présence de lumière artificielle gênante, de clair de lune ou de lumière du Soleil). Lorsqu'on observe une planète brillante comme Mars, un bon « seeing » est le plus important, alors qu'un ciel très noir (faible fond) est moins important. Mais plus le ciel est noir, plus l'air est stable, plus grande est la transparence et mieux vous profiterez de la nuit.

Malheureusement, même lorsque les conditions atmosphériques sont idéales au-dessus de votre site d'observation et qu'une opposition de Mars est en cours, le sort peut quand même encore frapper. Mars est une planète qui subit des tempêtes de sable ayant pour effet de masquer complètement sa surface.

BIEN OBSERVER

En fait, les astronomes professionnels utilisent l'aide des astronomes amateurs pour suivre Mars. Ces derniers les informent du début d'une tempête de sable et d'autres changements prononcés dans l'apparence de la planète. Vous pouvez vous renseigner sur ce programme sur le site en anglais MarsNet de l'Université Cornell à l'adresse

`astrosun.tn.cornell.edu/marsnet/mnhome.html`

Il est bien plus amusant d'obtenir une bonne image nette de Mars, mais si tout le reste rate, au moins peut-être serez-vous crédité de la découverte d'une tempête de sable. Les experts accueilleront avec satisfaction votre rapport sur la tempête de sable, ils ne le négligeront pas.

Vous avez besoin d'acquérir de l'expérience si vous souhaitez devenir un observateur de Mars fiable au télescope. En tant qu'observateur débutant, ne pensez pas qu'une grande tempête de sable est en train de se produire simplement parce que vous n'arrivez pas à discerner le moindre détail. Habituez-vous, justement, aux détails de Mars. C'est alors seulement que vous pourrez envisager que lorsque vous ne parvenez pas à voir de détails, que c'est la faute de la planète et pas celle de votre manque d'expérience.

Il existe une devise célèbre qui s'applique en sciences : « L'absence de preuve n'est pas une preuve de l'absence. » Vous ne verrez peut-être pas de détails la première fois que vous observerez Mars, mais cela ne veut pas dire qu'une tempête de sable vous empêche de les voir. En temps qu'observateur avec un télescope, vous devez entraîner vos qualités d'observation, tout comme les gourmets et les amoureux du vin entraînent leurs palais.

Faites mieux que Copernic : observez Mercure !

On dit que Nicolas Copernic, le grand astronome polonais du XVIe siècle qui proposa la théorie de l'héliocentrisme (selon laquelle les planètes tournent autour du Soleil, contrairement au géocentrisme de Ptolémée, où le Soleil et les autres planètes tournent autour de la Terre), ne repéra jamais la planète Mercure.

Mais Copernic ne disposait pas des moyens modernes, comme des logiciels de planétarium, des sites Web astronomiques et des mensuels d'astronomie. Vous-même, en revanche, pourrez utiliser ces aides pour savoir les moments pendant lesquels Mercure sera le mieux placée pour l'observation durant l'année. Ces périodes correspondent aux élongations est et ouest maximales, qui se produisent six fois par an.

Depuis les latitudes tempérées, comme celles de la France, Mercure n'est habituellement visible qu'au crépuscule ou à l'aube. Au moment où le ciel est sombre, bien après le coucher du Soleil, Mercure s'est aussi couchée. Et au matin, vous ne pourrez repérer Mercure qu'au moment où l'aube imminente commencera à illuminer le ciel. Elle ressemblera à une étoile brillante, mais elle sera bien moins brillante que Vénus à l'Ouest au crépuscule ou à l'Est avant l'aube.

Pour Mercure, levez-vous matin !

La planète Mercure est bien plus petite que Vénus, mais vous pourrez observer ses phases avec un télescope. Le meilleur moment pour l'observer, c'est lorsque Mercure se trouve à son élongation ouest et apparaît dans les premières lueurs de l'aube. La stabilité atmosphérique est presque toujours meilleure bas à l'est avant l'aube que bas à l'ouest après le coucher du Soleil. Vous obtiendrez donc une vue bien plus nette le matin. Les manuels de référence comme la *Connaissance des Temps* (une publication annuelle du Bureau des Longitudes, dont l'adresse Web est www.bdl.fr), le *Guide du ciel* de G. Cannet et les magazines d'astronomie et leurs sites Web vous fourniront toutes les dates des élongations prévues.

Votre site d'observation doit être dégagé à l'est, parce que Mercure ne monte pas très haut dans le ciel tant que le Soleil est en dessous de l'horizon. Si vous avez des problèmes à repérer cette petite planète à l'œil nu, balayez la partie du ciel où elle doit apparaître avec des jumelles de faible grossissement. Et si vous possédez un télescope assisté par ordinateur et muni d'une base de donnée intégrée, il vous suffit de taper « Mercure » (ou « Mercury » en anglais, le cas échéant) et de laisser le télescope faire la recherche.

N'espérez pas déceler de marques à la surface

Il est extrêmement difficile d'observer des détails sur la surface de Mercure avec un petit télescope, ou même avec quasiment n'importe quel télescope sur Terre. Car la taille apparente de Mercure aux plus grandes élongations n'est que de 6 à 8 secondes d'angle.

Quelques observateurs amateurs ayant de l'expérience font état de l'observation de détails sur la surface, mais aucune information utile n'a jamais été tirée de telles observations. Quelques-uns parmi les plus grands observateurs de planètes de tous les temps pensèrent qu'ils pouvaient observer Mercure et dessiner ces détails. D'après ces dessins, ces

Mercure en transit

Comme Vénus, on peut parfois observer Mercure en transit. La petite planète passe alors devant le Soleil et nous apparaît, vue depuis la Terre, comme un petit disque noir devant la surface solaire. Pour observer un transit de Mercure au télescope, suivez les règles que j'explique au chapitre 10 pour observer le Soleil sans danger. (Souvenez-vous que vous observez Mercure devant le Soleil, et qu'il vous faut donc absolument prendre toutes les précautions relatives à l'observation du Soleil). Deux transits de Mercure auront lieu au cours de la prochaine décennie, le 7 mai 2003 et le 8 novembre 2006. Selon l'endroit où vous vivez, vous devrez peut-être faire un voyage pour en observer un.

observateurs tentèrent de déduire la période de rotation, ou le « jour » de Mercure. À partir de là, ces experts déduisirent que le jour de Mercure était égal à 88 jours terrestres. Mais cette estimation était erronée. Les mesures effectuées plus tard au radar prouvèrent que Mercure tourne une fois sur elle-même en 59 jours terrestres.

Néanmoins, une fois que vous aurez appris à repérer Mercure à l'œil nu, puis à vérifier ses phases avec votre télescope, vous aurez déjà fait bien mieux que Copernic !

Vous pourrez obtenir davantage de renseignements pour l'observation de Mercure et des autres planètes auprès de la Commission des Planètes de la Société Astronomique de France. Cette commission qui regroupe plus de 130 personnes se veut accessible et ouverte à tous.

`www.iap.fr/saf`

Leçon de planétologie comparée : notre Terre, c'est bien elle la meilleure !

Mercure est un monde minuscule aux températures extrêmes, mais cette planète possède comme la Terre un champ magnétique global, ce qui implique la présence d'un noyau de fer en fusion comme celui de la Terre. Bien que Vénus et Mars ne possèdent pas de champs magnétiques globaux, ces deux planètes sont semblables à la Terre de bien d'autres façons. Mais de nos jours, on ne trouve que sur la Terre de l'eau à l'état liquide et de la vie en abondance et dont l'existence est l'évidence même. Qu'est-ce qui fait donc la différence ?

Vénus, contrairement à la Terre, a une température d'enfer. Bien que plus éloignée du Soleil que Mercure, Vénus est quand même plus chaude ! Cette température élevée est due à un effet de serre extrême. L'effet de serre est un processus au cours duquel les gaz de l'atmosphère font monter la température en absorbant la chaleur rayonnée vers le ciel. L'atmosphère de la Terre a peut-être un jour contenu de grandes quantités de gaz carbonique, comme c'est le cas de Vénus aujourd'hui. Mais sur la Terre, les océans ont absorbé

Pourquoi les admirateurs de Mercure préfèrent-ils le matin ?

Voici pourquoi la stabilité des images est meilleure vers l'horizon juste avant l'aube qu'à l'horizon juste après le coucher du Soleil : au coucher du Soleil, le Soleil a chauffé la surface de la Terre pendant toute la journée, donc lorsque vous regardez bas dans le ciel vers l'ouest, vous regardez à travers les courants turbulents d'air chaud qui s'élèvent de la surface. Mais au matin, la Terre a eu toute la nuit pour se refroidir et l'atmosphère a eu le temps de se stabiliser. Il faut plusieurs heures pour que le Soleil réchauffe la Terre et compromette à nouveau la stabilité des images.

une grande partie du gaz carbonique, et ce gaz n'a pas pu piéger la chaleur comme il le fait sur Vénus.

La planète Mars, quant à elle, est trop froide pour abriter la vie. Mars a perdu la plus grande partie de son atmosphère d'origine. Son atmosphère n'est pas assez dense pour produire un effet de serre suffisant pour réchauffer la surface au-dessus du point de congélation.

Les trois grandes planètes telluriques ressemblent aux trois bols de soupe dans la maison des trois ours du conte de *Boucles d'Or.* Vénus est trop chaude, Mars trop froide, mais la Terre est *juste à point* : l'eau à l'état liquide et la vie telle que nous la connaissons peuvent y exister. En résumant toutes les connaissances dont nous disposons sur les planètes telluriques et sur leurs différences respectives, nous pouvons conclure que :

- Mercure est comme la Lune à l'extérieur mais comme la Terre à l'intérieur.
- Vénus est une « mauvaise jumelle » de la Terre.
- Mars est une petite Terre morte.

La planète de Boucles d'Or, c'est la Terre : elle est juste comme il faut !

Chapitre 7

La ceinture d'astéroïdes et les géocroiseurs

Dans ce chapitre :

- L'origine des astéroïdes
- Un géocroiseur (astéroïde ou comète) pourrait-il percuter la Terre ?
- Que font les scientifiques face à la menace ?
- Comment observer les astéroïdes

Les *astéroïdes* sont de gros rochers qui tournent autour du Soleil. La grande majorité se trouve au-delà de l'orbite de Mars, mais il existe des milliers d'astéroïdes qui décrivent des orbites qui s'approchent de l'orbite terrestre ou même la croisent. Ces derniers sont appelés *géocroiseurs* et représentent une menace potentielle pour notre planète. De nombreux scientifiques pensent qu'un astéroïde est entré en collision avec la Terre il y a 65 millions d'années, et que c'est cet événement qui a entraîné la disparition des dinosaures et celle de nombreuses autres espèces.

Dans ce chapitre, je vous présente ces gros rochers et je vous explique comment les observer. Pour le cas où vous vous feriez du souci, je vais aussi vous dire toute la vérité sur le risque qu'un astéroïde entre en collision avec la Terre, et vous informer sur les recherches des scientifiques destinées à parer cette éventualité.

Les astéroïdes sont des vestiges de la naissance du système solaire

Les astéroïdes sont souvent appelés petites planètes. Les astronomes pensent qu'il s'agit de restes de la formation du système solaire, d'objets qui ne se sont jamais agglomérés pour former des planètes. Certains astéroïdes, comme Ida, possèdent même leur propre satellite (voir la figure 7-1).

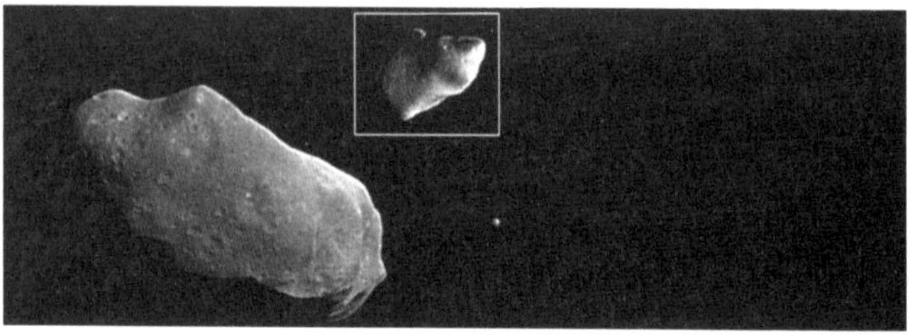

Figure 7-1 : L'astéroïde Ida possède son propre satellite, Dactyl.

© NASA

La taille des astéroïdes varie de celle du plus grand, Cérès, dont le diamètre est de 933 kilomètres, à celle des grandes météorites. (Un gros rocher spatial est un très petit astéroïde ou une grande météorite, faites votre choix.)

On connaît actuellement environ 10 000 astéroïdes, et on en découvre des dizaines d'autres tous les mois ou tous les deux mois. Les orbites précises d'environ 6 000 d'entre eux ont été calculées. Il est facile d'observer les astéroïdes les plus grands, comme Cérès et Vesta, à l'aide de petits télescopes (voir la section « À la recherche des astéroïdes, ces petits points lumineux en mouvement » plus loin dans ce chapitre).

Cérès et Vesta sont de si grande taille que leur propre force de gravitation les rend rondes. Mais les astéroïdes plus petits ont habituellement une forme qui rappelle celle d'une pomme de terre, et ils ont souvent l'air d'être des fragments d'un tout qui a éclaté (voir la figure 7-2). Et c'est en effet ce qui s'est produit. Les astéroïdes de la ceinture se cognent les uns et les autres sans arrêt et ces collisions produisent des fragments éjectés à grande vitesse. Les gros fragments deviennent simplement des astéroïdes plus petits, et on appelle météorides d'astéroïdes les fragments plus petits.

La plupart des astéroïdes connus tournent dans une région plate et immense centrée sur le Soleil et située entre les orbites des planètes Mars et Jupiter. C'est la *ceinture d'astéroïdes.* À de rares intervalles, un petit astéroïde s'écrase sur la Terre. L'un de ces impacts a creusé le célèbre Meteor Crater dans le Nord de l'Arizona, près de Flagstaff. Il vaut le détour.

La Lune est couverte de cratères d'impact. Sur la Terre, la plupart des cratères d'impact ont été érodés par l'action de l'eau et des processus géologiques, comme la formation des montagnes et le volcanisme. Vous trouverez des photographies aériennes de beaucoup des meilleurs cratères d'impact terrestres sur le site de vues du système solaire *Views of the Solar System* à l'adresse

`www.solarviews.com`

Les astéroïdes sont trop petits pour que, même avec les télescopes les plus puissants, on puisse y déceler des objets en surface depuis la Terre ; pour la plupart, ils ressemblent juste à des étoiles.

En revanche, vous pourrez constater que les astéroïdes se déplacent sur le fond étoilé, en les observant au télescope à une heure ou deux (ou à une nuit ou deux) d'intervalle.

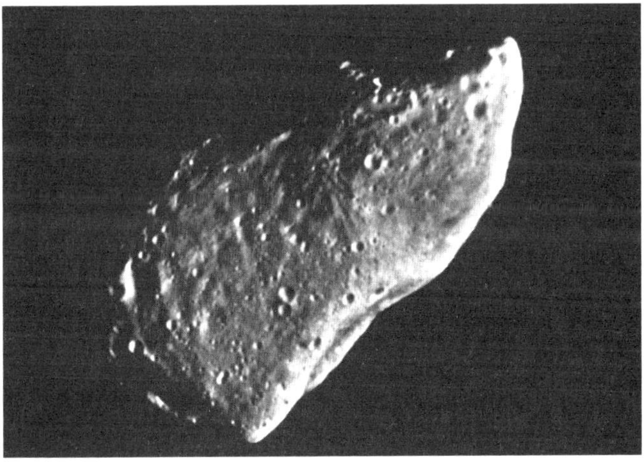

Figure 7-2 : Certains astéroïdes ressemblent à de grosses pommes de terre.

© NASA

Les géocroiseurs menacent-ils la Terre ?

Tous les astéroïdes n'orbitent pas au-delà de Mars à une distance qui les rend inoffensifs pour la Terre. Des milliers de petits astéroïdes décrivent des orbites qui croisent l'orbite de la Terre (géocroiseurs) ou s'en approchent. On les appelle aussi les NEO (acronyme de l'anglais *Near Earth Objects* – objets proches de la Terre), ou NEA (Near Earth Aseroids) et on en compte environ 170 qui ont été classifiés comme astéroïdes potentiellement dangereux ou PHA (acronyme de l'anglais *Potentially Hazardous Asteroids).* La trajectoire des PHA pourrait un jour les amener plus près de le Terre que nous ne pourrions le souhaiter, ou même les faire entrer en collision avec. Le centre d'études des petites planètes de l'Union astronomique internationale garde les PHA à l'œil, et plusieurs observatoires balaient les cieux pour en découvrir davantage.

Les astronomes ne connaissent pas d'objet spécifique qui menace actuellement la Terre. Certains partisans de la théorie du complot pensent que si les astronomes avaient connaissance d'un astéroïde du jugement dernier, ils n'en diraient rien. Mais regardons les choses en face. Si nous savions que le monde était en danger, je règlerais mes affaires et je m'en irais dans les mers du Sud, au lieu d'écrire ce livre.

En 1998, les films hollywoodiens *Armageddon* et *Deep Impact* ont montré des versions à sensation de ce qui pourrait arriver si un gros astéroïde ou une comète suivait une trajectoire qui le ferait entrer en collision avec la Terre. De tels scénarios de catastrophe sont inspirés, en partie, par la conclusion largement acceptée qu'un astéroïde de quelque 10 kilomètres de large aurait frappé la Terre il y a environ 65 millions d'années. Le cratère de Chicxulub, dans la péninsule du Yucatan, aux abords du golfe du Mexique, pourrait être la trace restante de cet impact, dont on dit qu'il a causé la disparition des dinosaures. (En tout cas, il ne leur a certainement rien fait de bon !)

Durant une brève période en mars 1998, beaucoup de gens craignaient qu'un petit géocroiseur pas encore repéré puisse entrer en collision avec la Terre en l'an 2028. Cette hypothèse fut éliminée en un jour lorsque des observations supplémentaires montrèrent que l'orbite de l'astéroïde ne croiserait pas la Terre. Quelques experts étaient même en désaccord avec la prévision de départ, comme c'est souvent le cas entre experts.

Bien que la Terre semble ne courir aucun risque venant des astéroïdes pour le moment, il est possible que l'on découvre à l'avenir un géocroiseur ayant une trajectoire de collision avec la Terre. En conséquence, les scientifiques réfléchissent à ce que l'on pourrait faire pour parer à une telle éventualité.

Heurter un astéroïde pour modifier sa trajectoire

Certains experts proposent que nous développions un missile nucléaire puissant pour intercepter un astéroïde tueur avant qu'il ne puisse frapper. Mais si nous faisions sauter un tel astéroïde, le résultat pourrait être pire que celui de l'impact de l'astéroïde intact. Cela serait comme dans le passage du film *Fantasia* de Disney, où Mickey, l'apprenti sorcier, coupe en morceaux le balai magique qui est hors de contrôle et qui n'arrête pas de puiser de l'eau. Il ne fait qu'obtenir tout un tas de petits balais qui se mettent tous à puiser de l'eau et à la déverser à pleins seaux dans la maison !

Si nous faisions exploser un astéroïde avec une bombe atomique, un essaim de rochers plus petits – au lieu d'un seul gros rocher – se dirigerait vers la Terre sur la même trajectoire mortelle, comme les têtes d'un MIRV (acronyme de l'anglais *multiple independently targetable reentry vehicle.* Un MIRV est la partie d'une ogive nucléaire constituée par des têtes multiples qui peuvent chacune être guidée sur un objectif particulier. Les MIRV sont les plus puissants des missiles balistiques). Et cette avalanche de débris radioactifs serait plus dévastatrice que toutes les armes du Pentagone réunies. Une meilleure idée consisterait donc à utiliser le missile nucléaire (ou peut-être un autre type de missile) pour seulement heurter l'astéroïde, de telle sorte qu'il soit un peu en avance ou un peu en retard sur sa trajectoire. Alors, il manquerait la Terre. Ouf !

Le problème soulevé par l'idée d'heurter un astéroïde, c'est que les scientifiques ne connaissent pas la force qu'il faudrait lui appliquer. Nous ne voulons pas provoquer sa dislocation, mais comme la force de cohésion des astéroïdes est inconnue, nous ne savons pas avec quelle puissance nous devons le frapper. Les astéroïdes peuvent être constitués de roche dure ou de pierre friable. Certains peuvent être composés pour la plus grande partie de métal. Or si on ne connaît pas son ennemi, on peut faire empirer les choses en le frappant.

Dans *Fantasia*, c'est le sorcier lui-même qui rompt l'enchantement du balai. Mais comme nous n'avons pas de sorcier sous la main pour faire disparaître les astéroïdes, nous devons obtenir des informations solides afin de concevoir un système qui pourra protéger efficacement la Terre contre des astéroïdes.

Un homme averti en vaut deux : la surveillance des géocroiseurs

Voici le plan des astronomes destiné à concevoir un système de protection de la Terre contre les astéroïdes de la fin du monde :

- D'abord, dresser un inventaire des géocroiseurs pour être sûr que nous avons bien localisé, dans notre territoire, chaque objet d'une taille d'un kilomètre ou plus. Il s'agit de ceux qui représentent la plus grande menace potentielle, parce que leur taille est importante et parce qu'ils s'approchent très près de la Terre.
- Ensuite, surveiller ces astéroïdes et déterminer leurs orbites afin de calculer les probabilités que certains d'entre eux entrent en collision avec la Terre dans un avenir proche.
- Puis étudier leurs propriétés physiques afin d'en apprendre le maximum sur leurs comptes.
- Alors, une fois que nous aurons bien compris la menace, construire un missile pour la neutraliser.

Des télescopes spécialisés dans la recherche d'astéroïdes sont en opération sur plusieurs sites afin d'étudier les géocroiseurs. Vous pouvez visiter leurs sites Web pour voir ce qu'ils ont récemment découvert.

En voici deux des plus importants :

- Le projet LINEAR (acronyme de l'anglais *Lincoln Near Earth Asteroid Research*) à White Sands, au Nouveau-Mexique, fondé par l'armée de l'air américaine, l'United States Air Force :

  `www.11.mit.edu/LINEAR`

- Le projet NEAT (acronyme de l'anglais *Near Earth Asteroid Tracking*) de la NASA, dont les observations sont effectuées depuis un observatoire de Hawaii :

  `neat.jpl.nasa.gov`

Une organisation privée, la Spaceguard Foundation, se consacre à la protection de la Terre contre les astéroïdes tueurs. Ses fondateurs ont peut-être eu les yeux plus grands que le ventre ; il est déjà difficile de protéger les baleines ou les phoques. Mais vous pouvez visiter leur site et devenir membre si vous le souhaitez. En voici l'adresse :

`spaceguard.ias.rm.cnr.it/SGF`

Une liste des astéroïdes potentiellement dangereux est tenue à jour par le Centre d'études des petites planètes *(Minor Planet Center)* à l'adresse

`cfa-www.harvard.edu/iau/lists/Dangerous.html`

Astrobale, la Petite Gazette spatiale, y a consacré un dossier (avec liens vers d'autres sites) que vous retrouverez sur la page

`astrobale.multimania.com/cata.html`

Il est probable qu'aucun de ces astéroïdes n'a une taille supérieure à 16 kilomètres de diamètre, mais un rocher d'une taille de plusieurs kilomètres qui frapperait la Terre à une vitesse de 40 000 km/h (11 km/s) causerait une catastrophe bien plus dévastatrice que l'explosion simultanée de toutes les armes atomiques jamais construites. Un des rares cas où l'astronomie ne serait pas amusante du tout.

À la recherche des astéroïdes, ces petits points lumineux en mouvement

Pour rechercher des astéroïdes, procédez comme pour les comètes (voir le chapitre 4). La différence, c'est que vous recherchez un point lumineux plus petit et qui n'est pas flou, et qui ressemble donc à une étoile. Pourtant, contrairement à une étoile, l'astéroïde se déplace de façon perceptible d'heure en heure et de nuit en nuit sur l'arrière-plan formé par les étoiles.

Il est facile d'observer les plus grands astéroïdes, comme Cérès et Vesta, avec de petits télescopes, et les magazines d'astronomie publient à l'avance les dates des périodes favorables à cette observation. La plupart des bons programmes de planétarium génèrent aussi des cartes du ciel qui vous montrent où ils se trouvent.

Le tableau 7-1 donne la liste des quatre astéroïdes les plus importants de la « ceinture principale ». Les deux plus grands, Cérès et Pallas, se trouvent quasiment à la même distance moyenne du Soleil, bien que l'orbite de Pallas soit bien plus elliptique que celle de Cérès.

Tableau 7-1 Les « quatre grands » astéroïdes

Noms	*Diamètres en kilomètres*	*Distances moyennes au Soleil (UA)*
Cérès	934	2,77
Pallas	526	2,77
Vesta	510	2,36
Hygiea	408	3,14

Les recherches d'astéroïdes encore inconnus sont souvent effectuées par des amateurs avancés qui utilisent des appareils photo électroniques montés sur leurs télescopes. Ils prennent une série d'images de zones du ciel sélectionnées, en général dans la direction opposée au Soleil (qui se trouve bien sûr en dessous de l'horizon). Si vous constatez qu'un petit point lumineux (ressemblant à une étoile) change d'emplacement d'une image à l'autre, c'est probablement un astéroïde.

Vous ne serez pas prêt à rechercher systématiquement des astéroïdes inconnus avant d'être devenu un astronome amateur habile ayant quelques années d'expérience. Mais dès que vous saurez utiliser un télescope avec compétence, vous pourrez déjà observer certains des astéroïdes bien connus. Lorsqu'ils sont visibles, vous pouvez trouver, dans les magazines d'astronomie et sur les sites Web d'observation du ciel, de courts articles et des cartes du ciel destinés à vous aider à les repérer.

La prévision des occultations d'astéroïdes

Une *occultation* est un type d'éclipse qui se produit lorsqu'un objet qui se déplace dans le système solaire passe devant une étoile. Les occultations sont causées par la Lune (occultations lunaires), les astéroïdes (occultations astéroïdales), et les planètes (occultations planétaires). Elles peuvent également être causées par les lunes et les anneaux de planètes, et par des comètes.

Vous pouvez admirer une occultation sans vous servir de données scientifiques, mais vous risquez de passer à côté de quelque chose d'unique ! Les détails d'une occultation varient d'un endroit à l'autre sur Terre. À partir des données d'occultation, les astronomes peuvent obtenir une idée plus précise de nombreux objets célestes. Par exemple, les occultations révèlent parfois que ce qui semble être une étoile ordinaire est en fait un *système binaire* proche, c'est-à-dire formé par deux étoiles en orbite autour de leur centre de masse commun.

Pour rendre vos observations utiles sur le plan scientifique, vous devez les prévoir avec précision et connaître les coordonnées exactes (latitude, longitude et altitude) de l'endroit depuis lequel vous l'observez. Dans le passé, les observateurs trouvaient les emplacements en consultant des cartes topographiques. Mais de nos jours, si vous observez en groupe, il est très probable qu'un des participants ait un récepteur GPS (acronyme de l'anglais *Global Positioning System* – système mondial de localisation), du type utilisé par les propriétaires de bateaux et les pilotes d'avions privés. On les trouve dans le commerce pour moins de 250 euros, et ils fournissent avec précision les coordonnées de votre emplacement exact.

Participez au suivi d'une occultation

Les occultations par les astéroïdes sont bien plus difficiles à observer que les occultations lunaires, parce qu'elles ne peuvent souvent pas être prévues avec suffisamment de précision. Les astronomes se postent en divers endroits situés sur la bande terrestre où il est prévu que l'occultation sera visible, et ils essaient de l'observer. Mais comme les diamètres, orbites et formes de la plupart des astéroïdes ne sont pas connus avec précision, les prévisions ne peuvent pas être exactes. Étant donné que l'occultation sera peut-être visible à certains endroits et pas à d'autres, on a besoin de volontaires pour suivre une occultation d'astéroïde à de nombreux endroits.

Les résultats de ces observations d'amateurs sont utiles pour la détermination de la taille et de la forme des astéroïdes qui occasionnent des occultations.

Vous obtiendrez les dernières prévisions d'occultations sur le site Web de l'Association internationale de prévision d'occultation (*International Occultation Timing Association* - IOTA) à l'adresse

`lunar-occultations.com/iota/iotandx.htm`

L'IOTA vous recommande de commencer l'étude des occultations en débutant vos observations avec un astronome expérimenté, juste pour attraper le coup.

Chapitre 8

Jupiter et Saturne sont de gigantesques boules de gaz

Dans ce chapitre :

- La recette des planètes gazeuses géantes
- L'éclat de Jupiter
- Comment repérer la Grande Tache Rouge
- Comment observer les lunes de Jupiter
- Les anneaux de Saturne et ses lunes

Les vues de Jupiter et de Saturne comptent parmi les plus belles de celles que l'on peut obtenir avec un petit télescope, et habituellement, l'une ou l'autre des planètes est bien placée pour l'observation, ou même les deux. Les quatre plus grands satellites naturels de Jupiter et les fameux anneaux de Saturne sont les cibles favorites des astronomes amateurs qui font profiter leurs familles et leurs amis de leur télescope. Et l'étude scientifique de ces planètes gigantesques et de leurs satellites est elle aussi fascinante.

La composition de Jupiter et de Saturne : les apparences sont trompeuses

Jupiter et Saturne sont un peu comme des esquimaux bourrés de colorants alimentaires. Le mystère ne réside pas dans la glace mais dans les additifs. Ce que vous voyez sur Jupiter et sur Saturne, ce sont les nuages, qui sont constitués de glaces d'ammoniac, de glace d'eau (comme les nuages de type cirrus sur la Terre), et d'un composé qu'on appelle l'hydrogénosulfure d'ammonium. Il est possible que des nuages de vapeur d'eau en fassent également partie. Mais les apparences sont trompeuses. Les matières qui forment les nuages sont en fait des substances qui sont présentes à l'état de traces sur ces planètes. Jupiter et Saturne se composent pour la plus grande partie d'hydrogène et d'hélium, comme le Soleil. Et malgré de nombreuses théories, les scientifiques n'ont aucune connaissance des matériaux chimiques qui rendent rouge la Grande Tache Rouge sur Jupiter, ni de ceux qui produisent n'importe laquelle des autres teintes blanc cassé que l'on observe dans les nuages de ces deux planètes géantes.

Jupiter et Saturne sont les deux plus grandes des quatre planètes géantes gazeuses, les deux autres sont Uranus et Neptune. La masse de Jupiter représente 318 fois celle de la Terre ; celle de Saturne 95 fois celle de la Terre. Il en résulte que leurs forces de gravitation respectives sont énormes, et qu'à l'intérieur, le poids des couches supérieures génère une énorme pression. Descendre à l'intérieur de Jupiter ou de Saturne reviendrait à plonger à l'intérieur de la mer profonde. Plus vous vous enfoncez, plus la pression augmente. Ne pensez pas pouvoir y faire de la plongée, même en scaphandre. Les pressions sont immenses, et les températures augmentent radicalement avec la profondeur, contrairement à ce qui se passe en mer.

En haut, aux niveaux atmosphériques que nous pouvons observer, c'est-à-dire dans les couvertures de nuages, les températures tombent à –149 °C sur Jupiter et à –178 °C sur Saturne. À de grandes profondeurs, en revanche, c'est la pression qui règne. À 10 000 kilomètres au-dessous des nuages de Jupiter, la pression, qui a augmenté de façon vertigineuse, atteint un million de fois la pression barométrique terrestre au niveau de la mer ! Et les températures sont égales à celles de la surface visible du Soleil ! Mais Jupiter est encore plus étrange que le Soleil. La densité du gaz épais à cette profondeur est bien plus haute que celle qui existe à la surface du Soleil, et l'hydrogène chaud y est si comprimé qu'il se comporte comme un métal liquide.

Des courants tourbillonnants de cet hydrogène liquide métallique génèrent de puissants champs magnétiques sur Jupiter et sur Saturne, qui s'étendent loin dans l'espace.

La Terre tire presque toute son énergie du Soleil, mais Jupiter et Saturne rayonnent intensément dans l'infrarouge, car chacune de ces planètes génère presque autant d'énergie qu'elle en reçoit du Soleil. La chaleur interne de la Terre provient de la radioactivité libérée par les substances radioactives comme l'uranium. En revanche, la gigantesque force de gravitation de Jupiter et de Saturne comprime les gaz de ces planètes, et lorsque l'on comprime un gaz, on le réchauffe. Des températures extrêmes règnent donc à de grandes profondeurs à l'intérieur de ces planètes. La chaleur qui remonte ainsi que le rayonnement solaire incident remuent les atmosphères de ces planètes et produisent des vents et des jets, des ouragans et d'autres types de tempêtes atmosphériques qui modifient en permanence l'apparence de ces planètes.

Observez Jupiter !

La masse de Jupiter est égale à environ un millième de celle du Soleil. C'est pour cela qu'on l'appelle parfois « étoile ratée ». Si elle n'était que 80 ou 90 fois plus massive, la température et la pression de son centre seraient si élevées que la fusion nucléaire commencerait et se poursuivrait. Jupiter serait alors véritablement une étoile !

Il est facile de repérer Jupiter, parce que, comme Vénus, cette planète est plus brillante que n'importe quelle étoile dans le ciel. (Petite exception : lorsqu'elle se trouve du côté éloigné du Soleil, il est possible que son éclat soit un peu plus faible que celui de l'étoile la plus brillante, Sirius). Si vous possédez un télescope assisté par ordinateur que vous pouvez pointer dans la direction de la planète, ou si vous savez *très exactement* où regarder, vous pourrez parfois observer Jupiter de jour.

Jupiter est vraiment une gigantesque boule de gaz de 71 492 kilomètres de diamètre à son équateur. Cette grande planète tourne sur elle-même à une vitesse considérable, et accomplit une rotation complète en seulement 9 heures, 55 minutes et 30 secondes. Cette rotation rapide contribue à produire des bandes nuageuses toujours changeantes et parallèles à l'équateur. Ce que vous observez au télescope lorsque vous scrutez Jupiter, c'est en fait le sommet de la couverture nuageuse de la planète. Vous pourrez y observer entre une et vingt bandes de nuages, en fonction des conditions terrestres d'observation, de la taille et de la qualité de votre télescope, ainsi que des conditions atmosphériques qui règnent sur Jupiter elle-même au moment où vous la contemplez (voir la figure 8-1).

On appelle *bandes* ou *ceintures* le régions nuageuses sombres de Jupiter. Les régions claires sont appelées *zones*. Directement au-dessous du centre du disque se trouve la zone équatoriale, flanquée des bandes équatoriales nord et sud (NEB et SEB – *North Equatorial Belt* et *South Equatorial Belt*). Dans la bande équatoriale Sud, on trouve la Grande Tache Rouge, qui est souvent la curiosité la plus frappante sur Jupiter. Cette perturbation atmosphérique, que l'on compare parfois à un grand ouragan, plane dans l'atmosphère jovienne depuis au moins 300 ans. Découverte par le britannique Robert Hooke en 1664, elle fut très proéminente à certaines époque (1662-63 et 1973-74) et disparut complètement à d'autres (1665, 1875, 1927 ou 1936).

Figure 8-1 : Jupiter et ses bandes de nuages.

© NASA

À la recherche de la Grande Tache Rouge

La Grande Tache Rouge, que montre la figure 8-2, est une tempête aussi grande que la Terre, et parfois plus grande. Comme la plupart des caractéristiques de Jupiter, elle peut changer d'un jour à l'autre. Sa couleur peut devenir plus pâle ou plus sombre. Un télescope d'amateur vous permettra d'observer les nuages blancs, qui sont suffisamment grands, et de vous déplacer le long de la bande équatoriale sud. Parfois, un nuage de cette bande ou d'une autre semble être attiré à l'extérieur à travers la planète, il est alors étiré au maximum en longitude. Un nuage de cette forme est appelé *plume*, et si vous arrivez à repérer cette figure intéressante, ce sera vraiment une bonne occasion pour faire la fête !

Au début des années 1990, une des bandes de Jupiter sembla disparaître d'un jour à l'autre. Plus tard, elle réapparut. Si cela se produit de nouveau, il est bien possible que ce sera un astronome amateur qui repérera ce phénomène en premier.

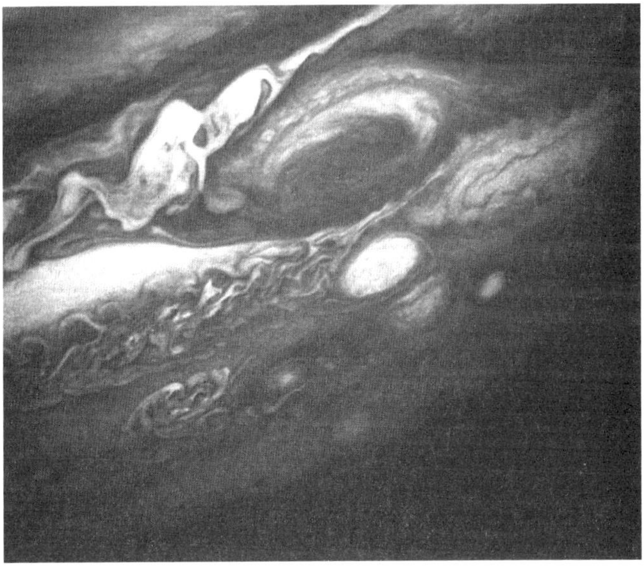

Figure 8-2 : La Grande Tache Rouge de Jupiter, avec sa structure tourbillonnaire.

Si vous ne repérez pas la Grande Tache Rouge tout de suite, vous êtes peut-être en train de scruter la planète à un moment où la tache est de couleur pâle, mais il est plus probable qu'elle ne se trouve en fait qu'à l'arrière de Jupiter. Vous devrez attendre que Jupiter tourne suffisamment pour que la Tache Rouge réapparaisse. La nuit, si vous prenez des vues télescopiques des aspects de Jupiter à une heure ou deux d'intervalle, vous devriez constater que ces formations traversent le disque de la planète au fur et à mesure qu'elle effectue sa rotation.

Jupiter possède aussi des anneaux, qui sont ténus et composés de particules rocheuses, et il s'agit peut-être de minuscules fragments des nombreux blocs rocheux qui orbitent dans le plan des anneaux. Ces anneaux sont sombres et on ne peut pas les voir avec des instruments d'amateur. En fait, il est difficile de les observer avec n'importe quel télescope, sauf avec le télescope spatial Hubble et avec les instruments des sondes spatiales qui survolent Jupiter. Les particules microscopiques provenant des anneaux sont attirées vers un halo épais intérieur aux anneaux, qui entoure l'atmosphère supérieure jovienne et fusionne peut-être avec elle.

Jupiter tourne si rapidement que sa rotation la fait se renfler à l'équateur et s'aplatir aux pôles. Avec une vue dégagée et une atmosphère stable, vous devriez être en mesure de détecter cet *aplatissement* à l'aide de votre télescope.

Les satellites galiléens

Lorsque l'atmosphère est stable et bien dégagée, vous pourrez observer des structures sur Jupiter, et il est probable que vous puissiez voir une ou plusieurs des grandes lunes de cette planète : Io, Europe, Ganymède et Callisto.

Les quatre principales lunes de Jupiter sont appelées satellites galiléens du nom de leur découvreur en 1610, Galilée. Chacun des quatre grands satellites orbite quasiment exactement dans le plan équatorial de Jupiter. Chaque satellite se trouve donc toujours quelque part juste à la verticale de l'équateur. Tout télescope digne de ce nom vous permettra d'observer les satellites galiléens, et de nombreux observateurs peuvent même en voir deux ou trois avec une bonne paire de jumelles. Io est difficile à repérer aux jumelles, parce qu'elle est toujours très proche de la planète brillante. Jupiter possède en outre au moins 12 lunes plus petites.

Avec un petit télescope, vous ne pourrez pas observer suffisamment de détails sur n'importe laquelle des lunes de Jupiter (ou de Saturne) pour vous faire une idée de leur surface. Mais vous remarquerez des différences d'éclat et, en les scrutant attentivement, peut-être aussi des différences de couleurs.

Si vous jetez un œil aux images envoyées par les sondes spatiales qui ont étudié les satellites galiléens, vous verrez que chaque lune est un petit monde en soi, avec une composition et un paysage spécifiques qui lui confèrent un caractère unique.

- *Ganymède*. Avec ses 5 268 kilomètres de diamètre, ce satellite est plus grand que Mercure (4 880 kilomètres), et c'est la deuxième lune du système solaire par la taille. La surface tachetée de Ganymède se compose de terrains clairs et sombres, qui correspondent peut-être respectivement à des glaces et à des roches. On observe dans les zones claires de Ganymède des réseaux de failles, ou cannelures, uniques dans le Système Solaire. Ces failles qui sont profondes d'un kilomètre envron peuvent atteindre plusieurs milliers de kilomètres de long.
- *Io* possède une surface criblée de plus de 80 volcans actifs. C'est l'unique endroit, ailleurs que sur la Terre, où nous avons une preuve absolue de l'existence d'un volcanisme actif. Il est très probable que les volcans présents sur Mars soient éteints depuis longtemps, alors que les indices de volcanisme sur Vénus sont très controversés : on y discerne de grands volcans, mais ils sont probablement éteints eux aussi.
- *Europe* possède une surface craquelée qui ressemble à une banquise parsemée d'icebergs. Cette surface est peut-être une croûte gelée qui recouvre un océan d'eau et de boue, de peut-être 100 kilomètres de profondeur. C'est le seul endroit dans le système solaire, ailleurs que

sur Terre, où nous avons trouvé de forts indices de la présence d'eau à l'état liquide. L'existence d'eau liquide sur Mars, qui serait présente sous une couche de permafrost, n'est qu'une hypothèse.

- *Callisto* possède une surface sombre, avec de nombreux cratères blancs. Cette surface se compose probablement de glace sale, mélange de glace et de roches. Là où les astéroïdes, comètes et grosses météorites se sont écrasés, la glace sous-jacente, propre, a été exposée. D'où les cratères blancs. La particularité la plus remarquable est le Valhalla, un gigantesque bassin d'impact dont le diamètre excède 500 km. Ce bassin est entouré d'une série de rides concentriques sur une zone de près de 1500 km de diamètre.

Bien que vous ne puissiez pas profiter du type de vue personnelle et rapprochée que l'on peut obtenir avec un équipement spatial sophistiqué, vous pouvez pourtant vous attendre à rencontrer quelques aspects de ces lunes à travers l'objectif de votre télescope. C'est ce que je décris dans la section suivante.

Qu'est-ce qui peut gêner l'observation des satellites de Jupiter ?

Les satellites Io, Ganymède, Europe et Callisto sont toujours en mouvement. Leurs positions relatives changent, et ils apparaissent et disparaissent donc en tournant autour de Jupiter.

Si vous n'arrivez pas à repérer l'un de ces satellites, voici quelques explications possibles :

- Une *occultation* est peut-être en cours, elle se produit lorsque l'un de ces satellites passe derrière le bord de Jupiter.
- Le satellite est peut-être *éclipsé*, ce qui se produit lorsqu'il passe derrière l'ombre de Jupiter. Comme la Terre est bien souvent sur le côté d'une ligne droite allant du Soleil à Jupiter, l'ombre de Jupiter peut fortement s'étendre sur le côté de Jupiter vu de la Terre. Lorsqu'un satellite qui est en pleine vue hors du bord de Jupiter baisse soudain d'éclat et se met à disparaître, c'est qu'il est parti dans l'ombre de Jupiter.

- Le satellite est peut-être en *transit* au-dessus du disque de Jupiter ; à ce moment-là, il est alors particulièrement difficile de l'observer. C'est parce que les satellites sont de couleur pâle, ce qui les rend difficilement détectables sur le fond de l'atmosphère nuageuse de Jupiter. En fait, le satellite en transit peut s'avérer bien plus difficile à discerner que son ombre.

Suivez l'ombre d'un satellite

Vous pouvez aussi observer l'*ombre d'un satellite*, qui est visible lorsque l'un des satellites se trouve du côté du Soleil et projette son ombre sur la planète. L'ombre est un point noir, bien plus sombre que n'importe quelle formation nuageuse qui se déplace à la surface de la planète. Le satellite qui projette le point est peut-être en transit à ce moment-là, ce qui veut dire que vu depuis la Terre, il est observé devant le disque de Jupiter. Mais ce n'est pas toujours le cas. Lorsque la Terre se trouve bien en-dehors de la ligne Soleil-Jupiter, il est possible de voir l'ombre projetée sur la planète par un satellite qui se trouve au-delà du bord de Jupiter.

Prévoyez avec exactitude votre observation des lunes

Les magazines *Ciel & Espace* et *Astronomie magazine* publient mensuellement un graphique qui donne nuit après nuit les positions des quatre satellites par rapport au disque de Jupiter. Vous pourrez alors tous les identifier en comparant ce que vous voyez dans le télescope aux indications du graphisme. Souvenez-vous de ces règles générales lorsque vous observez ou lorsque vous vous préparez à observer des occultations, des éclipses, des ombres et des transits :

- Les quatre satellites galiléens orbitent autour de Jupiter dans la même direction. Lorsqu'ils se trouvent du côté visible depuis la Terre, ils se déplacent d'est en ouest, et lorsqu'ils sont du côté caché, d'ouest en est.
- Un satellite en transit se déplace donc vers l'ouest, et une lune qui est sur le point d'être occulté ou éclipsé se déplace vers l'est. Il s'agit des directions géographiques est et ouest dans le ciel de la Terre.

Avec d'excellentes conditions atmosphériques, les observateurs munis de télescopes de 150 mm ou davantage pourront même discerner certains aspects de Ganymède, le plus grand des satellites galiléens. (Reportez-vous au chapitre 3 pour davantage d'informations sur les télescopes.) Mais pour étudier les détails de sa surface, vous aurez besoin d'une image fournie par une sonde qui s'est rendue dans le système de Jupiter.

Les meilleures images de Jupiter et de ses lunes proviennent des sondes spatiales Galileo et Voyager 1 et 2, ainsi que du télescope spatial Hubble. Galileo est la sonde la plus récente et la plus avancée envoyée vers Jupiter ; vous trouverez ses images à l'adresse

www.jpl.nasa.gov/galileo/images/images.html

Pour les images de Hubble, étudiez la collection de l'Institut scientifique du télescope spatial *(Space Telescope Science Institute)* à l'adresse

oposite.stsci.edu/pubinfo/SolarSystemT.html#Jupiter

Appelez vos amis pour contempler Saturne !

La plupart des gens connaissent Saturne à cause de son système d'anneaux, qui est frappant. Pendant des siècles, les astronomes ont pensé que Saturne était la seule planète à posséder des anneaux. Aujourd'hui, nous savons que des anneaux encerclent les quatre planètes géantes gazeuses : Jupiter, Saturne, Uranus et Neptune. Mais la plupart de ces anneaux sont de trop faible éclat pour être décelés depuis le sol à l'aide de petits télescopes, ou même avec de plus grands télescopes. La grande exception, c'est Saturne !

Il est habituellement facile d'observer les anneaux de Saturne, parce qu'ils sont de grande taille et composés de brillantes particules de glace : des millions de petits fragments de glace, quelques boules de glace un peu plus grandes, et peut-être aussi quelques boules de la taille de gros blocs. Avec un petit télescope, vous pourrez admirer les anneaux et discerner leur ombre sur le disque de Saturne (voir la figure 8-3). Dans d'excellentes conditions d'observation, vous verrez aussi la *division de Cassini*, qui sépare les anneaux et porte le nom de son découvreur en 1675, Jean-Dominique Cassini (fondateur et premier directeur de l'Observatoire de Paris).

Figure 8-3 : Saturne et ses anneaux.

© NASA

Galilée, le célèbre astronome italien du XVIIe siècle était très intrigué par l'aspect changeant de Saturne vu dans les lunettes de l'époque. En 1656, l'astronome hollandais Huygens expliqua ce phénomène par la présence d'anneaux vus sous un angle variable depuis la Terre. (Voyez la section suivante : « Si vous ne voyez pas les anneaux ».) Les anneaux ne sont pas visibles lorsqu'ils sont vus par la tranche.

Les anneaux de Saturne, dont le diamètre fait plus de 300 000 kilomètres, ont une épaisseur qui ne dépasse pas quelques centaines de mètres. Étant donné ces proportions, on peut, comme le professeur Joseph Burns de l'Université Cornell, comparer les anneaux de Saturne à « une bande d'essuie-mains en papier étirée à travers un terrain de football ».

Si vous ne voyez pas les anneaux

Il est parfois difficile de discerner les anneaux de Saturne, même avec le télescope qui les avait peut-être révélés dans

BIEN OBSERVER

Ces comètes qui percutent parfois Jupiter

À de rares occasions, une comète entre en collision avec Jupiter, ce qui cause temporairement une tache sombre qui peut subsister des mois. Personne ne savait cela jusqu'à juillet 1994, date à laquelle de gros morceaux de la comète Shoemaker-Levy 9 frappèrent Jupiter. Les astronomes passèrent en revue d'anciennes images des marques de Jupiter, et ils y trouvèrent quelques formations suspectes qui pourraient bien avoir été créées de la même manière.

Il est peu probable que vous soyez témoin de la collision d'une comète avec Jupiter, mais gardez à l'esprit que c'est possible. Si vous observez une nouvelle tache sombre, quelle qu'elle soit, prenez-en bien note. David Levy, un astronome amateur canadien qui vit en Arizona, devint célèbre dans le monde entier après avoir contribué à la découverte de la comète Shoemaker-Levy 9, qui a percuté Jupiter. Grâce à ses brillants récits de ce phénomène et d'autres événements astronomiques, il reçoit maintenant des honoraires substantiels pour participer à des émissions, de même que pour écrire des articles et des livres. En conclusion, observez de près le trafic du système solaire !

toute leur splendeur il n'y a pourtant que quelques mois. Lorsqu'ils se présentent par la tranche, ils peuvent même sembler disparaître si on observe Saturne dans un petit télescope.

Ces anneaux sont très grands, mais aussi très fins. Ils conservent une orientation fixe, ils font face à une direction dans l'espace. Il y a chaque année une période durant laquelle les anneaux se présentent plus ou moins de face, et une période, trois mois plus tard, durant laquelle ils se présentent plus ou moins par la tranche. Ce cycle se répète.

Comme Saturne décrit sa propre orbite de 30 ans, il existe toutefois des périodes, qui se renouvellent tous les 15 ans, durant lesquelles les anneaux sont exactement vus par la tranche et semblent disparaître s'ils sont observés avec des instruments d'amateur (et d'ailleurs aussi avec des télescopes plus grands). À ces occasions, si vous observez Saturne dans un télescope plus puissant, vous pourrez peut-être repérer l'ombre projetée par les anneaux : c'est une ligne sombre très fine sur le disque de Saturne. La dernière fois que ce phénomène s'est produit, c'était en 1996. Ce spectacle de la « disparition » des anneaux se reproduira donc en 2011.

Guettez les tempêtes !

Saturne possède également des bandes et des zones, exactement comme Jupiter, mais elles présentent moins de contrastes, et elles sont bien plus difficiles à repérer. Recherchez-les pendant les périodes où les conditions atmosphériques sont bonnes, lorsque vous pouvez utiliser un oculaire de plus grande puissance pour détecter les détails de la surface de la planète.

Environ une fois tous les 30 ans, une grande tache ovale blanche (une tempête de grande envergure) apparaît à l'hémisphère Nord de Saturne. Des vents de grande vitesse étirent le nuage jusqu'à ce qu'il forme une bande épaisse et brillante qui s'étend tout autour de la planète. Au bout de quelques mois, elle disparaît. Les astronomes amateurs sont parfois les premiers à détecter une nouvelle tempête sur Saturne. La dernière grande tempête s'est produite en 1990, et il faudra donc peut-être attendre un bon moment avant d'en observer une autre. En attendant, ayez l'œil pour repérer des nuages blancs de moindre taille qui s'étirent sur une bande plus petite autour de la planète. Saturne accomplit une rotation en 10 heures, 39 minutes et 22 secondes, et cette planète est encore plus aplatie aux pôles que ne l'est Jupiter. Pourtant, les anneaux ont tendance à un peu tromper l'œil, et il est parfois difficile de bien distinguer cette forme.

Un satellite plus grand que Mercure !

Titan, le plus grand satellite de Saturne, a une taille supérieure à celle de la planète Mercure. Son diamètre est de 5 150 kilomètres. Certaines des grandes lunes de Jupiter possèdent des atmosphères très ténues, mais l'atmosphère de Titan est épaisse et poussiéreuse. Elle est composée d'azote et de gaz à l'état de traces, comme le méthane. Il est difficile de voir à travers cette atmosphère, mais les images obtenues

NOTE TECHNIQUE

Les satellites en mouvement

Jupiter possède 16 satellites connus, et Saturne 18, du moins à la mi-1999. Chaque planète en possède probablement quelques-uns de plus, et les astronomes continuent à les découvrir. Tout nombre que vous trouverez dans un livre imprimé sera peut-être déjà obsolète au moment où vous le lirez. Parfois, les satellites sont annoncés, mais pas comptés. Les officiels de l'Union astronomique internationale veulent en effet être sûrs que les découvertes soient confirmées.

Il existe deux types de lunes : les lunes normales et les autres. Les satellites normaux orbitent tous autour du plan équatorial de leur planète, et ils orbitent tous dans le même sens, celui de la rotation de la planète autour de son axe. Ce sens est le sens direct.. On est presque certain du fait que les satellites normaux se sont formées à un endroit entre Jupiter et Saturne, à partir d'un disque équatorial de matière protoplanétaire et protolunaire. Donc Jupiter et Saturne, accompagnées de leurs nombreux satellites, ressemblent à des systèmes solaires miniatures centrés respectivement sur chacune de ces planètes géantes plutôt que sur une étoile.

Mais certains des petits satellites sont « nés libres ». Ils orbitent dans le sens rétrograde, qui est le sens opposé au sens de rotation de leur planète. Ils peuvent également être inclinées par rapport au plan équatorial de leurs planètes. Ces satellites-là se sont formés ailleurs dans le système solaire (peut-être qu'il s'agissait d'abord d'astéroïdes), avant d'être capturées par Jupiter ou par Saturne.

avec des télescopes munis d'optique adaptative (système compensant la turbulence atmosphérique) confirment qu'il existe des taches prononcées sombres et claires à la surface de Titan.

Selon la théorie qui prévaut actuellement, les zones sombres à la surface de Titan sont des lacs ou des océans d'hydrocarbures, comme l'éthane. Avec un petit télescope de qualité, vous pourrez peut-être repérer deux autres satellites, Rhéa et Dioné, lorsque ceux-ci s'approchent de leur élongation maximale à la planète. Vous trouverez un tableau mensuel des emplacements des lunes par rapport au disque de Saturne dans *Astronomie magazine*.

Les images les plus récentes et les meilleures de Titan, la lune de Saturne, sont visibles sur le site Web du Laboratoire national Lawrence Livermore à l'adresse

www.igpp.llnl.gov/titan/images.html

Les photos les plus exceptionnelles de Saturne ont été prises par les sondes Voyager 1 et 2 et par le télescope spatial Hubble. Recherchez les images de Voyager sur le journal photo de la NASA : pour cela, cliquez simplement sur la photo de Saturne. Vous trouverez les images de Hubble à l'adresse

oposite.stsci.edu/pubinfo/SolarSystemT.html#Saturn

La sonde spatiale Cassini est actuellement en route vers Saturne et Titan. Vous pourrez suivre son avancement sur le site Web Cassini à l'adresse

www.jpl.nasa.gov/cassini

Selon de nombreux observateurs, Saturne est la plus belle des planètes. Ses célèbres anneaux sont facilement visibles dans quasiment n'importe quel télescope, et sa lune géante, Titan, peut également être repérée. Bien que de nombreux astronomes affirment que les anneaux de Saturne sont le spectacle céleste qui a le plus impressionné leurs amis non-astronomes, Titan vaut également le coup d'œil.

Chapitre 9

Qu'elles sont loin ! Uranus, Neptune et Pluton

Dans ce chapitre :

- Uranus et Neptune sont des planètes géantes composées d'eau et de roches
- Quelle est la nature de Pluton ?
- La ceinture de Kuiper
- Comment observer ces planètes ?

Bien que Mars et Vénus soient plus proches de la Terre et que Jupiter et Saturne soient des objets brillants et voyants, l'observation des planètes externes possède ses propres charmes, mystères et récompenses. Ce chapitre vous fait découvrir les trois planètes externes de notre système solaire, Uranus, Neptune et Pluton, ainsi que leurs satellites. En outre, je vais vous donner quelques conseils utiles pour l'observation de ces mondes éloignés.

La nature d'Uranus et de Neptune

Voici les connaissances de base concernant Uranus et Neptune :

- ✓ Ce sont deux planètes de tailles semblables avec des compositions chimiques similaires, et elles sont plus petites et plus denses que Jupiter et Saturne.

- Chacune est le centre d'un système miniature de satellites et d'anneaux.
- Chacune a apparemment souffert d'une collision majeure avec un autre corps il y a longtemps.

Les atmosphères d'Uranus et de Neptune, comme celles de Jupiter et de Saturne, sont composées pour la plus grande partie d'hydrogène et d'hélium. Mais les astronomes considèrent Uranus et Neptune comme des planètes de glace, parce que leurs atmosphères entourent des noyaux massifs de roches et d'eau. En fait, l'eau se trouve à une telle profondeur à l'intérieur des deux planètes, et elle est soumise à une pression qui est si élevée qu'il ne s'agit plus que d'un liquide brûlant. Mais lorsque ces planètes fusionnèrent et se combinèrent à partir de corps plus petits il y a des milliards d'années, l'eau qui arriva à l'intérieur était complètement gelée.

Devinez comment distinguer un véritable planétologue d'un profane ? Le scientifique appelle « glace » l'eau chaude qui se trouve à l'intérieur d'Uranus et de Neptune, alors que l'ignorant l'appelle innocemment « eau chaude ».
Les scientifiques utilisent leur jargon technique tout comme les prédateurs utilisent les sécrétions odoriférantes : pour marquer leurs territoires exclusifs.

La masse d'Uranus représente environ 14,5 fois celle de la Terre, et celle de Neptune environ 17,2 fois celle de la Terre, mais les deux planètes ont à peu près la même taille. Uranus, qui est plus légère, est un peu plus grande à l'équateur, où son diamètre mesure 51 118 kilomètres. Le diamètre équatorial de Neptune est de 49 532 kilomètres.

Un jour sur Uranus dure environ 17 heures et 14 minutes, alors qu'une journée sur Neptune dure 16 heures et 7 minutes. Donc, comme Jupiter et Saturne, ces planètes ont un mouvement de rotation qui est bien plus rapide que celui de la Terre.

Uranus avance en roulant

La preuve qu'Uranus a subi une collision majeure ou un autre type de rencontre gravitationnelle, c'est que cette planète semble s'être couchée sur le côté. L'équateur, au lieu de se trouver plus ou moins dans le plan de l'orbite de la planète autour du Soleil, forme presque un angle droit avec ce plan. En terme de directions terrestres, l'équateur d'Uranus est donc plus ou moins orienté nord-sud.

Le pôle Nord d'Uranus est parfois orienté vers le Soleil et la Terre, et parfois, comme en ce moment, c'est le pôle Sud qui est orienté de cette façon. Une année d'Uranus, ou révolution autour du Soleil, dure 84 ans. Pendant environ un quart de cette durée, le pôle Nord fait face plus ou moins en direction du Soleil ; pendant environ un autre quart le pôle Sud fait face plus ou moins au Soleil ; le reste du temps, le Soleil éclaire l'équateur.

Sur Terre, le Soleil n'est jamais haut dans le ciel au pôle Nord ni au pôle Sud, mais sur Uranus, il passe parfois au-dessus des pôles.

Selon l'état des connaissances fin 1999, Uranus possède 17 satellites connus et 4 autres satellites annoncés mais pas encore confirmés. Uranus possède aussi un système d'anneaux sombres. Les satellites et anneaux d'Uranus orbitent dans le plan de son équateur, exactement comme les satellites galiléens orbitent dans le plan de l'équateur de Jupiter (voir le chapitre 8). Donc les anneaux et les orbites des lunes d'Uranus forment quasiment un angle droit avec le plan de l'orbite d'Uranus autour du Soleil.

On peut se représenter le mouvement d'Uranus autour du Soleil comme celui d'une boule de billard qui avance en roulant sur elle-même. Il y a longtemps, quelque chose a peut-être heurté la planète, ce qui l'a fait basculer par rapport à sa position intiale.

Neptune et sa lune rétro

Neptune, quant à lui, n'est pas couché sur son orbite ; son équateur se trouve dans le plan de celle-ci, ou presque. Neptune possède huit satellites connus à la mi-1999. Son plus grand satellite, Triton, qui, avec un diamètre de 2 710 kilomètres, est plus grand que Pluton, a une orbite rétrograde. Observée depuis un point situé au-dessus de son pôle Nord, Neptune, comme toutes les planètes de notre système solaire, tourne dans le sens contraire des aiguilles d'une montre *(sens direct)* autour du Soleil. Et la plupart des satellites tournent aussi autour de leur planète respective dans le sens direct. Mais Triton, qui ressemble à un cantaloup sur les photos prises par la sonde Voyager 2, va à contre-courant et tourne dans le sens horaire *(sens rétrograde)*. Après avoir étudié ce phénomène, les scientifiques ont conclu que Triton avait dû trop s'approcher de Neptune il y a longtemps, qu'il fut capturé par cette planète et devint l'un de ses satellites, alors qu'elle serait autrement devenu une planète ressemblant beaucoup à Pluton.

JARGON

Triton *se compose vraiment* de glaces et de roches. Il ressemble donc bien plus à Pluton qu'à Uranus et à Neptune. La surface de Triton est façonnée par le *cryovolcanisme*, c'est-à-dire par des éruptions et des coulées de substances glacées, et pas par des coulées de roches brûlantes et fondues. La glace d'eau, la neige carbonique, le méthane gelé, le monoxyde de carbone gelé et même l'azote gelé sont tous présents sur Triton. Il n'y a pas beaucoup de cratères d'impact sur Triton, probablement parce qu'ils ont dû tous être recouverts au bout d'un certain temps par du matériau provenant de l'intérieur du satellite.

Les geysers qu'on trouve sur Triton sont en fait de longs jets de vapeur glacée et sale, et pas des jets de vapeur brûlante tels qu'on connaît les geysers sur Terre.

Pluton, la petite planète lointaine

Pluton est la plus petite et la plus éloignée des planètes du système solaire (voir la figure 9-1). Tous les 248 ans, elle passe à l'intérieur de l'orbite de Neptune et y reste plusieurs décennies à chaque fois. La dernière période de ce type s'est terminée début 1999. Elle ne se reproduira donc pas au cours de la durée de vie de quiconque actuellement en vie sur Terre, à moins que la recherche médicale ne progresse à pas de géants entre aujourd'hui et le XXIIIe siècle.

Pluton met 6 jours, 9 heures et 17 minutes pour tourner autour de son axe, et sa lune Charon met exactement la même durée pour tourner autour de la planète. Donc les mêmes hémisphères de Pluton et de Charon se font toujours face. Dans le système Terre-Lune, un hémisphère de la Lune fait toujours face à la Terre, mais l'inverse n'est pas vrai. Un observateur qui serait debout sur la face visible de la Lune pourrait voir la Terre tout entière au cours d'un jour terrestre, alors qu'un observateur debout sur Charon ne pourrait jamais voir davantage que la moitié de Pluton.

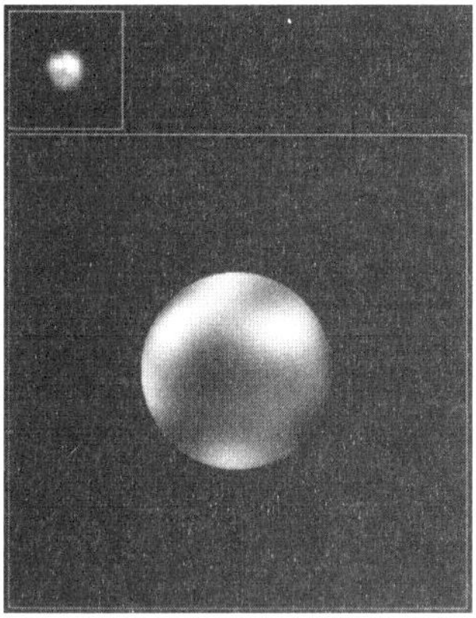

Figure 9-1 : Pluton, l'étrange petite planète.

© NASA

Pluton fait 2 300 kilomètres de diamètre, c'est donc la plus petite des planètes du système solaire. Il est également plus petit que les quatre satellites galiléens de Jupiter et que les satellites Titan (de Saturne) et Triton (de Neptune). En fait, la taille de Pluton ne fait même pas le double de celle de Charon, dont le diamètre est de 1 250 kilomètres. En conséquence, on appelle souvent « planète double » le couple Pluton-Charon.

Pluton et Charon sont tous les deux des mondes glacés et rocheux. Contrairement à Uranus et à Neptune, la glace qui y est présente est véritablement de la glace, elle n'est pas fondue.

Avec une température de surface de –233 °C, il n'est pas surprenant que quasiment tout gèle sur Pluton. On y trouve de la glace d'eau, de la glace de méthane, de la glace d'azote, de la glace d'ammoniac et même du monoxyde de carbone gelé. Cela me fatigue rien que d'y penser ! Certaines de ces substances, mais pas toutes, ont été détectées sur Charon.

Pluton n'est pas aussi froid qu'on pourrait le croire. Les astronomes soupçonnent l'existence d'« oasis tropicales », où la température monte jusqu'à –213 °C.

Pluton est si éloigné que les scientifiques ne disposent que de peu de connaissances sur sa géographie. Du fait de son orbite elliptique allongée, il se trouve à une distance du Soleil qui est comprise entre 29,7 UA (4,4 milliards de kilomètres) et 49,5 UA (7,4 milliards de kilomètres).

Les images du télescope spatial Hubble, que vous retrouverez à l'adresse

`oposite.stsci.edu/pubinfo/SolarSystemT.html#Pluto`

avec une animation du globe en rotation de Pluton, montrent des régions claires et sombres, ce qui pourrait correspondre à des endroits de Pluton où il y a respectivement de la glace fraîche et de la glace ancienne, mais c'est quasiment tout. Aucune sonde spatiale n'a encore survolé Pluton, et bien que la NASA ait des plans pour une mission éventuelle vers Pluton, le feu vert officiel n'a pas encore été donné. Vous trouverez des informations sur ce projet sur le site Web du Jet Propulsion Laboratory (JPL) à l'adresse

`www.jpl.nasa.gov/ice_fire/pkexprss.htm`

Pluton, comme Uranus, est presque couché sur le plan de son orbite, et son axe de rotation (la ligne qui traverse les pôles Nord et Sud) est à peu près perpendiculaire à celui-ci. Donc comme Uranus, cette planète a probablement elle aussi subi une collision majeure. En fait, certains astronomes pensent que Charon est un fragment arraché de Pluton à la suite d'un impact sur cette planète, de même que l'on suppose que la Lune s'est formée à la suite d'un impact sur la Terre (voir le chapitre 5).

Pluton est-il une planète ?

JARGON

On trouve toujours des gens qui calomnient Pluton et prétendent qu'on ne devrait pas l'appeler « planète ». Récemment, en 1999, il y a eu une tentative destinée à le désigner « astéroïde n° 10.000 ». Mais heureusement, les astronomes et les gens normaux se sont alliés pour défendre le petit objet froid, et ils ont déjoué ce plan. Pour cela, ils ont avancé les arguments que Pluton est rond comme une planète (la plupart des astéroïdes ont des formes irrégulières, sauf les plus grands), qu'il possède une grande lune, et qu'on l'a considéré comme une planète dès sa découverte par l'observateur américain Clyde Tombaugh en 1930. Même si les astronomes changeaient la définition d'une planète, Pluton devrait quand même garder son statut.

Pluton se trouve à l'extérieur de la ceinture de Kuiper, une région au-delà de Neptune dans laquelle abondent de petits objets glacés. On estime qu'environ 100 000 objets de la ceinture de Kuiper dont les diamètres respectifs sont supérieurs à 100 kilomètres se trouvent entre l'orbite de Neptune et une distance de 50 UA du Soleil. Ils sont hors de portée des télescopes d'amateurs, à moins que votre jardin ne soit situé sur Neptune ou sur l'un de ses satellites. Le premier objet de cette ceinture fut découvert en 1992, et on en a trouvé plus de 150 depuis. Les astronomes qui voulaient que Pluton soit dégradée et perde son statut de planète la considéraient comme le plus grand objet de la ceinture de Kuiper. Mais cet astre peut être à la fois un grand objet de la ceinture de Kuiper et une planète.

Vous avez bien dit « Plutinos »

La région de la ceinture de Kuiper n'a pas été explorée en profondeur par les astronomes, et les experts calculent que parmi les milliers d'objets de la ceinture qui doivent encore être découverts et étudiés, il est possible qu'un ou deux soient aussi grands que Pluton. Il se peut que leur éclat soit plus faible que celui de Pluton parce qu'ils ont des surfaces plus sombres et/ou qu'ils sont plus éloignés du Soleil. La découverte de l'un de ces grands objets déclenchera à coup sûr une controverse pour savoir si oui ou non il faut l'appeler planète.

Parmi les plus de 150 objets de la ceinture de Kuiper, certains partagent les propriétés de Pluton :

- Leurs orbites sont fortement elliptiques.

- Leurs plans orbitaux sont inclinés et forment un angle significatif avec le plan de l'orbite de la Terre.
- Ils parcourent environ deux orbites complètes autour du Soleil en approximativement la même durée que celle de trois orbites de Neptune (496 ans pour les deux orbites de Pluton et 491 ans pour les trois orbites de Neptune). Ce mécanisme est appelé effet de *résonance*, et il fonctionne pour empêcher Pluton et Neptune de jamais entrer en collision ni même de s'approcher l'une de l'autre, bien que leurs orbites se croisent. Pluton est donc à l'abri des perturbations causées par la puissante gravité de Neptune, qui est bien plus grande, et il en va de même pour les objets de la ceinture de Kuiper qui partagent ces trois propriétés.

Les objets de la ceinture de Kuiper qui partagent ces propriétés sont appelés Plutinos, c'est-à-dire « petits Plutons ».

Il existe probablement d'autres types d'objets au-delà de Neptune et de Pluton, qui n'ont pas encore été découverts par les astronomes, mais ces objets ne peuvent pas être très massifs, car sinon leurs effets gravitationnels sur les astres connus auraient déjà été détectés. Les seules grandes planètes au-delà de Neptune et de Pluton sont les planètes d'autres étoiles. Le chapitre 15 traite de ces planètes.

ÉTOILES ET TOILES

Vous trouverez davantage d'infos sur les objets de la ceinture de Kuiper sur le site Web du Département de Recherche Spatiale (DESPA) de l'Observatoire de Paris :

`despa.obspm.fr/~tno/introfr0.htm`

Observer les planètes extérieures, un défi

Avec un peu d'expérience, vous arriverez à localiser les grandes planètes extérieures Uranus et Neptune, mais la petite Pluton sera peut-être hors de la portée de votre télescope. La première fois que vous rechercherez n'importe laquelle de ces planètes, il vaudra mieux le faire avec un astronome amateur plus expérimenté que vous.

Comment observer Uranus

Uranus fut découvert avec un télescope, mais il est parfois suffisamment brillant pour être tout juste visible à l'œil nu dans d'excellentes conditions d'observation. Avec votre télescope, vous pouvez distinguer Uranus d'une étoile grâce à

- Son petit disque, dont le diamètre ne fait que quelques secondes d'angle (je définis ces unités au chapitre 6).
- Son lent mouvement à travers l'arrière-plan d'étoiles de faible éclat.

Le disque d'Uranus a une teinte verdâtre pâle ; vous pouvez le déceler avec un oculaire à fort grossissement lorsque les conditions d'observation seront bonnes. Vous pouvez détecter le mouvement d'Uranus en traçant un croquis de sa position relative parmi les étoiles dans le champ de vue. À cet effet, utilisez un oculaire de faible grossissement pour élargir le champ de vue et voir davantage d'étoiles. Puis observez à nouveau Uranus quelques heures plus tard ou au cours de la nuit suivante, et tracez de nouveau le croquis.

Fin 1999, il existait 17 satellites connus d'Uranus, et 4 avaient été annoncés mais pas encore confirmés. Bien que quelques-uns des satellites les plus grands puissent être repérés avec de grands instruments d'amateur, il s'agit d'objets qui doivent tous être étudiés à l'aide des puissants télescopes d'observatoires. Uranus possède aussi un système d'anneaux sombres que le télescope spatial Hubble a détecté, et dont des grands télescopes terrestres ont pris des images dans l'infrarouge.

Vous retrouverez les images de ces objets prises par le télescope spatial Hubble à l'adresse :

`oposite.stsci.edu/pubinfo/SolarSystemT.html#Uranus`

Vous pourrez également parcourir les images d'Uranus et de ses satellites qui furent prises par la sonde spatiale Voyager 2 à l'adresse :

`www.solarviews.com`

Le site web du Bureau des Longitudes vous permet de calculer les positions d'Uranus, de Neptune et des autres planètes à la date de votre choix :

`www.bdl.fr/ephemeride.html`

Cliquez simplement sur Uranus.

Comment distinguer Neptune d'une étoile

L'éclat de Neptune est plus faible que celui d'Uranus, il atteint la magnitude 8. Si Uranus met au défi vos talents d'observateur, attachez vos ceintures pour Neptune !

Neptune est à peu près de la même taille qu'Uranus, mais cette planète est bien plus éloignée. Donc lorsque vous l'observez à travers un télescope, son disque apparent est plus petit. Vous aurez peut-être besoin d'un grand télescope d'amateur pour la distinguer d'une étoile. Si vous arrivez à bien discerner des nuances pâles sur des objets de faible éclat observés au télescope, vous remarquerez que Neptune possède une teinte bleutée.

Étant donné que Neptune est plus éloigné du Soleil qu'Uranus, il orbite autour du Soleil à une vitesse plus lente. La vitesse lente, combinée à une plus grande distance de la Terre, entraîne le fait que la vitesse angulaire de déplacement de Neptune à travers le ciel, mesurée en secondes d'angle par jour, est *habituellement* inférieure à celle d'Uranus. Vous devrez donc peut-être attendre une nuit ou deux de plus pour être sûr que vous l'avez vu se déplacer à travers le motif formé par les étoiles de l'arrière-plan.

J'ai écrit « habituellement », parce qu'à la fois Uranus et Neptune, comme toutes les planètes au-delà de l'orbite de la Terre, décrivent de temps en temps un mouvement apparent rétrograde, exactement comme c'est le cas pour Mars (voir le chapitre 6). Ces planètes semblent alors ralentir et inverser leur direction. Si vous repérez Uranus au moment où elle change de direction dans le ciel, son mouvement apparent sera bien plus lent que d'habitude et, en comparaison, Neptune semblera avancer à fond de train.

Le manuel annuel de l'observateur *(Observer's Handbook)* de la Société astronomique royale du Canada (www.rasc.ca) fournit toujours de bonnes cartes des positions changeantes d'Uranus et de Neptune au cours de l'année. Consultez-les pour savoir où se trouvent ces planètes, et à quelles périodes elles inverseront leurs cours respectifs. Vous trouverez de temps en temps des cartes semblables dans les magazines d'astronomie (*Ciel & Espace* et *Astronomie magazine).*

Neptune possède 8 satellites connus à la mi-1999. Le plus grand est Triton. Une fois que vous saurez comment localiser Neptune sans problème, recherchez Triton avec un télescope de 150 mm de diamètre ou davantage par une nuit sombre avec un ciel dégagé. Il s'agit d'une grande orbite, comprise entre 8 et 17 secondes d'angle depuis Neptune (environ 4 à 8 fois le diamètre de Neptune), et on pourrait donc confondre Triton avec une étoile. Mais en faisant le croquis de Neptune et des « étoiles » de faible éclat qui l'entourent au cours de plusieurs nuits successives, vous pourrez déduire quelle « étoile » se déplace avec Neptune à travers le papier peint étoilé en même temps qu'elle se déplace autour de Neptune. Il faut à Triton presque 6 jours pour accomplir une orbite complète autour de sa planète.

ÉTOILES ET TOILES

Vous pouvez parcourir les images de Neptune et de ses lunes qui furent prises par la sonde spatiale Voyager 2 à l'adresse suivante :

`www.solarviews.com`

Cliquez simplement sur Neptune. Et vous pourrez aussi visionner les images de ces astres prises par le télescope spatial Hubble à l'adresse

`oposite.stsci.edu/pubinfo/SolarSystemT.html#Neptune`

Comment repérer Pluton ?

Détecter *Pluton,* c'est bien plus difficile que d'observer n'importe laquelle des autres planètes du système solaire. Car cette planète est très éloignée et très petite. Typiquement, sa magnitude n'est que de 14. Et en ce moment, elle est en train de s'éloigner du Soleil et de la Terre et va continuer à s'éloigner pendant de nombreuses années encore, le long de son orbite qu'elle met 248 ans à parcourir.

Certains amateurs exercés disent avoir observé Pluton avec un télescope de 150 mm, mais utilisez le plus grand télescope que vous pourrez vous procurer ou emprunter. Je vous recommande d'utiliser un télescope d'au moins 200 mm de diamètre. Un tableau destiné à aider les observateurs à trouver Pluton est imprimé chaque année dans le manuel *Observer's Handbook* de la Société astronomique royale du Canada (www.rasc.ca). Recherchez aussi des articles et des conseils pour cette observation dans les magazines d'astronomie *Astronomie magazine* et *Ciel & Espace*.

Charon, la lune de Pluton, est très proche de cette planète, autour de laquelle elle tourne en seulement 6 jours, 9 heures et 17 minutes. Il est impossible de la séparer de Pluton au télescope, sauf avec les plus puissants des télescopes d'observatoires.

Troisième partie

Notre bon vieux Soleil et les autres étoiles

« Je suis très contente que tu aies observé une naine blanche et une géante rouge cette nuit. J'espère seulement que tu as bien protégé tes yeux. »

Dans cette partie...

Cette partie va vous faire découvrir les étoiles. Je ne parle pas de celles de Hollywood, mais du Soleil qui illumine la Terre, et de toutes les autres étoiles de notre galaxie, la Voie lactée, et de celles situées au-delà. Vous allez découvrir les différents types d'étoiles et leurs cycles de vie, de la naissance à la mort. Alpha du Centaure brillera encore alors que Madonna et Brad Pitt seront oubliés depuis longtemps.

Je vous propose aussi un chapitre sur les trous noirs et sur les quasars, en simplifiant ces sujets pour que vous n'attrapiez pas de migraine en essayant de les comprendre. Toutefois, les distorsions de l'espace et du temps pourraient bien vous donner un peu à réfléchir...

Chapitre 10

Le Soleil, c'est l'étoile de la Terre

Dans ce chapitre :

- La taille, la forme et les modifications cycliques de l'aspect du Soleil
- Les effets solaires que vous observerez peut-être
- Des conseils pour observer le Soleil en toute sécurité
- Les éclipses, avec les dates de celles qui sont prévues dans les prochaines années

Enchantés par la beauté d'une nuit étoilée et la magie d'un clair de lune, beaucoup de gens se sentent attirés vers l'étude du ciel… Pourtant, il suffit d'un jour ensoleillé pour pouvoir parfaitement observer un objet astronomique de tout premier plan : le Soleil. C'est l'étoile la plus proche de la Terre, et c'est en fait lui qui fournit l'énergie qui rend possible la vie sur notre planète.

Le Soleil semble tellement banal que les gens pensent qu'il fait tout simplement partie du décor. Vous faites peut-être attention à ne pas prendre de coups de soleil, et à ne pas subir les effets des UV sur votre peau, mais il ne vous vient probablement pas à l'esprit que le Soleil est une source primordiale d'informations sur les étoiles. Il constitue aussi l'un des objets astronomiques les plus intéressants et les plus satisfaisants que l'on puisse étudier, aussi bien avec des télescopes d'amateurs que depuis les observatoires de pointe et les instruments spatiaux.

Le Soleil change d'heure en heure et de jour en jour. Et vous pouvez le montrer aux enfants sans leur faire manquer l'heure d'aller au lit !

Mais ne pensez surtout pas pouvoir regarder le Soleil, sans parler de le montrer à un enfant ou à n'importe qui d'autre, sans prendre les précautions adéquates que j'explique dans ce chapitre. La vision du Soleil ne doit pas coûter la vue. Ce qui compte avant tout pour l'observation, c'est qu'elle soit sans danger. Une fois que vous aurez réglé ce point, vous pourrez observer le Soleil et le suivre non seulement quotidiennement, mais aussi durant tout le cycle de taches solaires de onze ans que j'explique plus loin dans ce chapitre.

Ce chapitre vous présente la science du Soleil, les effets du Soleil sur la Terre, et vous explique comment observer le Soleil sans danger. Il va vous aider à considérer le Soleil sous un nouvel angle, en toute sécurité et avec respect.

Ne faites pas l'erreur de Galilée, et protégez vos yeux du Soleil

Galilée, le célèbre astronome italien du XVIIe siècle, fit la première grande découverte concernant le Soleil à l'aide d'une lunette astronomique. En observant les mouvements quotidiens des taches solaires sur la surface solaire, il découvrit que le Soleil tourne. Mais il fit aussi une terrible erreur. Il observa le Soleil directement à travers sa lunette. Cette erreur lui causa de graves dommages oculaires.

Un télescope, une lunette astronomique ou des jumelles collectent plus de lumière que l'œil humain, et ils la concentrent sur un tout petit point de votre rétine. Cette intensité convient très bien si vous observez une étoile de faible éclat ou une planète, mais c'est le meilleur moyen pour s'abîmer l'œil, ou même devenir aveugle, si c'est le Soleil que vous observez avec votre instrument.

Avez-vous déjà essayé d'enflammer un morceau de papier en concentrant dessus les rayons solaires avec une loupe ? Vous avez compris l'idée.

Il est très dangereux de jeter un coup d'œil au Soleil, même si c'est le plus bref du monde, à travers un télescope, des jumelles ou tout autre instrument d'optique, à moins que cet instrument ne soit équipé d'un filtre solaire de marque réputée et spécifiquement destiné à l'observation du Soleil.

Je vais vous parler des filtres et des autres techniques d'observation en toute sécurité plus loin dans ce chapitre, mais je souhaite d'abord vous présenter le Soleil lui-même, et la nature de spectacles fascinants dont vous allez pouvoir profiter.

Étudions le Soleil

Le Soleil est une étoile, c'est-à-dire une boule de gaz chaud et brillant qui s'auto-alimente avec l'énergie provenant de la *fusion nucléaire*, un processus au cours duquel les noyaux d'éléments simples sont combinés pour en former de plus complexes. L'énergie ainsi produite alimente non seulement le Soleil lui-même, mais aussi une bonne partie de l'activité du système de planètes et des petits corps qui entourent le Soleil, c'est-à-dire du système solaire dont la Terre fait partie (voir la figure 10-1).

Le Soleil produit une quantité d'énergie phénoménale, qui équivaut à l'explosion de 92 milliards de bombes nucléaires de une mégatonne chaque seconde. Cette énergie provient de la combustion de carburant. Si le Soleil était constitué de charbon en train de brûler, il brûlerait ce carburant jusqu'à la dernière miette en seulement 4 600 ans. Mais les fossiles découverts sur la Terre montrent que le Soleil brille depuis plus de 3 milliards d'années, et les astronomes sont même certains que c'est depuis plus longtemps. L'âge estimé du Soleil est de 4,6 milliards d'années, et il est toujours torride.

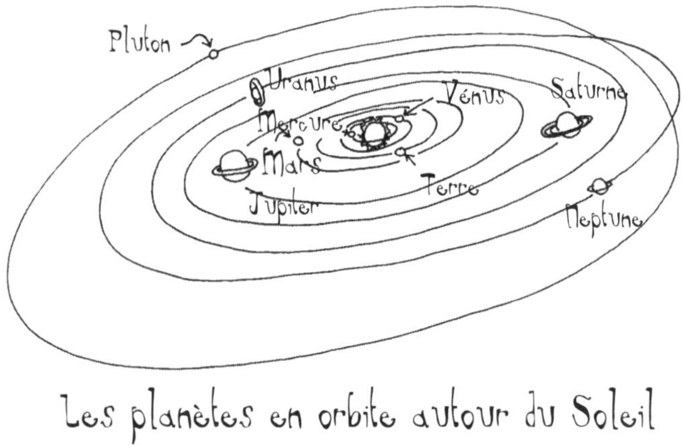

Figure 10-1 : Les planètes du système solaire décrivent méthodiquement leurs orbites autour du Soleil.

Seule la fusion nucléaire est capable de provoquer la gigantesque libération d'énergie du Soleil, sa *luminosité*, et de la faire durer pendant des milliards d'années. Près du centre du Soleil, l'énorme pression et la température de près de 16 millions de degrés Celsius provoquent la fusion d'atomes d'hydrogène qui se transforment en hélium. Ce processus libère le gigantesque déluge d'énergie qui fait fonctionner le Soleil.

Environ 700 millions de tonnes d'hydrogène sont ainsi transformées en hélium chaque seconde près du centre du Soleil, dont 5 tonnes se volatilisent et se transforment en pure énergie.

Si nous pouvions générer de l'énergie de cette façon sur Terre, tous nos problèmes liés à l'utilisation des énergies fossiles, y compris la pollution de l'air et la consommation de ressources non renouvelables seraient résolus. Mais malgré des décennies de recherches, les scientifiques ne peuvent toujours pas reproduire ce que le Soleil fait naturellement. Il est clair que le Soleil mérite qu'on continue de l'étudier.

La taille et la forme du Soleil : Comment se fait-il que tous ces gaz chauds restent ensemble et forment une boule ?

Quand j'enseignais encore le b.a.-ba de l'astronomie à mes étudiants, je posais toujours la question : « Pourquoi le Soleil a-t-il la taille qu'il a ? » Quasiment jamais personne n'en avait la moindre idée. Cela ne semblait même pas être une question de logique. Toute chose a une taille, n'est-ce pas ? Et ensuite ?

Mais si le Soleil est composé à 100% de gaz brûlants, alors qu'est-ce qui fait que ces gaz chauds restent ensemble ? Pourquoi n'explose-t-il pas ?

La réponse, mes amis, c'est que c'est la gravitation qui empêche le Soleil d'exploser. La gravitation est la force qui a une influence sur tous les objets de l'Univers (voir le chapitre 1). Le Soleil est tellement massif, 330 000 fois la masse de la planète Terre, que sa puissante gravitation peut assurer la cohésion de tous ces gaz chauds.

Bon, pourriez-vous dire, si la gravitation du Soleil maintient tout cela ensemble, pourquoi cette masse n'est-elle pas comprimée en une boule bien plus petite ? En raison de la forte pression. Plus le gaz est chaud, plus il est comprimé par la gravitation ou par tout autre force, et plus sa pression est grande. La pression gazeuse tend à faire se dilater le Soleil, comme la pression de l'air gonfle le pneu d'une automobile (dans ce cas précis, il ne s'agit que d'air).

La gravitation tire vers l'intérieur alors que la pression pousse vers l'extérieur. À un certain diamètre, les deux effets opposés sont égaux et en équilibre, ce qui maintient une taille uniforme. C'est la raison pour laquelle le Soleil a la taille qu'il a. Son diamètre est de 1 391 000 kilomètres, soit environ 109 fois celui de la Terre. On pourrait mettre 1 300 000 fois la Terre à l'intérieur du Soleil, mais je ne sais pas où vous pourriez les trouver.

Le Soleil est sphérique pour la même raison : la gravitation exerce une force d'attraction uniforme vers le centre, alors que la pression pousse uniformément dans toutes les directions. Si le Soleil tournait rapidement, il se renflerait un peu à son équateur et s'aplatirait un peu à ses pôles, en raison de ce qu'on appelle souvent la force centrifuge. Mais le Soleil tourne très lentement sur lui-même, seulement une fois tous les 25 jours à son équateur (et plus lentement près des pôles), le renflement à l'équateur est très faible.

Les zones du Soleil, du noyau à la couronne

Le Soleil se compose de deux zones principales à l'intérieur, et de trois à l'extérieur (voir la figure 10-2). Au centre du se trouve le noyau. C'est au cœur du noyau que toute l'énergie du Soleil est produite par la fusion nucléaire. Cette énergie est libérée sous la forme de rayons gamma, une forme de lumière qui transporte beaucoup d'énergie. Les rayons gamma sautent d'un atome à un autre, ils vont et ils viennent, mais en moyenne, ils progressent vers l'extérieur. Plus on avance vers l'extérieur de *l'intérieur solaire,* plus la température diminue.

À une distance d'environ 494 000 kilomètres du centre, (soit environ 71 % de la longueur du rayon du Soleil), le noyau cède la place à la zone principale suivante, la *zone convective.* Ici, de gigantesques courants de gaz se soulèvent et emportent avec eux la chaleur vers le haut ; ils se refroidissent avec l'altitude et puis retombent. C'est le même processus qui transporte la chaleur depuis le fond d'une bouilloire vers la surface de l'eau, et qui forme des nuages dans l'atmosphère de la Terre. Les physiciens spécialistes du Soleil pensent que les champs magnétiques du Soleil, qui provoquent les taches et de nombreux types d'explosions dans les régions supérieures de l'atmosphère solaire, sont créés près du fond de la zone convective.

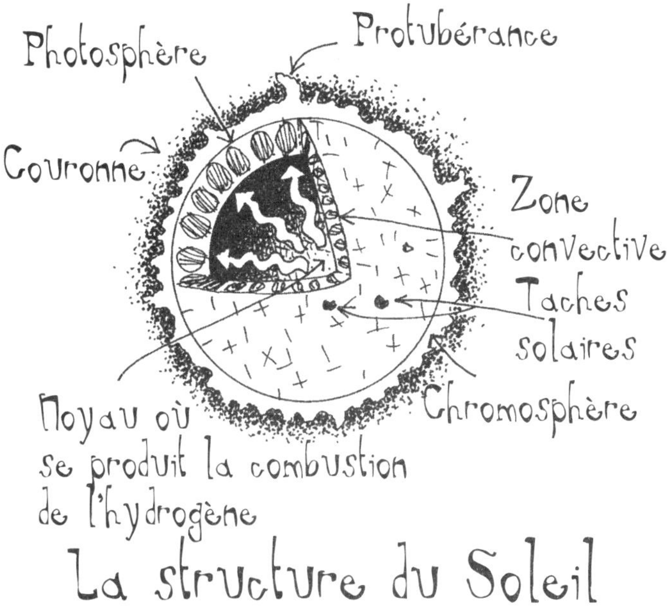

Figure 10-2 : Le Soleil est une centrale thermonucléaire complexe.

NOTE TECHNIQUE

Si vous voulez aller au fond des choses, il existe des divisions du noyau du Soleil. Le cœur nucléaire s'étend sur environ 174 000 kilomètres depuis le centre. Au-dessus de cela, le reste du noyau s'appelle la *zone radiative.*

La température de la zone convective qui s'élève à 2,2 millions de degrés Celsius à sa base, chute progressivement jusqu'à atteindre celle de la zone suivante, la surface visible du Soleil. On l'appelle la *photosphère* (ce qui signifie « sphère de lumière »). C'est la couche de gaz, d'une température d'environ 5 500 °C, qui produit toute la lumière visible du Soleil, sauf celle que nous pouvons observer au cours d'une éclipse totale du Soleil ou avec des instruments spéciaux. On appelle *taches solaires* les taches sombres que l'on observe sur la photosphère ; elles constituent les caractéristiques du Soleil les plus facilement observables.

Lorsque vous observez le disque solaire, c'est en fait une partie de la photosphère que vous observez. Ne le faites qu'en suivant à la lettre les instructions de sécurité de la section

« Observez le Soleil en toute sécurité, par projection ou à l'aide de filtres de sa lumière » plus loin dans ce chapitre.

Au-dessus de la photosphère, les zones successives du Soleil sont plus chaudes, et non pas plus froides que celles qui se trouvent en dessous. Ce fait constitue l'un des grands mystères du Soleil, qui « travaille » les astronomes depuis des décennies. La *chromosphère* ou *sphère de couleur* se trouve juste au-dessus de la photosphère. Elle ne fait que 1 000 kilomètres d'épaisseur, mais sa température atteint 10 000 °C.

Vous pouvez observer la chromosphère au bord du Soleil en utilisant un des coûteux filtres H-alpha dont je parle dans l'encadré « Pour en voir davantage si le prix ne pose pas de problème » plus loin dans ce chapitre. Vous pouvez aussi en étudier des images prises avec des télescopes professionnels et qui sont exposées sur les sites Web de la NASA et de la NOAA (reportez-vous à la section « Admirez les images solaires sur le Web »), et sur divers sites Web d'observatoires professionnels. Et vous pouvez aussi observer la chromosphère durant une éclipse totale de Soleil, comme je l'explique plus loin dans ce chapitre. Au cours de l'éclipse, la chromosphère apparaîtra peut-être comme une fine bande rouge autour du bord de la Lune, qui bloque la lumière de la photosphère.

Au-dessus de la chromosphère, on trouve la *couronne*, un gaz qui est si raréfié et si électrifié que sa forme est déterminée par les champs magnétiques du Soleil. Là où les lignes de force s'étirent et s'ouvrent vers l'extérieur dans l'espace, le gaz coronal est rare et à peine visible. Il peut facilement s'échapper sous la forme de vent solaire. Là où les lignes de force magnétiques atteignent la couronne et puis retournent vers la surface, elles emprisonnent le gaz coronal. À ces endroits, il est plus dense et plus brillant. La couronne a la température torride de 1 million de degrés Celsius, et elle est encore plus chaude à certains endroits.

La transition entre la chromosphère et la couronne, qui est des centaines de fois plus chaude, s'effectue dans une couche frontière très fine appelée la *zone de transition*. Elle n'est pas visible sur des photos du Soleil.

Le vent solaire et la magnétosphère

Le *vent solaire* est un gaz électrifié, ou plasma, qui se déplace à travers le système solaire à environ 470 kilomètres par seconde lorsqu'il passe l'orbite de la Terre.

Le vent solaire arrive sous forme de courants, par à-coups et par bouffées, et il influence et remplit constamment la magnétosphère de la Terre. (La *magnétosphère* est une gigantesque région autour de la Terre dans laquelle les électrons, les protons et les autres particules chargées électriquement rebondissent de long en large depuis les hautes latitudes Nord vers les hautes latitudes Sud, coincées dans le champ magnétique de la Terre. Comme je l'explique au chapitre 5, ces particules s'accumulent dans les ceintures de radiation de Van Allen – de l'astronome James Van Allen qui les découvrit à l'aide du premier satellite américain, Explorer 1.)

Grâce à la nature variable du vent solaire, et grâce aux tempêtes solaires qui voyagent avec lui et l'imprègnent après les éruptions solaires, la magnétosphère est constamment agitée, sa taille se comprime et puis elle se dilate à nouveau ; ses changements produisent des tempêtes géomagnétiques qui perturbent l'environnement sur la Terre et au-dessus.

L'activité du Soleil et les cycles solaires : quel temps fait-il là-haut ?

Tous les types de perturbations se produisent en permanence sur le Soleil, y compris de nombreuses perturbations qui surviennent dans le voisinage de groupes de taches solaires, dont je parle plus loin dans ce chapitre. Or, une partie de cette *activité solaire* a des conséquences sur la Terre.

Les éruptions solaires – qui sont pour la plupart invisibles avec des instruments d'amateur, mais que révèlent merveilleusement bien les télescopes embarqués sur des satellites – éjectent dans le système solaire des bouffées de plasma, qui pèsent des milliards de tonnes et qui sont imprégnés de champ magnétique. certaines de ces boufées viennent heurter le parapluie magnétique protecteur de la Terre, la magnétosphère. Cette activité peut provoquer l'apparition d'aurores polaires (boréales et australes) et des orages géomagnétiques. Les orages géomagnétiques peuvent bloquer les réseaux de compagnies électriques et causer ainsi des coupures de courant, faire sauter les circuits électroniques d'oléoducs et de gazoducs, causer des interférences dans les communications radio et endommager des satellites très coûteux. Certaines personnes prétendent même pouvoir *entendre* les aurores polaires.

La surveillance et la prédiction des perturbations solaires et de leurs effets sur la magnétosphère constituent la *météorologie spatiale*. Vous pouvez visionner les derniers bulletins de météo spatiale et les prévisions officielles de l'administration américaine sur un site Web du Space Environment Center, qui est une unité de l'administration nationale océanographique et atmosphérique américaine (`www.sec.noaa.gov/today.html`). Vous pouvez aussi aller visiter le site du Centre de Prévision Solaire & Géomagnétique de l'Observatoire de Paris-Meudon (`previ.obspm.fr/previ/`). Durant la journée et si le ciel est dégagé, vous y trouverez une image en temps réel du Soleil (`mesola.obspm.fr/webcam.html`). Toutes les formes d'activité solaire, y compris le cycle de onze ans des taches solaires et quelques cycles encore plus longs semblent impliquer le magnétisme. Très profondément à l'intérieur du Soleil, une dynamo naturelle génère en permanence de nouveaux champs magnétiques. Les champs magnétiques montent à la surface du Soleil et au-delà vers des couches plus hautes de l'atmosphère solaire, où ils tourbillonnent et provoquent toutes sortes de perturbations.

Les astronomes mesurent les champs magnétiques sur le Soleil par leurs effets sur le rayonnement solaire, à l'aide d'instruments appelés *magnétomètres*. On peut voir des images prises avec ces instruments sur de nombreux sites Web d'observatoires professionnels du Soleil (reportez-vous à la section « Admirez les images solaires sur le Web »). Ces observations montrent que les taches solaires sont des zones de concentration des champs magnétiques, et que les groupes de taches solaires ont des pôles magnétiques Nord et Sud. D'autre part, le champ magnétique global du Soleil est assez faible.

Parmi les nombreuses caractéristiques du Soleil qui changent rapidement, beaucoup semblent être liées au magnétisme solaire, et les explosions et éruptions le sont probablement toutes. Là où il y a des variations dans le champ magnétique, il y a aussi des courants électriques, et lorsque deux champs magnétiques entrent en collision, un court-circuit, qu'on appelle reconnexion magnétique, se produit, et il peut causer la libération soudaine de gigantesques quantités d'énergie.

Les jets de matière coronale sont la « cause » de toutes les éruptions solaires !

Ce que vous êtes sur le point de lire va à l'encontre de ce que l'on trouve dans la plupart des manuels d'astronomie, sauf de certains qui comptent parmi les plus récents. Pendant des décennies, les astronomes pensaient que les *explosions primaires* du Soleil étaient des éruptions solaires. On croyait que les éruptions solaires prenaient place dans la chromosphère, et que c'était ce qui déclenchait tout.

On peut admirer des images d'éruptions solaires sur beaucoup de sites d'observatoires astronomiques professionnels. De même que le nombre de taches solaires augmente sur un cycle de onze ans, le nombre d'éruptions augmente également.

Les astronomes savent maintenant qu'ils faisaient à peu près la même chose que l'aveugle qui tâte la queue de l'éléphant et pense qu'il sait tout de l'éléphant alors qu'il ne fait que toucher une des parties les plus insignifiantes du mastodonte. Les observations du Soleil depuis l'espace révèlent que les moteurs primaires des éruptions solaires sont les *éjections de matière coronale*, gigantesques éruptions qui se déroulent très haut dans la couronne, la zone solaire la plus ténue et la plus éloignée du noyau. Souvent, un jet de matière coronale déclenche une éruption solaire au niveau du dessous dans la couronne solaire inférieure et dans la chromosphère.

Pendant longtemps, les scientifiques ne connaissaient pas l'existence des jets de matière de la couronne solaire, parce que personne ne pouvait les voir. Les astronomes ne pouvaient obtenir une bonne vue de la couronne qu'à de rares occasions au cours de la brève durée des éclipses totales de

Soleil. Tout ce qu'ils pouvaient observer, c'était les éruptions solaires, et ils accordèrent donc à celles-ci plus d'importance qu'elles n'en méritaient.

Certaines des protubérances visibles sur le bord du Soleil avec un filtre H-alpha entrent de temps à autre en éruption. Il est également possible que ces protubérances éruptives constituent une phase de l'éjection de matière coronale.

Lorsque les images satellites montrent un jet de matière coronale qui ne part pas, disons de l'Est vers l'Ouest du Soleil, mais qui forme un anneau gigantesque qui se dilate autour du Soleil et qu'on appelle *événement de halo,* c'est une mauvaise nouvelle. Cet événement de halo signifie que le jet de matière coronale se dirige droit sur la Terre.

ÉTOILES ET TOILES

Si vous voyez un événement de halo sur l'une des images satellites, rendez vous au site du Space Environment Center de la NOAA (`www.sec.noaa.gov/today.html`), parce qu'il est possible que la NOAA prévoit un véritable « temps de chien » spatial.

Les cycles de cycles : le Soleil peut-il modifier ses taches ?

Les *taches solaires* sont des zones visibles qui ont l'apparence de taches sombres sur la photosphère du Soleil (voir figure 10-3), aux endroits où le champ magnétique est fort. Plus froides que l'atmosphère qui les entoure, les taches solaires se présentent souvent en groupes.

Le nombre de taches solaires sur le Soleil varie énormément tout au long d'un cycle qui dure environ onze ans. Il s'agit du célèbre *cycle des taches solaires.* Habituellement, onze ans s'écoulent entre les maxima successifs du cycle (au cours desquelles davantage de taches apparaissent), mais la période peut varier. De plus, le nombre de taches visibles au maximum du cycle peut largement varier d'un cycle à l'autre. Personne ne sait pourquoi.

Étant donné que le groupe de taches se déplace à travers le disque solaire en raison de la rotation du Soleil, la plus grande tache de l'avant (celle qui guide le groupe à travers le disque) est appelée la *tache de tête.* La plus grande tache du côté opposé du groupe est appelée la *tache de queue.*

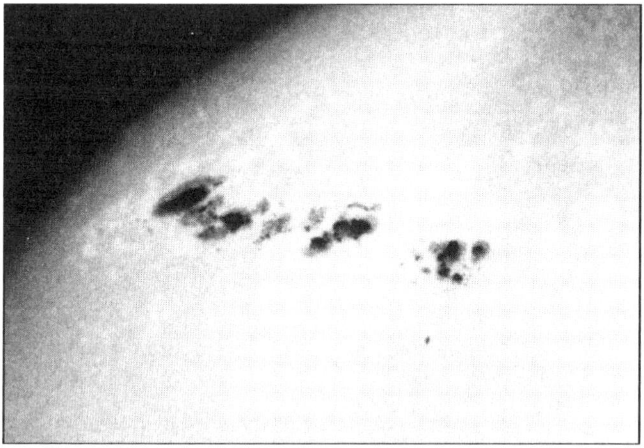

Figure 10-3 : Des taches solaires.

Photo © Jerry Lodriguss

Des observations au magnétomètre révèlent une organisations bien définie dans la plupart des groupes de taches. Au cours d'un cycle de onze ans, toutes les taches de tête de l'hémisphère Nord du Soleil auront une polarité magnétique nord alors que les taches de queue auront une polarité magnétique sud. Dans le même temps, dans l'hémisphère Sud, les taches de tête auront une polarité sud et les taches de queue auront une polarité nord.

Voici comment on définit ces polarités : sur le Soleil, une polarité magnétique nord est celle vers laquelle pointerait l'aiguille d'une boussole indiquant le nord sur Terre. Une polarité magnétique sud sur le Soleil ferait pointer l'aiguille de cette boussole dans la direction opposée.

Et maintenant que vous pensez avoir tout compris, devinez ce qui se passe ? Un nouveau cycle de onze ans commence, et toutes les polarités s'inversent ! Désormais, dans l'hémisphère Nord, les taches de tête ont une polarité sud et les taches de queue ont une polarité nord. Dans l'hémisphère Sud, les polarités magnétiques se sont également inversées. De quoi faire perdre la boule à une boussole !

Pour intégrer toutes ces informations, les astronomes ont défini le *cycle magnétique* du Soleil. Il dure environ 22 ans et regroupe deux cycles de taches solaires. Tous les 22 ans, le cycle complet de champs magnétiques qui s'inversent sur le Soleil se répète plus ou moins.

Pourquoi la constante solaire n'est-elle pas constante ?

La quantité totale d'énergie produite par le Soleil est appelée *luminosité solaire.* Mais pour nous autres Terriens, la quantité d'énergie solaire que la Terre reçoit est une grandeur bien plus intéressante. On l'appelle *constante solaire.* Elle se définit par la quantité d'énergie qui arrive par seconde et par mètre carré sur une zone ensoleillée à la distance moyenne de la Terre. La constante solaire se monte à 1 368 watts par mètre carré.

Les mesures effectuées par les satellites de reconnaissance et de météorologie solaire envoyés par la NASA dans les années 1980 révélèrent de très petites variations de la constante solaire en même temps que le Soleil tourne. Peut-être pourriez-vous penser que nous recevons sur Terre moins d'énergie lorsque ces taches solaires sombres marquent le disque solaire que lorsqu'elles n'y sont pas. Mais c'est le contraire qui se passe. Plus le nombre de taches solaires est important, plus nous recevons d'énergie du Soleil. Encore un mystère que doivent résoudre les astronomes !

L'astrophysique nous apprend que le Soleil, lorsqu'il était très jeune, était légèrement plus brillant qu'il ne l'a été au cours des derniers milliards d'années, et qu'il enverra certainement davantage d'énergie vers la Terre une fois qu'il sera devenu une géante rouge, c'est-à-dire dans plusieurs milliards d'années.

Donc appeler « constante solaire » la quantité d'énergie solaire que la Terre reçoit, cela revient à prendre ses désirs pour des réalités. Et pourtant, si vous la mesurez d'un jour sur l'autre avec des instruments d'amateur, elle est quand même sacrément stable.

Les neutrinos du Soleil : pourquoi en manque-t-il ?

La fusion nucléaire, qui, au cœur du Soleil, transforme l'hydrogène en hélium et libère de l'énergie sous la forme de rayonnements gamma qui vont chauffer l'ensemble de l'astre, entraîne aussi d'autres conséquences. Elle dégage aussi des quantités gigantesques de neutrinos. Les neutrinos sont des particules subatomiques électriquement neutres qui n'ont pas ou quasiment pas de masse, voyagent à la vitesse de la lumière (ou quasiment à cette vitesse, ce qui dépend de si oui ou non ils ont une masse), et peuvent traverser quasiment n'importe quoi.

Un neutrino, c'est comme un couteau à la lame chauffée que l'on plonge dans du beurre : il coupe droit dedans.

En fait, les neutrinos peuvent s'envoler directement dans l'espace depuis le cœur du Soleil. Ceux qui se dirigent vers la Terre la traversent et ressortent de l'autre côté. Quelques-uns de ces neutrinos solaires sont comptés dans de gigantesques laboratoires souterrains appelés observatoires de neutrinos, qui sont installés pour la plupart dans des mines profondes et dans des tunnels sous des montagnes. Un nouvel observatoire de ce type, appelé AMANDA, a été construit dans la glace épaisse de l'Antarctique.

Il n'est pas facile de compter les neutrinos, mais les rapports des observatoires de neutrinos indiquent une déficience en neutrinos solaires : le nombre de neutrinos qui traversent la Terre est inférieur de façon significative au nombre attendu en se fondant sur le taux avec lequel le Soleil produit de l'énergie.

Cette déficience en neutrinos solaires, c'est le cadet de nos soucis sur Terre. Il est ridiculement insignifiant comparé aux pénuries alimentaires en Afrique, à la disparition des forêts, à l'extinction de certaines espèces animales et végétales, et à la combustion de réserves de carburant fossile non renouvelables.

Mais elle tourmente les scientifiques, et elle les incite à élaborer de nouvelles théories de la physique des particules et à examiner certains modèles théoriques de l'intérieur du Soleil.

Il se pourrait ainsi qu'une poignée de neutrinos manquants puisse nous apprendre quelque chose de nouveau, quelque chose qui renverserait les conceptions actuelles de certains domaines de la physique ou de l'astronomie.

Vous devrez attendre encore un peu avant d'apprendre la solution du mystère des neutrinos manquants. En tout cas, vous pouvez parier que les astronomes vont continuer à étudier le Soleil tant que de tels mystères continueront à les travailler.

Notre Soleil va-t-il mourir un jour ?

Un jour, lorsque notre Soleil aura épuisé tout son carburant, il mourra. Les meilleurs choses ont une fin.

Sans l'énergie et la chaleur du Soleil, la vie serait impossible sur Terre. Les océans gèleraient, ainsi que l'air. Mais ce qui va réellement se passer, c'est que le Soleil va se dilater et prendre la forme d'une étoile géante rouge. Il sera énorme, et il fera frire les océans. Donc les océans vont en fait s'évaporer avant même d'avoir eu la possibilité de geler.

Lisez attentivement le paragraphe qui précède. Je n'ai pas dit que les océans gèleront ; j'ai dit que sans l'énergie du Soleil, ils gèleraient. En fait, l'énergie reçue sur la Terre augmentera tellement avant que le Soleil ne meure que s'il y a encore des gens sur Terre, ils mourront en fait de chaud, et pas de froid. Parlons-en, du réchauffement planétaire !

La future géante rouge Soleil soufflera ses couches extérieures et formera une merveilleuse nébuleuse en expansion. Cette nébuleuse se transformera alors en ce type de nuage de gaz brillant que les astronomes appellent une nébuleuse planétaire. Aucun de nous ne sera encore là pour l'admirer. Donc pour apprécier ce que nous allons manquer, jetez un bon coup d'œil à quelques-unes des nébuleuses planétaires qui furent créées par d'autres soleils. Je les décris aux chapitres 11 et 12.

Cette nébuleuse s'éclaircira petit à petit et tout ce qui restera en son centre, c'est une minuscule cendre du Soleil, un petit objet chaud appelé une étoile naine blanche. Elle ne sera guère plus grande que la Terre. Donc tout ce qui restera sur Terre gèlera. Et la naine blanche brillera seulement comme les braises d'un feu de camp en train de s'éteindre. Elle disparaîtra lentement.

Heureusement, nous avons encore environ 5 milliards d'années devant nous avant que cette perspective ne nous menace. Les générations futures pourront se préoccuper de cette question tout aussi vitale que le sera désormais devenue l'acquisition d'une des rares éditions originales de *L'Astronomie pour les Nuls.*

Observez le Soleil en toute sécurité, par projection ou à l'aide de filtres

Galilée n'était pas un imbécile. Après avoir payé cher le fait d'avoir regardé directement le Soleil à travers sa lunette, il inventa la *technique de projection* qui utilise un télescope simple ou une lunette astronomique simple pour projeter une image du Soleil sur un écran à la manière d'un rétroprojecteur. Cette technique n'est parfaitement fiable que lorsqu'on l'utilise correctement avec un télescope ou une lunette.

Comme je j'explique au chapitre 3, un télescope de Newton ne fonctionne qu'avec des miroirs, à part l'oculaire de visée, et son oculaire est situé près du sommet du tube du télescope, en saillie et à angle droit. Une lunette fonctionne uniquement avec des lentilles et ne contient pas de miroirs.

N'utilisez pas la technique de projection avec des télescopes qui utilisent à la fois des miroirs et des lentilles en plus de l'oculaire de visée. En d'autres termes, n'utilisez pas la technique de projection avec des modèles de télescope Schmidt-Cassegrain et Maksutov-Cassegrain, y compris le modèle de télescope hautement prisé Meade ETX-90/EC, qui utilisent à la fois des miroirs et des lentilles (je décris tous ces télescopes au chapitre 3). L'image solaire très chaude et convergente pourrait endommager le dispositif à l'intérieur du tube scellé du télescope, et présenter ensuite un danger.

L'observation du Soleil avec la technique de projection

Voici comment vous pourrez observer le Soleil en toute sécurité en utilisant la projection :

1. **Montez un télescope ou une lunette sur un trépied.**
2. **Installez votre oculaire de visée le plus faible dans l'instrument.**
3. **Pointez l'instrument dans la direction approximative du Soleil sans regarder dedans ou à travers ; vous-même et les autres personnes présentes devez vous tenir à l'écart de l'oculaire de visée, et pas derrière lui.**
4. **Trouvez l'*ombre* du tube de l'instrument sur le sol.**
5. **Déplacez l'instrument vers le haut et vers le bas et d'avant en arrière en observant l'ombre, afin de rendre l'omb*re aussi petite que possible.***

   La meilleure manière de procéder, c'est que vous-même (ou un assistant) mainteniez un morceau de carton au-dessous de l'instrument, perpendiculaire au tube, de façon à ce que l'ombre du tube tombe sur le carton. Déplacez l'instrument de telle sorte que l'ombre du tube soit aussi proche que possible d'une forme circulaire sombre et compacte.

6. **Placez le carton à l'oculaire ; le Soleil se trouvera dans le champ de vue et son image apparaît sur le carton.**

   Si l'image du Soleil ne se trouve pas dans le champ de visée, l'éclat brillant du Soleil sera visible sur l'un des côtés du carton ; dans ce cas, orientez le télescope pour centrer l'image sur le carton.

La figure 10-4 illustre cette technique. La manière la plus facile et qui présente la plus grande sécurité pour apprendre cette technique consiste à demander à un observateur expérimenté de votre club d'astronomie local de vous la montrer.

Bien que vous évitiez déjà de regarder directement dans le télescope, vous devez faire attention à éviter d'autres dangers de la méthode de projection. Dans une école de Brooklyn, j'ai une fois vu un gars projeter l'image solaire avec un télescope de 177 mm. Il n'approcha pas son visage de l'oculaire, mais à un moment, son bras passa directement sous le rayon projeté, très près de l'oculaire où l'image solaire est très petite. Cela fit instantanément un petit trou fumant dans sa veste de cuir noire.

Pour éviter les accidents, ne regardez pas le Soleil directement à travers l'oculaire d'un télescope ou d'une lunette, et évitez absolument d'exposer au rayon projeté de la lumière du Soleil toute partie de votre corps ou du corps d'une autre personne, de même que tout objet personnel, ne serait-ce que brièvement.

Après cette mise au point, vous pouvez maintenant observer les taches solaires sur le *disque solaire.* Ce terme scientifique désigne la surface visible du Soleil qui est orientée face à la Terre. Si vous repérez quelques taches, regardez-les à nouveau le lendemain et le jour suivant, et vous observerez comment elles semblent se déplacer sur le disque solaire. En réalité, bien qu'elles se déplacent elles-mêmes un peu, la plus grande partie de leur mouvement apparent est dû à la *rotation du Soleil,* c'est-à-dire au fait que le Soleil tourne. Vous referez la découverte de Galilée, mais en toute sécurité.

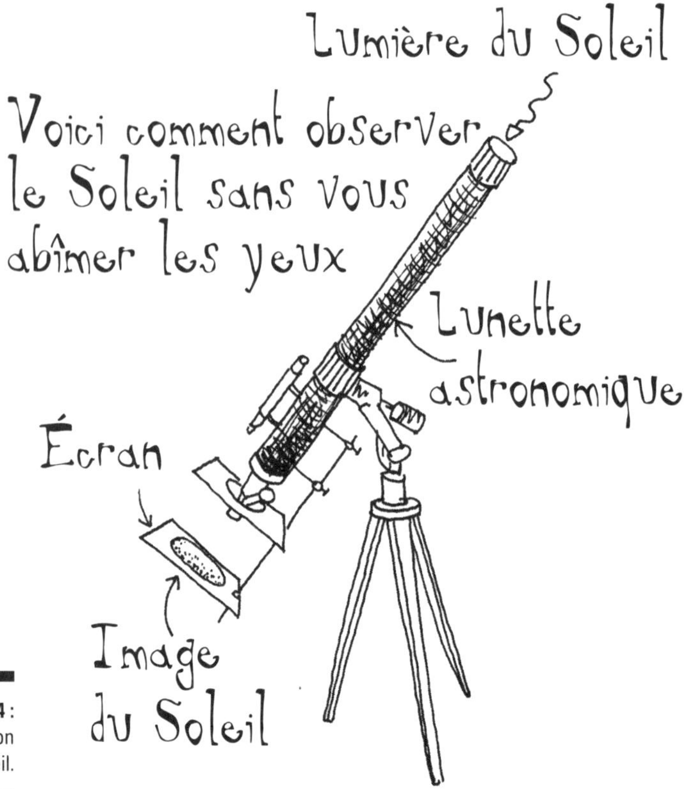

Figure 10-4 : La projection du Soleil.

Vous devez absolument faire très attention en utilisant un télescope ou une lunette astronomique comme projecteur d'image du Soleil, et vous ne devez *jamais* permettre à un enfant seul ni à toute personne non entraînée à cette méthode d'utiliser seul l'instrument. Ne regardez pas le Soleil à travers votre télescope, et ne regardez pas non plus le Soleil à travers le petit chercheur ou le petit viseur dont votre instrument est peut-être équipé. Faites très attention à ce qu'aucune partie de votre corps ou du corps de n'importe qui d'autre ne soit exposé, même très brièvement, au rayon de lumière solaire projeté. Celui-ci doit être projeté uniquement sur l'écran de carton.

Si vous ne voulez pas utiliser la technique de projection ou si vous ne disposez que de télescopes plus perfectionnés (ceux qui utilisent à la fois les lentilles et les miroirs), avec lesquels cette technique ne doit pas être utilisée, vous pourrez quand même observer le Soleil en toute sécurité à l'aide d'un filtre solaire spécial. Cela exige un investissement substantiel, mais qui en vaut la peine. Continuez de lire, Galilée !

L'observation du Soleil à l'aide de filtres que l'on place devant l'objectif

Les seuls filtres que je recommande sont ceux que l'on place *devant l'objectif du télescope*, de telle sorte qu'aucune lumière ne puisse entrer dans le télescope sans passer d'abord à travers le filtre.

ATTENTION

Les filtres qui sont fixés sur l'oculaire, près de celui-ci ou à sa place peuvent dans de nombreux cas se casser suite aux effets de la concentration de la chaleur solaire, ce qui peut entraîner des dangers extrêmes pour votre vue. N'utilisez donc que des filtres à placer devant l'objectif du télescope.

Les filtres qui suivent sont recommandés pour l'observation du Soleil. On les fixe devant l'objectif du télescope :

- **Filtres à ouverture complète :** conviennent aux lunettes ou aux télescopes d'ouverture de 100 mm ou moins (l'*ouverture* est le diamètre du miroir ou de la lentille qui collecte la lumière dans votre télescope), comme le Meade ETX-90/EC. Le filtre couvre le diamètre complet du télescope, de telle sorte que toute la surface du miroir collecteur de lumière ou de la lentille collectrice reçoit la lumière filtrée du Soleil.
- **Filtres hors-axe :** ils conviennent le mieux aux télescopes (réflecteurs) de plus de 100 mm de diamètre, et pas aux lunettes astronomiques (réfracteurs). Un filtre hors-axe est plus petit que l'ouverture du télescope, mais il est monté sur un plateau qui couvre toute l'ouverture. Le Soleil est si brillant que vous n'avez pas besoin de toute l'ouverture du télescope pour collecter suffisamment de lumière pour bien l'observer. Il est vrai qu'une plus grande ouverture peut aussi donner une vue plus nette, mais

> dans la plupart des endroits d'observation, les perturbations causées par l'atmosphère terrestre rendent impossible l'obtention d'une image solaire aussi nette que celle qui serait obtenue avec l'ouverture complète d'un télescope de 100 mm ou plus d'ouverture. Plus vous éviterez que de la lumière superflue entre dans votre télescope, et plus vous serez en sécurité, vous et le télescope.

Les filtres solaires hors-axe sont généralement destinés aux télescopes (et pas aux lunettes), car les télescopes sont habituellement aveugles sur l'axe là où se trouve la pièce mécanique qui tient le miroir secondaire.

Dans le cas particulier d'une lunette de 100 mm ou plus d'ouverture, donc d'un instrument coûteux, le filtre doit être placé en haut du tube, il doit être plus petit que l'ouverture de ce dernier, et être centré sur l'axe. Le filtre est monté sur l'axe afin d'utiliser le centre de la lentille de l'objectif (la première lentille que rencontrent les rayons lumineux) qui est de meilleure qualité optique que sa périphérie.

Vous pouvez vous procurer des filtres solaires auprès de nombreux distributeurs. En voici trois qui proposent des commandes par correspondance :

- **La Maison de l'astronomie à Paris :**

  www.maison-astronomie.com

- **L'Astronome à Lorient :**

  www.astronome.fr

- **Optique Unterlinden à Colmar :**

  www.optique-unterlinden.com

Observez le Soleil et amusez-vous !

Le Soleil est une boule de gaz chauds fascinante, qui offre à l'observateur prudent des tas de choses à voir. Avec les précautions appropriées (voir la section précédente), vous pouvez vous préparer à l'observer vous-même. En plus de l'observation du Soleil avec la méthode de projection ou en utilisant des télescopes équipés de filtres solaires, vous pouvez aussi visiter des sites Web qui proposent des images de qualité, qui inspirent le respect. Cette section vous propose quelques idées pour que vous puissiez personnellement profiter de notre bon vieux Soleil.

À la recherche des taches solaires

Une fois que vous serez sûr de pouvoir observer le Soleil en toute sécurité en utilisant la méthode de projection, ou en équipant votre télescope d'un filtre solaire, vous pouvez commencer votre observation par la recherche des taches solaires, en appliquant le plan suivant :

- Observez le Soleil aussi souvent que possible (dites à votre chef que non, vous n'avez pas eu de panne d'oreiller : vous étiez en train de compter les taches solaires, pas les moutons !).
- Notez les tailles et les positions des taches et des groupes de taches sur le disque solaire (la surface visible du Soleil qui est tournée vers la Terre).

Certaines taches ressemblent juste à de minuscules taches sombres lorsqu'on les observe avec de puissants télescopes d'observatoire, on les appelle les *pores*. Mais si une tache solaire est suffisamment grande, vous serez capable de distinguer ses différentes régions. La partie sombre centrale est appelée l'ombre, et la région qui l'entoure, qui est plus sombre que le disque solaire mais plus claire que l'ombre, est appelée la pénombre.

- Tracez le mouvement des taches solaires au cours d'un tour complet du Soleil, qui dure entre 25 jours (à l'équateur) et 35 jours près des pôles (mais oui, le Soleil tourne à des vitesses différentes à des latitudes différentes, c'est l'une de ses nombreuses propriétés mystérieuses et inexpliquées).

Calculez votre nombre de Wolf

Le nombre de Wolf, du nom de l'astronome allemand qui l'a proposé, est un indice normalisé qui exprime l'importance de l'activité solaire. Il se calcule en utilisant la formule suivante :

$$R = 10\,g + s$$

R est votre évaluation du nombre de Wolf, g est le nombre de groupes de taches solaires que vous avez observés sur le Soleil, et s est le nombre total de taches solaires que vous avez compté, y compris celles qui se trouvent dans des groupes. Les taches solaires apparaissent habituellement isolées les unes des autres sur différentes parties du disque solaire. Celles qui sont proches les unes des autres sur une partie du disque forment un groupe. Et une tache qui est toute seule est comptée comme un groupe.

Supposez que vous arriviez à discerner cinq taches solaires ; trois se trouvent proches les unes des autres à un endroit du Soleil, les deux autres se trouvent à deux endroits très éloignés l'un de l'autre. Vous avez trois groupes (le groupe des trois taches et les deux groupes d'une tache) donc g a la valeur 3. Et le nombre de taches est de 5. Alors

$$R = (10 \times 3) + 5$$

$$R = 30 + 5$$

$$R = 35$$

BIEN OBSERVER

Pour en voir davantage si le prix ne pose pas de problème

Des filtres spéciaux, qu'on appelle filtres Hα (H-alpha), permettent d'observer bien mieux les caractéristiques du Soleil qu'en lumière blanche. En particulier, ces filtres permettent de merveilleusement bien observer les protubérances solaires, qui ressemblent à des arches de feu au bord du disque solaire. Mais ces filtres sont très coûteux (une centaine d'euros).

Si le prix ne vous dissuade pas, entraînez-vous d'abord à observer le Soleil dans la lumière blanche, et puis essayez les filtres H-alpha.

Vous aurez peut-être besoin d'un support pour fixer sur votre télescope l'un de ces filtres Hα, qui ne sont pas nécessairement conçus pour être facilement utilisés avec certains modèles spécifiques de télescope. Prenez contact avec le revendeur de matériel d'astronomie près de chez vous, ou allez consulter les sites Web que je propose das le paragraphe « l'observation du Soleil à l'aide de filtres que l'on place devant l'objectif ».

Réduire l'ouverture

Lorsque vous bloquez une partie de la lumière qui entre dans un télescope (par exemple en utilisant un filtre qui n'admet de la lumière qu'à travers une partie de l'ouverture), vous en *réduisez l'ouverture.* Si vous dites aux membres de votre club d'astronomie local « J'ai observé le Soleil en réduisant l'ouverture de mon télescope », ils penseront tout de suite que vous êtes un pro ! Devinez qui a inventé la technique de réduction de l'ouverture des télescopes ? Galilée, bien sûr ! Quel homme ! Vous pouvez marcher sur ses traces et répéter son travail en observant les taches solaires à l'aide d'un télescope dont vous réduirez l'ouverture.

Le nombre de Wolf officiel

Le même jour, des observateurs différents comptent des nombres de taches solaires différents. Si vous avez de meilleures conditions d'observation et un meilleur télescope, ou simplement une meilleure imagination, votre nombre de Wolf sera plus élevé que celui du voisin. Vous avez un nombre R = 35, et ce pauvre Dupont n'est parvenu qu'à un R = 22.

Les autorités centrales qui classifient et établissent la moyenne des rapports de nombreux observatoires différents savent par expérience que certains observateurs essaient de rivaliser avec les autres, que d'autres ne peuvent en voir autant qu'ils le prétendent, et que certains enfin ont un niveau très avancé. Sur cette base, ils classent chaque observatoire ou chaque observateur et tiennent compte de ces particulari tés dans les comptages futurs, afin de pouvoir établir une moyenne pour les rapports et obtenir la meilleure estimation possible du nombre de taches solaires de chaque journée.

ÉTOILES ET TOILES

Vous pouvez vérifier le nombre de Wolf, calculé professionnellement, en vous rendant sur un site Web de l'Observatoire solaire national américain à l'adresse suivante (R est désigné sous l'apellation « sunspot » number :
`www.sunspot.noao.edu/IMAGES/sunspot_numbers.html`

Le cycle actuel de taches solaires a culminé au cours de l'année 2000. La décision officielle du nombre de taches est fondée sur un système complexe de moyennes.

Et vous pourrez observer le nombre de taches qui baisse au cours des années suivantes jusqu'à ce que nous approchions du minimum du cycle de taches solaires, période durant laquelle vous pourriez bien observer en vain le Soleil pendant des mois sans y trouver une seule tache solaire vraiment digne de ce nom.

Admirez les images solaires sur le Web

ÉTOILES ET TOILES

Vous trouverez sur le Web des photos professionnelles actuelles ou récentes du disque solaire et des taches solaires (ce que les astronomes appellent photographie en lumière visible). Voici une bonne adresse, celle de l'Observatoire d'astrophysique de Catane, en Italie :

`www.ct.astro.it/sunoaf.html`

Les observateurs de Catane appellent le nombre de *Wolf* (voir plus haut), et ils classent leurs comptage numérique de groupes et de taches solaires à côté de leurs photographies. Ainsi, vous pouvez vous entraîner à identifier un groupe et à compter les taches solaires sur leurs photos.

Parfois, le temps est nuageux en Italie, et vous aurez donc besoin de regarder ailleurs pour obtenir une photo professionnelle en lumière visible de l'ensemble du disque solaire. Voici une autre bonne adresse, celle de l'Observatoire solaire de Learmonth, en Australie-Occidentale. Il bénéficie de tas de journées ensoleillées, et il montre diverses images solaires :

`www.ips.oz.au/learmonth/solar/index.html`

Si le terme « white light » (lumière blanche ou visible) n'est pas clairement indiqué, cherchez une image dont le nom contient *GONGWL*. Il s'agira d'une photo en lumière visible prise dans le cadre du projet mondial GONG des astronomes spécialistes du Soleil, qui fait parler de lui à intervalles réguliers grâce à de nouvelles découvertes sur le Soleil.

Une fois que vous serez un astronome expérimenté et que vous serez prêt à photographier des paysages célestes à travers votre télescope, vous aurez peut-être envie d'essayer aussi la photographie solaire. Des exemples destinés à vous inspirer ont été pris à l'Observatoire du Mont Wilson, aux États-Unis, qui photographie le Soleil depuis 1905. Admirez la fantastique photo de la silhouette d'un avion sur fond de Soleil avec des taches, et aussi son image du plus grand groupe de taches solaires jamais photographié, qui est datée du 7 avril 1947. Si vous êtes suffisamment veinard pour observer un groupe de taches solaires ne serait-ce qu'à moitié aussi grand que celui-là, il sera probablement visible à travers un simple filtre solaire, et vous n'aurez alors pas besoin de télescope. L'adresse du site du Mont Wilson pour les photographies en lumière visible du Soleil est

`http://physics.usc.edu/solar/direct.html`

En fait, les astronomes étudient le Soleil dans tous les types de lumières, et pas seulement dans la lumière visible. Cette recherche inclut les images prises dans les bandes du spectre de l'ultraviolet et de l'extrême ultraviolet ainsi que dans le domaine des rayons X, qui sont toutes des formes de lumière invisibles pour l'œil, et qui sont en fait bloquées par l'atmosphère terrestre. Ces images sont réalisées à l'aide de télescopes spéciaux montés sur des satellites en orbite autour de la Terre à une altitude élevée, ou par des engins spatiaux situés encore plus loin et en orbite autour du Soleil, tout comme l'est la Terre. On trouve des images du Soleil prises par des satellites et par de nombreux types de télescopes terrestres sur la page Web de la NASA « Current solar images » à l'adresse suivante :

`http://umbra.nascom.nasa.gov/images/latest.html`

Si votre ordinateur est équipé pour visionner des films sur le Web, vous pourrez visionner des vidéos sélectionnées qui montrent la face changeante du Soleil, et qui proviennent du satellite SOHO (tant qu'il restera en service). Pour cela, visitez le site du ciné SOHO de la NASA :

`http://sohowww.nascom.nasa.gov/synoptic/soho_movie.html`

SOHO (acronyme de l'anglais *SOlar and Heliospheric Observatory*, observatoire solaire et héliosphérique) est un engin spatial construit par l'Agence spatiale européenne (ESA) et équipé d'instruments scientifiques dont la moitié a été fournie par la NASA. Donc si vous êtes un citoyen de l'Europe occidentale ou des États-Unis, vous avez probablement payé des impôts pour financer ce projet. Et même si vous êtes citoyen d'un autre pays ou si vous ne payez pas d'impôts, vous pouvez quand même regarder ces images.

Une éclipse totale de Soleil, c'est une expérience inoubliable

Sur une base quotidienne, le meilleur moyen d'observer la couronne solaire, c'est-à-dire la région du Soleil la plus extérieure, la plus changeante et la plus belle, c'est de regarder les images de satellites sur les sites de la section précédente.

Mais voir la couronne « en direct », c'est un spectacle que vous ne devriez pas vous refuser. Il s'agit de l'un des plus beaux spectacles que nous offre la nature. C'est ce qui explique pourquoi de nombreux astronomes amateurs font des économies pendant des années et les dilapident d'un seul coup pour un grand voyage touristique d'observation d'éclipse. Et les astronomes professionnels trouvent eux aussi le moyen d'aller observer l'éclipse, bien qu'ils aient leurs satellites et leurs télescopes spatiaux.

Il existe des éclipses *partielles*, *annulaires* et *totales* du Soleil (voir la figure 10-5). Le spectacle formidable est celui de l'éclipse totale ; quelques éclipses annulaires valent bien le déplacement, elles aussi. Au cours de l'éclipse annulaire, un mince anneau lumineux de photosphère est visible autour du bord de la Lune. Quant aux éclipses partielles, inutile de faire des centaines de kilomètres pour les observer, mais elles valent la peine qu'on s'entraîne si l'occasion se présente. Après tout, la première et la dernière étape d'une éclipse totale et d'une éclipse annulaire sont des éclipses partielles ! Il faut donc également que vous sachiez comment les observer.

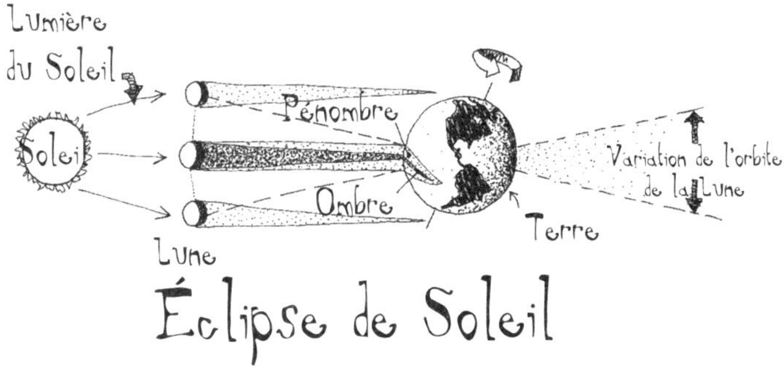

Figure 10-5 : Ce qui se passe lors d'une éclipse de Soleil.

Observez une éclipse totale

Pour observer une éclipse partielle, ou les phases d'éclipse partielle d'une éclipse totale de Soleil, utilisez un filtre solaire dont je donne la description dans la section précédente. Vous pouvez l'observer aux jumelles ou au télescope équipé d'un tel filtre, ou à travers un filtre que vous maintenez devant vos yeux.

Une éclipse totale commence normalement par une phase partielle, qui débute par le *premier contact,* lorsque le bord de la lune passe pour la première fois devant le bord du Soleil. L'observateur voit alors une *éclipse partielle* du Soleil, ce qui signifie qu'il est situé dans le cône de *pénombre* de la Lune. Au *second contact,* le bord avant de la Lune a atteint le bord éloigné du Soleil, et le Soleil est donc entièrement caché. L'observateur est alors témoin d'une *éclipse totale* : il se trouve dans le cône d'ombre de la Lune, dont le balayage sur la Terre constitue la *bande de totalité.* Cette période d'observation est celle durant laquelle vous pouvez enlever votre filtre ou laisser vos jumelles équipées de filtres, et simplement admirer en toute sécurité la vue fabuleuse du Soleil totalement occulté. Mais vous devez immédiatement cesser de regarder fixement le Soleil lorsque cette phase d'éclipse totale est terminée.

La couronne forme un brillant halo blanc autour de la Lune, peut-être avec des extensions dans la direction Est-Ouest. Des rayons polaires brillants se détachent peut-être du bord Nord et Sud de la Lune et tout autour du disque lunaire. Essayez de repérer des petits points rouges brillants, qui sont les protubérances solaires visibles à l'œil nu durant de brefs instants au cours de l'éclipse. Lorsque le cycle de taches solaires de onze ans s'approche de son maximum, la couronne est souvent ronde, mais près du minimum du cycle, elle est allongée d'Est en Ouest. La forme de la couronne est différente à chaque éclipse.

Certaines personnes enlèvent les filtres solaires de leurs jumelles et télescopes et regardent le Soleil totalement occulté à travers ces instruments sans la protection des filtres. Cette façon de faire est très dangereuse si :

- vous regardez trop tôt ;
- vous regardez trop longtemps (c'est une manière très facile d'avoir un accident) et si vous continuez de regarder à travers un instrument optique après que le Soleil a commencé à émerger de derrière la Lune.

Vous êtes averti ! Je déconseille catégoriquement l'observation du Soleil au télescope et aux jumelles sans les filtres même durant les éclipses totales, à moins que vous ne soyez sous le contrôle direct d'un expert. Par exemple, un guide expérimenté d'un voyage d'observation d'éclipse ou de groupe de croisière utilisera une sono, des calculs effectués par ordinateurs et son savoir-faire personnel d'observateur pour annoncer quand vous pourrez regarder de cette manière le Soleil occulté et l'instant où vous devez cesser, en donnant à son audience des tas d'avertissements.

Selon ma propre expérience (qui est douloureuse), la meilleure façon d'avoir un accident serait de traîner en observant avec vos jumelles ou avec votre télescope « juste une seconde ou deux de plus » alors qu'une infime partie de la brillante surface visible du Soleil aurait déjà commencé à émerger de derrière la Lune. Cette infime partie brillante ne vous ferait peut-être pas immédiatement détourner les yeux, parce qu'elle ne semblerait pas suffisamment brillante. Mais ce dont vous ne pourriez pas vous rendre compte, c'est que le rayonnement infrarouge de cette petite partie visible de la surface solaire abîmerait vos yeux sans les éblouir ni causer de douleur immédiate. Au bout de quelques minutes, ou même moins, vous commenceriez à sentir la douleur. Mais alors, il serait trop tard.

Prenez vos précautions, suivez toujours toutes les instructions, ne prenez jamais de risques en observant le Soleil. Ceci étant dit, vous pouvez vous réjouir à l'avance des nombreuses joies que vont vous procurer les éclipses totales de Soleil !

À la recherche des ombres volantes et des grains de Baily

L'autre bonne raison d'éviter de regarder le Soleil avec des instruments optiques pendant la phase totale d'une éclipse de Soleil, c'est qu'il y a tellement de choses à voir à l'œil nu partout dans le ciel.

- Juste avant la phase de totalité de l'éclipse, il est possible que des *ombres volantes,* qui sont des motifs miroitants de bandes sombres et claires de faible contraste, balaient à toute vitesse la Terre ou le pont de votre bateau. Il s'agit d'un effet d'optique produit dans l'atmosphère de la Terre lorsque le disque brillant du Soleil est réduit à la dernière petite tranche par la Lune en train de l'occulter, mais qu'il n'a pas encore complètement disparu.
- Les *grains de Baily* fournissent un autre spectacle merveilleux et fugace : ils ne sont visibles que quelques instants avant et après la phase de totalité, lorsque des anfractuosités du disque lunaire, dues à des vallées ou à des cratères, laissent entrevoir des parties infimes de la brillante surface solaire.
- Observez aussi les animaux sauvages et domestiques, si vous en avez l'occasion. Les oiseaux descendent pour se mettre sur leurs perchoirs, les vaches se dirigeront peut-être vers l'étable, etc. Au XIXe siècle, afin d'observer une éclipse, quelques scientifiques s'installèrent dans une étable et pointèrent leur télescope à travers la porte de celle-ci. Quelle ne fut pas leur surprise de voir que tout le bétail se rua à l'intérieur de l'étable dès que la phase de totalité commença !

Lorsque le Soleil est totalement éclipsé, observez le ciel assombri tout autour. Il s'agit d'une occasion unique de voir les étoiles de jour. Des articles publiés dans les magazines d'astronomie ou placés sur leurs sites Web vous indiqueront quelles étoiles et quelles planètes vous pourrez rechercher.

Ou bien vous pourrez les deviner vous-même en simulant la date et l'heure de l'éclipse sur votre logiciel de planétarium, en lui faisant afficher le ciel tel qu'il sera visible depuis l'endroit où vous prévoyez de l'observer.

Suivez la bande de totalité

La totalité se termine au *troisième contact,* lorsque le bord arrière de la Lune sort du disque solaire. Maintenant, vous êtes à nouveau dans la pénombre (c'est-à-dire dans le cône de pénombre de la Lune), et vous observez une éclipse partielle. Au *quatrième contact,* ou *dernier contact,* le bord arrière de la Lune sort du bord avant du Soleil, et l'éclipse est alors terminée.

L'éclipse toute entière, du premier au dernier contact, peut durer plusieurs heures, mais le morceau de choix, la phase de totalité, a une durée comprise entre moins d'une minute et sept minutes ou légèrement plus.

Et dans la *bande de totalité,* qui est la mince bande de surface terrestre balayée par l'ombre de la Lune, il n'y a qu'un lieu où la durée de la phase de totalité est maximale : c'est la *ligne de centralité* (comme son nom l'indique, au centre de la bande de totalité). Partout ailleurs sur la bande, la totalité est plus brève. Bien sûr, la ligne de centralité ne passe peut-être pas dans des lieux où les prévisions météo sont les meilleures, ou elle passe peut-être par des endroits dont l'accès est difficile ou dangereux. Il est donc vital de planifier à l'avance votre voyage d'observation de l'éclipse. En toute localité bien située, tous les logements, véhicules de location, etc., seront réservés au moins un an ou deux avant la date de l'éclipse.

Pour planifier votre prochain voyage d'observation d'éclipse, commencez par choisir une éclipse prometteuse dans le tableau 10-1, puis mettez-vous à faire des recherches pour trouver quelles seront les meilleures façons de l'observer et pour organiser votre voyage en conséquence.

Tableau 10-1 Les éclipses totales du Soleil à venir

Date de l'éclipse totale	*Durée maximale (minutes et secondes)*	*Bande de totalité*
8 avril 2005	0'42"	Pacifique Sud vers l'Amérique centrale et puis vers le Venezuela
29 mars 2006	4'07"	Est du Brésil à travers l'Atlantique vers le Ghana, à travers l'Afrique vers la Libye, à travers la Méditerranée vers la Turquie, à travers la mer Noire vers la Géorgie et le Kazakhstan
1er août 2008	2'27"	Nord du Canada, Groenland, océan Arctique, Russie, Mongolie vers la Chine
22 juillet 2009	6'39"	Inde, Népal, Bhoutan, Chine, à travers la mer de Chine et le centre de l'océan Pacifique
11 juillet 2010	5'20"	À travers le Pacifique Sud et l'île de Pâques vers le sud du Chili et l'Argentine
13 novembre 2012	4'02"	Australie, à travers le Pacifique Sud vers le Chili (mais sans l'atteindre)
3 novembre 2013	1'40"	À travers l'Atlantique vers l'Afrique, depuis le Gabon vers l'Ouganda, le Kenya et l'Ethiopie
20 mars 2015	2'47"	À travers l'Atlantique Nord au Sud du Groenland vers les îles Féroé, la mer de Norvège, l'île Spitsberg, et sur presque tout le pôle Nord

Tellement brillant que vous devez porter des « Lunettes Éclipse »

De nombreuses sociétés fabriquent des filtres solaires enchâssés dans des montures de lunettes bon marché, comme celles des lunettes 3D que l'on utilise pour certains films. Elles sont généralement bon marché et je suggère que vous vous en procuriez avant de partir en voyage d'observation d'éclipse, bien que vous puissiez naturellement aussi acheter des filtres solaires plus chers pour vos instruments optiques. D'habitude, les organisateurs de voyages touristiques et de croisières d'observation d'éclipse distribuent des lunettes spéciales de ce type, mais ils font parfois des économies excessives et distribuent tout simplement des bandes de Mylar revêtu d'une couche d'aluminium. Ça marche aussi, mais c'est moins pratique que les « Lunettes Éclipse ».

Des articles contenant des prévisions météo et des informations sur les aspects logistiques de l'observation depuis divers endroits commenceront à être publiés dans les magazines d'astronomie quelques années avant la date d'une éclipse. Visitez les sites Web d'astronomie amateur (Ciel & Espace, Astroweb 2000 ou autres). Recherchez les publicités pour les voyages organisés d'observation d'éclipses dans les magazines et sur le Web. Vous trouverez les prévisions d'éclipses sur le site de la Société Astronomique de France (SAF) :

`www.iap.fr/saf/eclipses.htm`

Amusez-vous bien !

Chapitre 11

Les étoiles, ces réacteurs nucléaires

Dans ce chapitre :

- Le cycle de vie des étoiles
- Les différents types d'étoiles
- L'observation des étoiles
- Rencontrez des « stars »

Des centaines de milliards d'étoiles, comme le Soleil, composent la galaxie de la Voie lactée, qui abrite la Terre. Pareillement, les milliards d'autres galaxies que l'on trouve dans l'Univers contiennent toutes de gigantesques quantités d'étoiles. De même que pour les personnes, il faut plusieurs dizaines de types pour classer tout le monde, mais la très grande majorité se laisse classer dans quelques types simples. Ces types correspondent aux étapes du cycle de vie des étoiles, comme on peut trier une population par classes d'âge.

Une fois que vous aurez compris ce qu'est une étoile et comment elle traverse son cycle de vie, vous aurez une vue d'ensemble de ces phares du ciel nocturne, et aussi des étoiles qui ne sont pas très brillantes.

Dans ce chapitre, je vais mettre l'accent sur la masse (ou taille) initiale d'une étoile (celle avec laquelle elle est née) car c'est elle qui va essentiellement déterminer l'avenir de l'étoile. Ensuite, je vais continuer avec les propriétés clés des étoiles, et présenter les caractéristiques des étoiles binaires et des étoiles variables qui les rendent aussi intéressantes à observer pour l'amateur.

Aucune discussion sur les étoiles ne serait complète sans « ragot » sur certaines célébrités. Je vais donc vous présenter quelques luminaires du ciel nocturne que vous aimerez découvrir, les plus grandes « stars » de notre voisinage solaire.

Les cycles de vie des étoiles chaudes et massives

Les catégories d'étoiles les plus importantes correspondent aux étapes successives de leurs cycles de vie : il y a les bébés, les adultes, les seniors et les mourantes. (Comment ! Pas d'ados ?) Bien sûr, aucun astrophysicien digne de son titre de docteur n'utiliserait des mots aussi simples, et les astronomes désignent donc ces types d'étoiles respectifs par les termes « YSO » *(young stellar objects* – objets stellaires jeunes), « étoiles de la séquence principale », « géantes rouges », et « étoiles en phase terminale d'évolution ». (Vous serez heureux d'apprendre qu'aucune étoile ne meurt vraiment complètement ; au pire, elle « évolue » vers un état final, comme une naine blanche ou un trou noir.)

Voici le cycle de vie d'une étoile normale ayant environ la même masse que le Soleil :

1. L'étoile se forme lorsque du gaz et des poussières se condensent dans une nébuleuse froide, en créant un objet stellaire jeune (YSO).

2. En rétrécissant, l'étoile chasse les restes du nuage de sa naissance, et la fusion de son hydrogène commence. En d'autres termes, la réaction thermonucléaire se déclenche, comme je l'explique au chapitre 10.

3. Alors qu'elle brûle régulièrement son hydrogène, l'étoile rejoint la séquence principale (étape de la vie stellaire que je décris plus loin dans cette section).

4. Lorsqu'une étoile a utilisé tout l'hydrogène de son cœur, l'hydrogène de son enveloppe (une plus grande région qui entoure le noyau) se met à brûler.
5. L'énergie libérée par la combustion des couches entourant le noyau rend l'étoile plus brillante, la fait se dilater, tandis que sa surface rougit en se refroidissant. Elle devient alors ce qu'on appelle une *géante rouge*.
6. L'étoile éjecte ses couches externes sous forme de vents stellaires et le noyau restant s'entoure progressivement d'une *nébuleuse planétaire.*
7. La nébuleuse s'agrandit et se dissipe dans l'espace, en ne laissant derrière elle que le petit noyau chaud.
8. Le noyau, devenu une naine blanche, ne fait plus que se refroidir et s'assombrir.

Les étoiles de masses bien plus élevées que celle du Soleil ont des cycles de vie différents : au lieu de produire des nébuleuses planétaires et de mourir sous la forme de naines blanches, elles explosent en *supernovae* pour se transformer à la fin de leur vie en *étoiles à neutrons* ou en *trous noirs.* Et ce cycle est rapide : le Soleil peut vivre 10 milliards d'années, mais une étoile qui naît avec une masse égale à 20 à 30 fois celle du Soleil aura une fin cataclysmique seulement quelques millions d'années après sa naissance.

Les étoiles de masses bien inférieures à celle du Soleil n'ont quasiment pas de cycle de vie. Elles naissent sous la forme d'YSO, et puis passent à la séquence principale et restent pour toujours sous la forme de naines rouges. L'explication de ce phénomène est un principe fondamental de l'astrophysique stellaire : plus la masse est importante, plus les réactions thermonucléaires sont ardentes et rapides. Donc plus la masse est faible, moins elle va brûler intensément et rapidement, et plus elle va durer longtemps.

Lorsque le Soleil aura brûlé tout l'hydrogène de son noyau, il sera âgé d'au moins 9 milliards d'années. Une naine rouge brûle en revanche son hydrogène si lentement qu'on peut considérer que cela dure indéfiniment.

Les sections qui suivent décrivent les étapes de la vie des étoiles avec davantage de détails.

Les YSO sont des bébés étoiles

Les YSO (sigle de l'anglais *Young Stellar Objects* - jeunes objets stellaires) sont des étoiles nouvellement nées qui sont encore entourées par des volutes de leurs nuages de naissance ou qui les traînent encore derrière elles. Parmi elles, les étoiles du type *T Tauri*, nommées d'après le nom de la première de ce type, l'étoile « T » de la constellation du Taureau. Et les *objets de Herbig-Haro*, qui doivent leur nom aux deux astronomes qui les ont découverts indépendamment. (En fait, les objets HH sont des nébulosités brillantes de gaz expulsées dans des directions opposées par la jeune étoile, elle-même habituellement cachée à la vue par la poussière de son nuage de naissance.) On trouve les YSO dans les pouponnières d'étoiles, que les astronomes appellent régions H II, comme la nébuleuse d'Orion (voir la figure 11-1), où sont nées des centaines d'étoiles au cours du ou des deux derniers millions d'années.

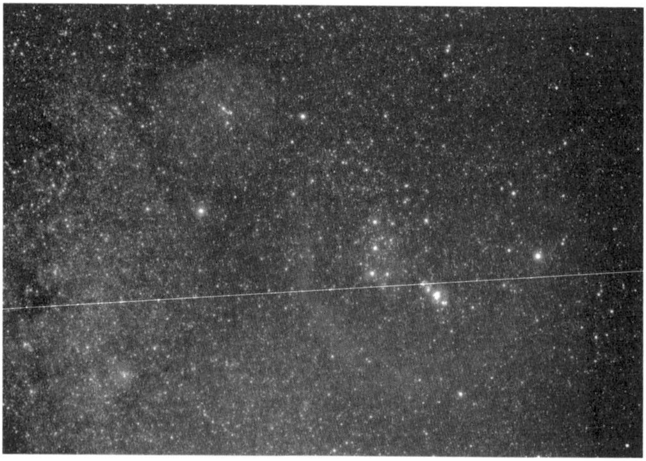

Figure 11-1 : La nébuleuse d'Orion compte parmi les nébuleuses où naissent beaucoup d'étoiles, qui sont d'abord voilées derrière les nuages de poussières interstellaires.

Jerry Lodriguss

Parmi les images de nébuleuses spectaculaires semblables à des jets, prises par le télescope spatial Hubble, il y a de nombreux objets stellaires jeunes. Les jets et les autres environnements nébuleux sont bien en vue, mais les étoiles elles-mêmes sont à peine visibles (si tant est qu'elles le soient), parce qu'elles sont cachées par le gaz et la poussière qui les entourent.

Les étoiles de la séquence principale vivent longtemps adultes

Les étoiles de la *séquence principale*, parmi lesquelles on compte le Soleil, ont expulsé leur nuage de naissance et brillent, grâce à la fusion nucléaire de l'hydrogène en hélium en leurs cœurs (reportez-vous au chapitre 10 pour en apprendre davantage sur la fusion nucléaire dans le Soleil). Pour des raisons historiques, qui remontent à l'époque où les astronomes classèrent les étoiles avant de comprendre leurs différences, les étoiles de la séquence principale sont aussi appelées « naines ». Une étoile de la séquence principale est une naine, même si elle est 10 fois plus massive que le Soleil ou même bien davantage.

Lorsque les astronomes et les auteurs d'articles scientifiques dans les revues spécialisées écrivent « étoiles normales », ils veulent souvent parler d'étoiles de la séquence principale. Lorsqu'ils écrivent « étoiles semblables au Soleil », il s'agit d'étoiles de la séquence principale ayant une masse sensiblement égale à celle du Soleil, à un facteur ou deux près.

Les plus petites étoiles de la séquence principale sont des *naines rouges*, qui brillent d'un éclat rouge terne.

Les naines rouges ont une faible masse, mais il en existe des tas. La grande majorité des étoiles de la séquence principale se compose de naines rouges. Elles sont un peu comme les petits moucherons de plage : ils sont partout autour de nous, mais il est presque impossible de les détecter. Les naines rouges ont une luminosité si faible que même la plus proche, Proxima du Centaure, n'est pas visible sans télescope. Et pourtant, c'est aussi l'étoile la plus proche du Soleil que nous connaissions.

Les géantes rouges

Les *géantes rouges* appartiennent à une toute autre catégorie. Il s'agit d'étoiles qui sont bien plus grandes que le Soleil. À leur équateur, elles sont souvent aussi grandes que l'orbite de Vénus ou même que l'orbite de la Terre. Elles représentent une étape postérieure à la séquence principale pour les étoiles de *masse intermédiaire*, c'est-à-dire celles dont la masse est comprise entre un peu moins qu'une masse solaire et quelques masses solaires.

Une géante rouge ne brûle pas l'hydrogène de son noyau, mais l'hydrogène des couches qui entourent ce noyau. Elle ne peut plus brûler l'hydrogène du noyau parce qu'elle l'a déjà brûlé, et parce que celui-ci s'est transformé en hélium, par fusion nucléaire. Les étoiles qui sont bien plus massives que le Soleil ne se transforment pas en géantes rouges : elles se dilatent tellement qu'on les appelle *supergéantes rouges*. La taille d'une supergéante rouge peut être de mille à deux mille fois celle du Soleil, et ces étoiles peuvent être suffisamment grandes pour dépasser l'orbite de Jupiter, ou même celle de Saturne, si on les mettait exactement à la place du Soleil.

Les étoiles en phase terminale d'évolution

La *phase terminale* est un terme fourre-tout qui sert à désigner les étoiles dont les meilleures années sont définitivement révolues. Ce terme regroupe :

- les naines blanches ;
- les étoiles centrales de nébuleuses planétaires ;
- les étoiles à neutrons ;
- les supernovae ;
- les trous noirs.

Il s'agit d'étoiles qui sont toutes sur leur trajectoire d'atterrissage final, qui sont en train de mourir ou condamnées à l'oubli.

Plus elles sont massives, plus elles sont rares

Les observateurs de SETI (voir le chapitre 14) ne pointent pas leurs radiotélescopes sur des étoiles massives pour y rechercher d'éventuels signaux radio émis par des civilisations avancées, parce que les étoiles massives explosent et meurent au bout d'une période qui est si courte qu'il est difficile de concevoir que la vie puisse évoluer sur les éventuelles planètes en orbite avant que la fin n'arrive.

Les étoiles massives sont bien plus rares que les étoiles de faible masse. Plus elles sont massives, plus elles sont rares. Donc en fin de compte, lorsque les étoiles existantes auront pris de l'âge et que les nuages pouponnières de nouvelles étoiles auront tous été utilisés, la Voie lactée ne comportera pour l'essentiel que deux types d'étoiles. Il s'agira des naines rouges, qui sont plus ou moins éternelles, et des naines blanches, qui font plus ou moins la même chose, mais dont la luminosité diminue avec le temps. Oui, c'est vrai qu'il y aura des tas d'étoiles à neutrons et des tas de trous noirs de masse stellaire, mais comme ce sont les vestiges d'étoiles plus massives, leur nombre sera insignifiant comparé à celui des naines rouges et des naines blanches, qui se forment à partir du type le plus abondant d'étoiles de la séquence principale.

Les étoiles sont comme les personnes, en ce sens que les plus grandes sont rares. Les gens comme Rik Smits, par exemple, sont très rares. Rik est le joueur centre de l'équipe de basketball d'Indiana Pacers, et il mesure plus de 2,20 m.

Les naines blanches

Les *naines blanches* peuvent en réalité être bleues, blanches, jaunes ou même rouges, en fonction de leurs températures. Ce sont les vestiges d'étoiles comparables au Soleil et semblables à ces vieux généraux qui, selon Douglas McArthur, ne meurent jamais : ils ne font que s'éteindre.

Une naine blanche ressemble à un morceau de charbon rougeoyant dans ce qui reste du feu que vous venez juste d'éteindre. Il ne brûle plus, mais il est encore très chaud. Il va mettre une éternité à s'éteindre en se refroidissant. Les naines blanches sont des étoiles compactes, c'est-à-dire petites et très denses. Une naine blanche typique peut avoir une masse égale à celle du Soleil, mais pourtant n'avoir une taille qu'à peine plus grande que celle la Terre. Les naines blanches sont, elles aussi, des moucherons. Ce sont les étoiles les plus communes après les naines rouges, mais la naine blanche la plus proche de la Terre est trop pâle pour pouvoir être détectée sans télescope.

La matière y est si condensée sur si peu d'espace qu'une cuillerée à café de cette matière de naine blanche pèserait presque une tonne sur la Terre. Selon un manuel d'astronomie, « deux dés à coudre de matière de naine blanche pèseraient cinq tonnes, c'est-à-dire presque autant que trois voitures ».

Les étoiles centrales des nébuleuses planétaires

Les *étoiles centrales des nébuleuses planétaires* sont de petites étoiles situées au centre de petites nébuleuses très belles, comme la célèbre nébuleuse en forme d'anneau qui se trouve dans la constellation de la Lyre, et dont vous trouverez une illustration dans la section photos couleur de ce livre.

Les étoiles centrales des nébuleuses planétaires ressemblent beaucoup aux naines blanches et, en fait, elles se transforment en naines blanches si elles n'en sont pas déjà. Donc elles aussi sont des vestiges d'étoiles semblables au Soleil. Une nébuleuse, qui est composée de gaz éjectés par une étoile durant des dizaines de milliers d'années, est d'abord en expansion tandis que sa luminosité diminue, puis elle finit par disparaître pour laisser derrière elle une étoile qui n'est plus le centre de rien du tout, une étoile qui n'est simplement qu'une naine blanche.

Les étoiles à neutrons

Les *étoiles à neutrons* sont tellement petites qu'elles doivent « lever la tête » pour regarder les naines blanches, mais leurs masses sont supérieures. (Rappelons que le poids est simplement la force qu'une planète ou un autre corps exerce sur un objet de masse donnée. Votre poids sur la Lune, Mars ou Jupiter serait différent de votre poids sur la Terre, bien que votre masse reste la même.)

Les étoiles à neutrons sont comme Napoléon : petites, certes, mais il ne faut pas les sous-estimer. Une étoile à neutrons typique n'est large que de 20 à 40 kilomètres, mais possède une masse comprise entre la moitié et deux fois celle du

Soleil. Une cuillerée à café de matière d'étoile à neutrons pèserait environ un milliard de tonnes sur la Terre. Les auteurs du manuel d'astronomie cité plus haut ont calculé que « un trombone en matière d'étoile à neutrons pèserait davantage que tout le mont Everest ».

Certaines étoiles à neutrons sont connues sous le nom de *pulsars*. La figure 11-2 montre la nébuleuse du Crabe, au centre duquel se trouve un pulsar.

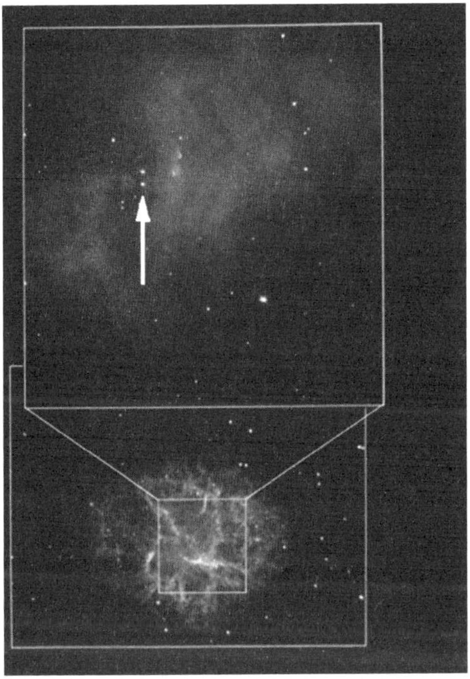

Figure 11-2 : En haut, une vue rapprochée du téléscope spatial Hubble montre le pulsar (flèche) dans la nébuleuse du Crabe.

© NASA

Un pulsar est une étoile à neutrons hautement magnétisée, qui tourne rapidement et qui produit un ou plusieurs faisceaux de rayonnements (qui peuvent consister en des ondes radio, des rayons X, des rayons gamma et/ou de la lumière visible). Seul nous parvient le rayonnement émis lorsque l'un des faisceaux balaie la Terre, et nos télescopes reçoivent alors de brèves bouffées de ce rayonnement, qu'on appelle des impulsions. De là vient le nom *pulsar*. Votre pouls vous donne la vitesse de battement de votre cœur. Les émissions périodiques d'un pulsar permettent de déterminer sa vitesse de rotation sur lui-même. Il peut s'agir de plusieurs centaines de fois par seconde, ou de juste une fois toutes les quelques secondes.

Les supernovae

Les *supernovae* sont des explosions cataclysmiques qui détruisent des étoiles entières (voir la figure 11-3).

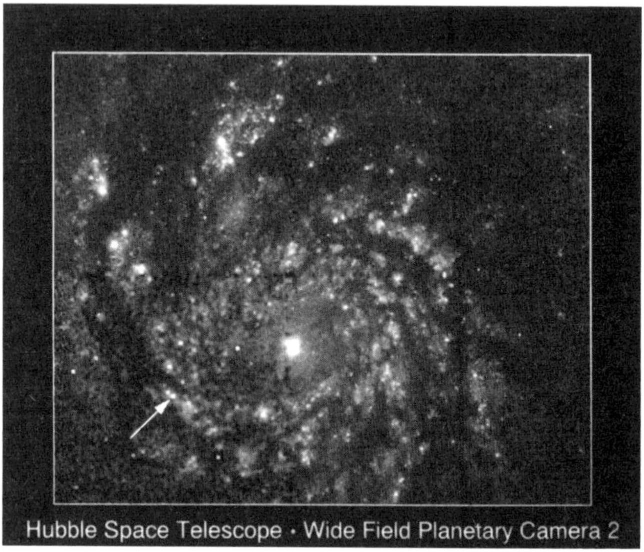

Figure 11-3 : Une supernova (indiquée par la flèche) dans la galaxie spirale M51.

© NASA

Le premier type de supernovae qu'il faut connaître, c'est le type II. (Eh ! Ce n'est pas moi qui ai inventé ce système de numérotation !) Une SNII est l'explosion cataclysmique d'une étoile bien plus massive, bien plus grande et bien plus brillante que le Soleil. Avant d'exploser, c'était une étoile supergéante, peut-être suffisamment chaude pour être appelée une supergéante bleue. Quelle que soit sa couleur, lorsqu'une supergéante explose, il est possible qu'elle laisse derrière elle un petit souvenir, comme une étoile à neutrons. Il est également possible qu'une bonne partie de l'étoile implose :

elle s'effondre alors sur elle-même de façon si efficace qu'elle laisse derrière elle un objet encore plus bizarre, un trou noir.

Le second type de supernova particulièrement important est appelé Type Ia. Les SNIa sont encore plus brillantes que les SNII, et elles explosent de manière fiable. Lorsque les astronomes observent une SNIa, ils peuvent déterminer sa distance grâce à sa luminosité. Plus elle est éloignée, plus sa luminosité est faible. Les SNIa sont utilisées par les astronomes pour mesurer l'Univers et son expansion. En 1998, deux groupes d'astronomes qui étudiaient les SNIa ont découvert que l'expansion de l'Univers ne se ralentit pas, mais qu'elle s'accélère. Cette découverte a amené les experts à réviser leurs théories de la cosmologie et du big bang (voir le chapitre 16).

Les supernovae de type Ia produisent toutes des explosions semblables parce que ce sont des explosions dans des systèmes binaires, dans lesquelles le gaz de la première étoile (géante rouge) est attiré et absorbé par l'autre (naine blanche), ce qui forme une couche extérieure chaude qui finit par atteindre une sorte de masse critique ; alors elle explose, en fracassant l'étoile. Si la masse est inférieure à cette masse critique, aucune explosion n'a lieu ; avec la masse critique, une explosion standard se produit, et avec une masse supérieure à la masse critique… non, attendez, ce n'est pas possible, parce que l'étoile aura déjà explosé ! L'astrophysique n'est pas si difficile que ça, après tout.

Les trous noirs

Les *trous noirs* sont des objets si denses et si compacts qu'à côté d'eux, les étoiles à neutrons et les naines blanches ressemblent à des barbes à papa. Il y a tellement de matière qui est fourrée dans un espace si petit que la force de gravitation d'un trou noir est suffisamment forte pour empêcher n'importe quoi, même un rayon de lumière, d'en sortir. Les physiciens considèrent que le contenu d'un trou noir a quitté notre univers. Donc si vous tombez dans un trou noir, vous pouvez dire adieu à votre univers !

Il est impossible de voir de la lumière émise par un trou noir, parce que la lumière ne peut pas en sortir. Les scientifiques peuvent quand même détecter les trous noirs par les effets que ceux-ci ont sur leur environnement. La matière dans l'environnement d'un trou noir devient très chaude et tourne follement autour, mais ne s'organise jamais. À la place, elle tombe sur le trou noir, et puis « bye-bye ». Tout ça est causé par la puissante force de gravitation du trou noir.

En fait, j'ai beaucoup simplifié : une partie de la matière qui tourbillonne autour du trou noir s'échappe, juste à temps parfois. Elle est éjectée sous la forme de puissants jets à une vitesse égale à une fraction significative de celle de la vitesse de la lumière (qui est elle-même de 300 000 km/s dans un vide comme l'espace interstellaire).

C'est la méthode avec laquelle nous autres scientifiques détectons les trous noirs. Nous voyons du gaz qui tourbillonne autour d'eux à une température trop élevée pour que cela corresponde à des conditions normales, nous détectons des jets de particules de haute énergie qui s'échappent et évitent de tomber sur le trou noir, et nous détectons même des étoiles qui filent autour de leurs orbites à des vitesses fantastiques comme si elles étaient tirées par l'attraction gravitationnelle d'une énorme masse invisible, ce qui est exactement le cas.

Jusqu'au mois d'avril 1999, date à laquelle les astronomes ont annoncé la découverte d'une troisième catégorie de trous noirs, celle des trous noirs intermédiaires, on connaissait deux types de trous noirs :

- les trous noirs stellaires, et
- les trous noirs supermassifs.

Un *trou noir stellaire* possède, comme vous l'avez deviné, la masse d'une étoile. Plus précisément, ces trous noirs ont une masse comprise entre environ 3 fois celle du Soleil et environ 100 fois cette masse, bien qu'aucun trou noir aussi massif n'ait encore été découvert. Ces trous noirs ont environ la taille d'une étoile à neutrons. Un trou noir de masse égale à 10 fois celle du Soleil possède un diamètre d'environ 60 kilomètres. S'il était possible de comprimer le Soleil pour qu'il prenne une taille suffisamment compacte et devienne un trou noir (heureusement, c'est probablement impossible), son diamètre ne serait que de 6 kilomètres. Les trous noirs stellaires sont formés par des explosions de supernovae, et peut-être aussi par d'autres phénomènes.

Un *trou noir supermassif* possède une masse comprise entre quelques centaines de milliers et plusieurs milliards de fois la masse du Soleil. En général, on les trouve au centre de galaxies. Notre propre Voie lactée possède un trou noir central, qu'on appelle Sagittarius A* (non, il ne s'agit pas d'un astérisque renvoyant à une note de bas de page, ce nom est vraiment prononcé « Sagittarius A étoile »). Sa masse est égale à environ un million de fois celle du Soleil, et nous autres habitants du système solaire orbitons autour du trou noir en 226 millions d'années. C'est la dernière valeur en date que nous donne le VLBA *(Very Long Baseline Array)*, un radiotélescope composé d'un réseau d'antennes disposées à travers tout le territoire américain, depuis les îles Vierges jusqu'à Hawaii. Certains astronomes pensent qu'il existe un trou noir massif au centre de chaque galaxie, ou du moins au centre de toute galaxie de taille normale. Nous n'en sommes pas si sûrs en ce qui concerne les galaxies naines. J'explique avec davantage de détails les trous noirs supermassifs au chapitre 13.

Les *trous noirs de masse intermédiaire* doivent ce nom très judicieux aux experts qui les ont découverts mais n'étaient pas sûrs de ce dont il s'agissait. Certains scientifiques pensent qu'ils représentent tout simplement l'âge adolescent d'un futur trou noir supermassif : ils sont encore bien plus légers qu'ils le seront un jour, mais ils avalent tout ce qui bouge et sont destinés à atteindre une masse gigantesque. D'autres avancent l'hypothèse qu'ils pourraient s'agir de quelque chose de complètement différent, mais si tel est le cas, alors de quoi ? Les scientifiques veulent le savoir, mais aujourd'hui, on a besoin de davantage de recherche. Ces trous noirs intermédiaires ont des masses comprises entre 500 et 1 000 fois celle du Soleil.

Je sais, les trous noirs massifs ne sont pas des étoiles. Et il est très probable que les trous noirs de masse intermédiaire n'en soient pas non plus. Mais il faut bien que j'en parle quelque part. Vous ne pouvez pas vous prétendre astronome si vous ne connaissez pas les trous noirs. Et une fois que vous serez prêt à vous faire passer pour un astronome, les gens vous poseront des tas de questions sur les trous noirs. Mais combien de questions, pensez-vous, vous seront posées sur les étoiles de séquence principale et sur les objets stellaires jeunes ?

Température, masse, et diagramme de Hertzsprung-Russell

La signification des divers types d'étoiles devient plus claire lorsque les données de base issues de l'observation sont portées sur un graphique d'astrophysicien. Ces données sont les magnitudes (ou niveaux d'éclat) des étoiles, qui sont représentées sur l'axe vertical, et les couleurs (ou températures), qui sont représentées sur l'axe horizontal. Ce graphique s'appelle diagramme *couleur-magnitude* ou diagramme de Hertzsprung-Russell (diagramme HR en abrégé). Il porte le nom de deux astronomes qui ont pour la première fois, chacun indépendamment de l'autre, réalisé une telle illustration (voir la figure 11-4) : le Danois Ejnar Hertzsprung en 1911, et l'Américain Henry Russell en 1913.

En tant que professeur d'astronomie à l'Université de Californie de Los Angeles et à l'Université de Maryland, j'ai toujours pu faire la distinction entre mes étudiants qui avaient appris et ceux qui n'avaient rien fait : lorsque, aux épreuves de milieu d'année, je posais la question « qu'est-ce qui est représenté sur un *diagramme HR* », il était facile de deviner que ceux qui répondaient par « les lettres H et R » avaient un besoin urgent de rattrapage.

Les types spectraux des étoiles

JARGON

Hertzsprung et Russell ne disposaient pas d'informations très précises sur les couleurs des étoiles ni sur leurs températures, et ils tracèrent donc le type spectral sur l'axe horizontal de leur diagramme original. Le *type spectral* est un paramètre affecté à une étoile sur la base de son spectre. Et le *spectre* est la manière dont la lumière d'une étoile apparaît lorsqu'elle est décomposée par un prisme ou par un autre élément optique dans un instrument appelé spectrographe.

Au début, les astronomes n'avaient aucune idée de la signification des types spectraux, et ils ont en conséquence juste regroupé les étoiles (sous les catégories type A, type B, etc.) en se fondant sur les similarités de leurs spectres. Plus tard, ils se rendirent compte que les types spectraux reflètent les températures et d'autres conditions physiques qui règnent dans l'atmosphère des étoiles, là où la lumière émerge dans l'espace. Une fois que les scientifiques eurent compris ce que signifiaient les couleurs, ils purent organiser les types spectraux selon un ordre de températures, et Hertzsprung et Russell purent les tracer sur leurs diagrammes. On élimina quelques types superflus.

Les types spectraux principaux du diagramme HR sont les types O, B, A, F, G, K, M, des étoiles les plus chaudes aux plus froides. Le tableau 11-1 décrit les propriétés générales des étoiles dans chacune des classes spectrales.

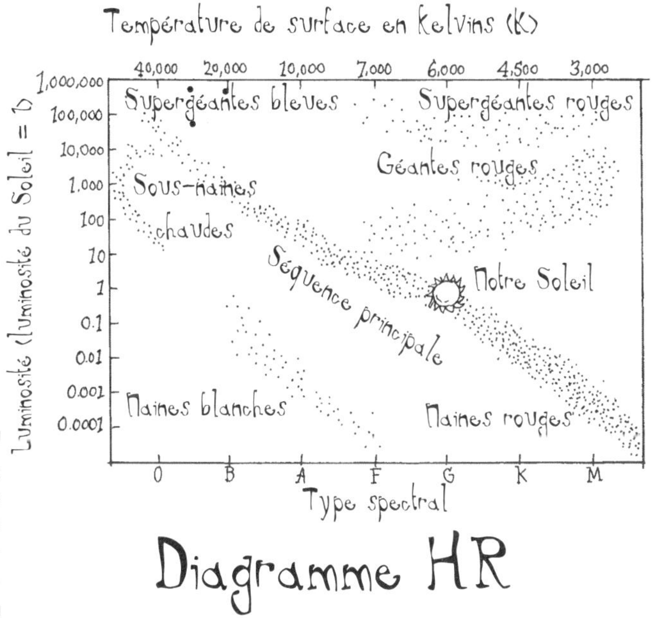

Figure 11-4 : Diagramme de Hertzsprung-Russell.

Tableau 11-1 Les types spectraux des étoiles

Types	*Couleurs*	*Températures de surface*	*Exemples d'étoile*
O	violet-blanc	30 000 K et supérieures	Lambda Orionis
B	bleu-blanc	12 000 K à 30 000 K	Rigel
A	blanc	8 000 K à 12 000 K	Sirius
F	jaune-blanc	6 000 K à 8 000 K	Procyon
G	blanc plus jaune	5 000 K à 6 000 K	Soleil
K	orange	3 000 K à 5 000 K	Arcturus
M	rouge	inférieure à 3 000 K	Antarès

Classifions la luminosité des étoiles

Chaque classe spectrale possède des subdivisions. Par exemple, le Soleil est une étoile de type G2 V, ce qui veut dire que c'est une étoile de type G qui est légèrement plus froide qu'une étoile de type G0 ou G1 et légèrement plus chaude qu'une étoile G3, mais bien plus chaude qu'une étoile de type K, et que c'est une naine de la séquence principale, ce qu'indique le « V ». Le « V » est appelé classe de luminosité. Chaque étoile se trouve dans une des cinq classes de luminosité représentées par un chiffre romain, de I à V.

Les supergéantes sont présentes dans les classes de luminosité I et II, les géantes font partie de la classe III, et les sous-géantes (un état mineur entre les étoiles de la séquence principale et les géantes rouges) appartiennent à la classe IV. Toutes les naines rouges appartiennent à la classe V, et les naines blanches constituent la classe D.

On trouve aujourd'hui des diagrammes HR ayant des formats d'apparences assez différentes, mais ils représentent tous les mêmes données : les propriétés relatives des étoiles, qui sont indiquées par leurs températures et par leurs luminosités.

Certains diagrammes HR sont étalonnés, de telle sorte qu'ils affichent la (ou les) véritable(s) luminosité(s) des étoiles, et pas les magnitudes ou luminosités apparentes telles qu'on les observe depuis la Terre.

C'est la masse d'une étoile qui détermine son type

Une étoile de grande masse produit en son noyau une fusion nucléaire plus intense, et émet davantage d'énergie qu'une étoile de masse plus faible. Donc les étoiles de la séquence principale les plus massives sont plus brillantes et plus chaudes que les étoiles de la séquence principale de plus faible masse. En outre, les étoiles plus massives sont également plus grandes. Avec ces informations, vous pouvez comprendre le message fondamental de l'astrophysique stellaire, qui est reflété dans le diagramme HR : c'est la masse d'une étoile qui détermine son type.

Sur le diagramme HR (comme dans la figure 11-4), la magnitude est représentée avec les magnitudes les plus faibles (c'est-à-dire les luminosités les plus élevées) placées en haut du graphique, et le type spectral est représenté avec les étoiles les plus chaudes placées vers la gauche et les plus froides vers la droite. Donc la température augmente de droite à gauche, et la magnitude de haut en bas (donc la luminosité de bas en haut).

Sur n'importe quel diagramme HR, la représentation de données d'observation réelles, où chaque point équivaut à une seule étoile, révèle une grande quantité d'informations :

- La plupart des étoiles se trouvent sur une bande diagonale qui va d'en haut à gauche à en bas à droite du diagramme. Cette bande diagonale est appelée la séquence principale, et toutes les étoiles placées dessus sont des étoiles normales comme le Soleil, qui brûlent l'hydrogène de leurs noyaux.
- Certaines étoiles sont placées sur une bande plus large, plus clairsemée, et plus ou moins verticale qui s'étire vers le haut et un peu vers la droite depuis la bande diagonale (c'est-à-dire vers de plus grandes luminosités et de plus basses températures). Cette bande est la branche des géantes. Elle se compose d'étoiles géantes rouges.

- Quelques étoiles sont situées à travers tout le haut du diagramme, de gauche à droite. Ces étoiles sont des supergéantes ; les supergéantes bleues sont plus ou moins placées sur le côté gauche du diagramme, alors que les supergéantes rouges (bien plus nombreuses que les bleues) sont sur le côté droit.
- Quelques étoiles sont situées bien en dessous de la bande diagonale, en bas à gauche et au centre du diagramme. Il s'agit des naines blanches.

Une étoile de séquence principale est représentée sur le diagramme HR en fonction de sa luminosité et de sa température, mais sa luminosité ne dépend que d'une chose : de sa masse. La forme diagonale de la séquence principale représente une tendance d'étoiles de grandes masses vers des étoiles de faibles masses. Les étoiles en haut à gauche dans la séquence principale possèdent des masses supérieures à celle du Soleil, et les étoiles à l'extrême droite ont des masses plus faibles.

Les astronomes ne représentent d'habitude pas les objets stellaires jeunes (YSO) avec toutes les autres étoiles sur le même diagramme HR, mais s'ils le faisaient, les YSO seraient placés sur le côté droit du diagramme, au-dessus de la séquence principale mais pas aussi haut que les étoiles supergéantes. Les étoiles à neutrons et les trous noirs sont de trop faible éclat pour apparaître sur un diagramme HR qui représente les étoiles normales.

L'interprétation du diagramme de Hertzsprung-Russell

Avec un tout petit peu plus d'explications, vous pouvez vous aussi vous transformer en astrophysicien et comprendre d'un seul coup pourquoi ces étoiles se placent dans les différentes parties du diagramme. Les chercheurs ont mis des décennies à le comprendre, et vous, on vous l'apporte sur un plateau : il vous suffit de lire *L'Astronomie pour les Nuls.* Pour rester simple, je parle d'un diagramme HR étalonné, où toutes les étoiles sont représentées selon leur luminosité réelle.

Pourquoi une étoile est-elle plus brillante ou moins brillante qu'une autre ? Deux facteurs simples déterminent l'éclat d'une étoile : la température et la surface. Plus l'étoile est grande, plus sa surface est grande ; et chaque mètre carré de la surface produit de la lumière. Plus il y a de mètres carrés, plus il y a de lumière. Mais qu'en est-il de la quantité de lumière produite par un mètre carré donné ? Les choses chaudes sont plus lumineuses que les choses froides, donc plus l'étoile est chaude, plus elle émet de lumière par mètre carré de surface.

Vous avez compris tout ça ? Alors voici comment tout cela s'emboîte :

- **Les naines blanches** sont proches du bas du diagramme parce qu'elles sont très petites. Avec très peu de mètres carrés de surface (comparées aux étoiles normales comme le Soleil), elles ne brillent tout simplement pas très intensément. Comme elles s'évanouissent aussi lentement que de vieux généraux, elles se déplacent vers le bas du diagramme HR (parce que leur éclat diminue) et plus à droite (parce qu'elles refroidissent). On n'en voit pas beaucoup sur le côté droit, parce que les naines blanches froides ont un éclat si faible qu'elles tombent habituellement en dessous de l'axe des abscisses du diagramme tel qu'on le représente dans les livres, parce que de toute façon les astronomes n'observent et ne mesurent pas beaucoup de ces étoiles de faible éclat.

- **Les supergéantes** sont proches du sommet du diagramme HR, parce qu'elles sont très grandes. Une supergéante rouge peut avoir une taille 1 000 fois supérieure à celle du Soleil, donc si on la plaçait exactement à l'endroit où se trouve le Soleil, elle s'étendrait au-delà de l'orbite de Jupiter. Avec une telle surface, les supergéantes sont naturellement très brillantes.

  Le fait que les supergéantes soient plus ou moins à la même hauteur sur le diagramme de gauche à droite indique que les supergéantes bleues (à gauche) sont plus petites que les supergéantes rouges (à droite). Comment le savons-nous ? Elles sont bleues parce qu'elles sont plus chaudes, et si elles sont plus chaudes, elles produisent davantage de lumière par mètre carré de surface. Comme leurs magnitudes sont néanmoins plus ou moins égales (toutes les supergéantes sont placées vers le haut du diagramme), les supergéantes rouges doivent avoir une surface plus importante que les supergéantes bleues afin de produire une lumière totale égale avec une luminosité moindre en provenance de chaque mètre carré de surface.

- **Les étoiles de la séquence principale** sont placées sur la bande diagonale qui va d'en haut à gauche à en bas à droite du diagramme, parce que la séquence principale est constituée de toutes les étoiles qui brûlent l'hydrogène de leurs noyaux, quelles que soient leurs tailles respectives. Mais les différences dans les tailles des étoiles de la séquence principale ont une influence sur l'endroit où elles sont représentées sur le diagramme HR. Les plus chaudes, celles qui sont sur la gauche du diagramme, sont également plus grandes que les étoiles de séquence principale plus froides. Donc les étoiles de séquence principale qui sont chaudes ont deux caractéristiques en leur faveur : elles ont de plus grandes surfaces et produisent de plus grandes quantités de lumière par mètre carré que les étoiles froides. Les étoiles de la séquence principale à l'extrême droite du diagramme sont très pâles et froides. Ce sont les naines rouges.

La séquence principale est naturellement positionnée au milieu du diagramme HR, parce que toutes les autres étoiles sont soit plus lumineuses, soit plus froides (elles sont placées soit plus en haut soit plus en bas sur le diagramme) que les étoiles de la séquence principale.

Chapitre 12

Les galaxies : la Voie lactée et ce qu'il y a au-delà

Dans ce chapitre :

- La Voie lactée, avec ses amas stellaires et ses nébuleuses
- Classifions les galaxies en fonction de leurs formes et de leurs tailles

Notre système solaire est une minuscule partie de notre galaxie, la Voie lactée, qui est elle-même un grand système constitué par des centaines de milliards d'étoiles, des milliers de nébuleuses, et des centaines d'amas stellaires. La Voie lactée est elle-même l'une des plus grandes composantes du Groupe local de galaxies. Au-delà du Groupe local, il y a l'amas Virgo ou amas de la Vierge (il est situé dans la constellation de la Vierge, Virgo en latin), qui est le grand amas de galaxies le plus proche, à 50 millions d'années-lumière de la Terre. En scrutant l'Univers à des distances beaucoup plus grandes, les scientifiques observent des superamas, immenses systèmes qui contiennent de nombreux amas individuels de galaxies. Jusqu'à présent, on n'a pas découvert de superamas de superamas, mais il existe en revanche des superamas immensément longs que l'on appelle Grands Murs. Et la plus grande partie de l'Univers semble être occupée par des vides cosmiques, qui contiennent peu de galaxies détectables.

Ce chapitre vous présente la Voie lactée et ses parties les plus importantes, et vous emmène de façon systématique plus loin dans l'Univers, à la rencontre d'autres types de galaxies, afin de découvrir comment elles sont organisées dans l'espace.

La Voie lactée, c'est notre galaxie

La Voie lactée possède un centre à l'apparence crémeuse. La Voie lactée, c'est cette longue traînée blanchâtre, floue, irrégulière que l'on peut observer dans les meilleures conditions au cours des nuits claires d'été et d'hiver.

Un ruisseau de lait à travers l'Univers, c'était une explication tout aussi bonne que n'importe quelle autre pour expliquer la présence de la Voie lactée dans le ciel nocturne, jusqu'à ce que Galilée, en 1610, l'observe avec sa lunette. Il découvrit que la Voie lactée n'était rien que l'on pouvait laper : elle est constituée d'un nombre immense d'étoiles peu lumineuses qui forment un grand nuage flou lorsqu'on l'observe à l'œil nu. La lunette a donc apporté une amélioration décisive.

Comme je l'explique plus loin dans ce chapitre, les galaxies constituent les briques de base de l'Univers, et la Voie lactée

La Voie lactée, sur le point de disparaître ?

Autrefois, tout le monde pouvait reconnaître la Voie lactée, mais maintenant beaucoup de gens ne la voient pas ou ne savent pas ce que c'est, parce qu'ils habitent dans des villes, à proximité de villes, dont les éclairages surpassent sa luminosité.

Pour observer la Voie lactée sans pollution lumineuse, il faut vous rendre en montagne ou à la plage, et scruter ainsi un ciel plus sombre que vous ne pouvez l'observer à la maison. La lumière de la pleine Lune gêne aussi l'observation de la Voie lactée. En conséquence, prévoyez de passer vos vacances à une période proche d'une nouvelle lune, c'est-à-dire lorsqu'il n'y a pas ou peu de lumière lunaire. La visibilité de la Voie lactée est la meilleure en été et en hiver, et la moins bonne au printemps et en automne.

Voir au-delà de la Voie lactée

Les trois objets aisément visibles à l'œil nu au-delà de la Voie lactée sont le Grand Nuage de Magellan et le Petit Nuage de Magellan (deux galaxies proches visibles dans l'hémisphère Sud), et la galaxie d'Andromède. Certaines personnes qui ont la chance de disposer d'excellentes facultés visuelles (et beaucoup d'autres qui essaient simplement d'impressionner leurs amis) disent qu'elles arrivent aussi à voir la galaxie M 33 dans la constellation du Triangle (Triangulum, en latin). Les galaxies d'Andromède et M 33 sont distantes chacune d'environ deux millions d'années-lumière de la Terre, mais Andromeda (en latin) est plus grande et plus brillante.

Je compte le Grand Nuage de Magellan comme un seul objet, mais il contient en fait une gigantesque nébuleuse brillante, la Tarentule, également visible à l'œil nu. En 1987, on a aussi pu y observer pendant quelques mois une supernova brillante, la Supernova 1987A.

est une brique de bonne taille. Elle contient presque tout ce qui, dans l'Univers, est visible à l'œil nu, et aussi des tas de choses qui ne le sont pas, depuis la Terre et son système solaire jusqu'aux étoiles du voisinage solaire, aux étoiles visibles dans les constellations, et à toutes les étoiles qui se mêlent pour former la Voie lactée dans le ciel nocturne. En outre, la Voie lactée contient presque toutes les nébuleuses individuelles observables sans télescope, et de nombreuses autres non détectables sans instrument.

La Voie lactée est une grande galaxie ! Outre les étoiles dispersées, elle contient des centaines d'amas d'étoiles, comme les Pléiades et les Hyades dans la constellation du Taureau, et, pour les observateurs veinards situés en Australie, en Amérique du Sud et en d'autres points très au Sud, la Boîte à Bijoux dans la constellation de la Croix du Sud, et le grand amas globulaire Oméga du Centaure, en forme de gigantesque pelote.

Quelle est la forme de la Voie lactée ?

La Voie lactée est une galaxie spirale qui se compose d'un groupe de milliards d'étoiles en forme de pizza (le *disque galactique*), qui contient les bras spiraux. Les bras ont vaguement la forme de jets d'eau tournant autour d'un arroseur rotatif de pelouse, et ils contiennent des tas d'étoiles brillantes, jeunes, bleues et blanches, ainsi que des nuages de gaz. Des groupes (appelés *associations*) de jeunes étoiles chaudes parsèment les bras spiraux du disque galactique comme des tranches de saucisson sec sur une pizza. Les nébuleuses brillantes et sombres semblent également proliférer dans les bras. Entre les bras se trouvent les régions inter-bras (tous les termes d'astronomie ne sont pas aussi accrocheurs que la Boîte à Bijoux, ou le Rectangle Rouge, une nébuleuse qui a en fait la forme d'un sablier).

Au centre de notre galaxie se trouve un endroit appelé (vous avez deviné !) le *centre galactique.* En ce centre, on trouve le bulbe galactique, un renflement qui ferait pâlir de honte un lutteur de sumo. Un bulbe galactique est une formation à peu près sphérique composée de millions d'étoiles surtout oranges et rouges, placé comme une gigantesque boulette de viande en plein milieu du disque de la galaxie, et qui déborde bien au-dessus et bien en dessous. Et au centre, on trouve Sagittarius A*, un trou noir extrêmement massif. La figure 12-1 est une illustration de la Voie lactée avec ses différents composants. La Voie lactée est la trace sur la voûte céleste de notre galaxie, la Galaxie. On désigne la Galaxie, c'est-à-dire la galaxie spirale au sein de laquelle est situé le système solaire, avec une majuscule pour la distinguer des autres galaxies.

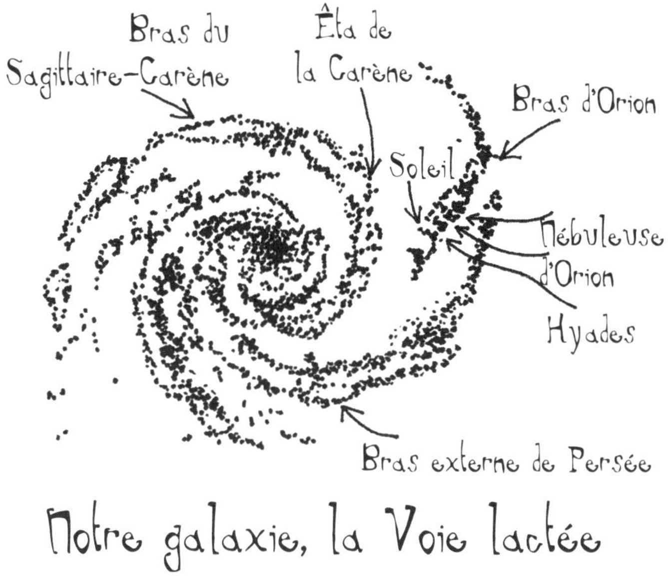

Figure 12-1 : La Voie lactée est une galaxie à structure en spirale avec des bras qui encerclent le centre.

JARGON

On appelle la surface plane imaginaire ou plan médian du disque galactique le *plan galactique,* et le cercle qui représente son intersection avec le ciel, observable depuis la Terre, l'*équateur galactique.*

La position d'un objet est parfois donnée dans les coordonnées galactiques, au lieu de l'être en ascension droite et en déclinaison (des coordonnées que je définis au chapitre 1). Les coordonnées galactiques sont la *latitude galactique,* que l'on mesure en degrés Nord ou Sud perpendiculairement à l'équateur galactique, et la *longitude galactique,* qui est mesurée en degrés le long de l'équateur galactique.

La longitude galactique débute à la direction pointée vers le centre galactique, qui est 0° de longitude. (En fait, le point zéro de longitude galactique est légèrement décalé par rapport au centre de la galaxie, parce que c'est l'endroit où l'on pense que se trouvait le centre galactique en 1959, et nous disposons aujourd'hui de meilleures estimations.) La longitude galactique parcourt l'équateur galactique depuis la constellation du Sagittaire en passant par celle de l'Aigle, du

Cygne et de Cassiopée ; elle poursuit ensuite à travers le Cocher, le Grand Chien, la Carène et le Centaure, tout le long des 360 degrés de longitude et de retour au centre galactique. Lorsque vous observerez, avec vos jumelles, les constellations que je viens juste de nommer, vous verrez davantage d'étoiles, d'amas stellaires et de nébuleuses que nulle part ailleurs dans le ciel.

Les constellations que coupe le plan de la Galaxie comptent parmi les plus beaux spectacles du ciel.

Où trouver la Voie lactée ?

La Voie lactée n'est pas à une quelconque distance du Soleil et de la Terre ; elle les abrite. Mais le centre galactique se trouve à environ 25 000 al de la Terre. Des mesures effectuées récemment avec le radiotélescope Very Long Baseline Array ont révélé que le système solaire met environ 226 millions d'années pour décrire une orbite autour du centre de la galaxie. On appelle cette durée l'*année galactique* qui était précédemment estimée à 200 ou 250 millions d'années. Désormais, les astronomes peuvent enfin mettre de l'ordre dans leurs calendriers.

La périphérie de la Galaxie est, à son point le plus proche, environ à égale distance dans la direction opposée du Sagittaire. Le disque de la Voie lactée est quasiment identique à la bande de lumière laiteuse dans le ciel.

La Voie lactée est éloignée d'environ 169 000 al du Grand Nuage de Magellan, d'environ 2 millions d'années-lumière d'Andromède, et environ de 50 millions d'années-lumière de l'amas de la Vierge (*Virgo*, en latin), qui est l'amas de galaxies le plus proche. Elle se trouve aussi en plein milieu d'un petit amas de galaxies (les tailles sont relatives ici), le Groupe local. Je vais parler de tout cela dans ce chapitre.

Comment la Voie lactée s'est-elle formée, et quand ?

La Voie lactée est probablement aussi âgée que l'Univers, et certainement plus ancienne que les 12 milliards d'années qui sont l'âge estimé de ses étoiles les plus vieilles. Certaines estimations sont même supérieures. Personne de notre connaissance ne vivait à cette époque, la Terre n'existait même pas encore, et ces estimations sont donc très approximatives.

La Voie lactée a la forme et la taille qu'elle a parce que, dans l'Univers, c'est la force de gravitation qui règne. Il y a très longtemps, c'est elle qui a causé l'effondrement sur lui-même et la condensation du gigantesque nuage de gaz primordial. À l'intérieur de ce nuage en train de s'effondrer, de petits grumeaux se sont mis à s'effondrer encore plus rapidement que l'ensemble du nuage, pour former les étoiles. Étant donné que le grand nuage doit avoir commencé à tourner très lentement, il s'est mis à tourner plus vite en diminuant de taille, et à s'aplatir pour sa plus grande partie pour prendre la forme actuelle du disque spiral. Et voilà la Voie lactée !

Si vous avez une meilleure théorie, devenez astronome, et vous pourrez un jour écrire votre propre livre : car ce sont les théories qui font tourner le monde scientifique, et peut-être même toute la Galaxie.

Les étoiles sont associées dans des amas stellaires

Le terme « amas stellaire » désigne simplement des groupes d'étoiles situés dans et autour d'une galaxie. Ces groupes ne constituent pas des associations fortuites (bien qu'un type d'amas stellaire soit appelé « association »), mais des groupes d'étoiles issues d'un même nuage et qui, dans la plupart des cas, sont liées les unes aux autres par la gravitation.

Les trois principaux types d'amas stellaires sont les amas ouverts, les amas globulaires, et les associations OB.

Pour obtenir de superbes images d'amas d'étoiles, visitez le site Web (en anglais) de l'Observatoire anglo-australien (Anglo-Australian Observatory) à l'adresse :

`www.aao.gov.au/images/general/cluster_frames.html`

ou offrez-vous *The invisible Universe* de David Malin (Bulginch Press, 1999) un livre qui contient une collection des plus belles photographies prises par cet observatoire. C'est un bel ouvrage grand format, qui fera très chic dans votre salon.

Les amas ouverts

Les amas ouverts contiennent des douzaines à des milliers d'étoiles, ils ne possèdent pas de forme particulière, et ils sont situés dans le disque de la Voie lactée. Les amas ouverts typiques mesurent environ 30 al d'un bout à l'autre. Contrairement aux amas globulaires, ils sont typiquement peu concentrés et aussi bien plus jeunes. Ce sont de belles cibles d'observation avec de petits télescopes ou avec des jumelles, et on peut même en détecter certains à l'œil nu.

Les amas ouverts les plus célèbres et les plus faciles à observer dans l'hémisphère Nord sont :

- Les Pléiades, dans le coin nord-ouest du Taureau (*Taurus*, en latin).

  Les Pléiades sont également connues sous le nom des Sept Sœurs, et constituent le 45e objet du *Catalogue de Messier* (voir le chapitre 1) : M 45. Elles ressemblent à une version réduite du Grand Chariot lorsqu'on les observe à l'œil nu. Vous pouvez comparer votre acuité visuelle à celles de vos amis en comptant combien d'étoiles vous allez arriver à discerner dans les Pléiades. Puis observez cet amas aux jumelles, et notez combien vous en voyez en plus. L'étoile la plus brillante des Pléiades est Êta du Taureau, encore appelée Alcyone (de magnitude 3). Reportez-vous au chapitre 1 si vous avez besoin d'explications sur la magnitude.

- Les Hyades, également dans le Taureau.

  Les Hyades présentent aussi un spectacle magnifique à l'œil nu. Elles incluent la plupart des étoiles qui forment le « V » dans la tête du Taureau. Impossible de les manquer, parce que le V inclut la brillante géante rouge Aldébaran (de magnitude 1) qui est l'étoile α du Taureau (voir la figure 12-2). Aldébaran n'est en réalité pas située dans les Hyades, elle se trouve bien plus loin, mais sur la même ligne de visée depuis la Terre.

L'amas des Hyades a l'air bien plus important que celui des Pléiades parce qu'il n'est éloigné de la Terre que de 150 al, alors que celui des Pléiades se trouve à 400 al de distance.

- Le double amas dans la constellation de Persée, le héros (Perseus, en latin).

  Le double amas offre une vue magnifique lorsqu'on l'observe avec des jumelles, et cette vue s'embellit encore avec un petit télescope. Ses deux amas, NGC 869 et NGC 884, sont tous deux distants de la Terre de probablement plus de 7 000 al. NGC est l'abréviation du *New General Catalogue,* le nouveau catalogue général, qui était effectivement nouveau lors de sa première publication, en 1888.

- Praesepe (la Crèche en latin), dans la constellation du Cancer, le crabe.

  Praesepe (M 44) est l'attraction principale du Cancer, une constellation composée d'étoiles peu lumineuses. Elle ressemble à une jolie tache floue à l'œil nu, et à un essaim d'étoiles lorsqu'on l'observe aux jumelles..

BIEN OBSERVER

Pour les observateurs dans l'hémisphère Sud, les amas ouverts les plus beaux sont :

- NGC 6231 dans la constellation du Scorpion (*Scorpius* en latin).

- La Boîte à Bijoux, dans la Croix du Sud (*Crux*, en latin).

  La Boîte à Bijoux inclut l'étoile brillante Kappa Crucis. La Croix du Sud a toujours été chérie par les observateurs de l'hémisphère Sud. Si vous êtes en croisière dans les mers du Sud, insistez pour que des conférences sur l'astronomie soient tenues à bord du bateau. Le conférencier sera heureux de vous montrer la Croix du Sud ; et, avec des jumelles, vous pourrez profiter de la belle vue de la Boîte à Bijoux.

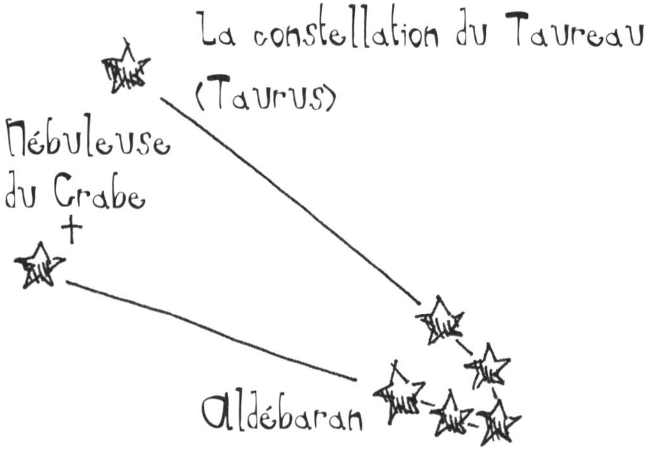

Figure 12-2 : Le Taureau contient la géante rouge Aldébaran.

Les amas globulaires

Les *amas globulaires* sont en quelque sorte les maisons de retraite des étoiles de la Voie lactée. Ils sont à peu près aussi âgés que la Galaxie elle-même (certains experts affirment que ce sont les premiers objets qui ont formé la Voie lactée), et ils se composent d'étoiles très anciennes, dont de nombreuses géantes rouges et naines blanches (voir le chapitre 11). Dans un amas globulaire, les étoiles que vous pouvez observer avec votre télescope et à l'aide d'autres instruments très puissants sont, pour la plupart, des géantes rouges. Avec de plus grands télescopes, il est facile d'observer des étoiles naines oranges et rouges de la séquence principale. Seul le télescope spatial Hubble et d'autres instruments très puissants sont en mesure d'y détecter plus d'une poignée de naines blanches, qui sont bien moins lumineuses.

Un amas globulaire typique contient un nombre d'étoiles compris entre un millier et un million ou plus. Elles sont toutes regroupées dans une boule (d'où le terme « globulaire ») de seulement 60 à 100 al de diamètre. Plus on se rapproche du centre, plus les étoiles sont proches les unes des autres (voir la figure 12-3). Ce taux de concentration élevé et le grand nombre d'étoiles qui s'y trouvent permettent de distinguer un amas globulaire d'un amas ouvert.

Figure 12-3 : L'amas globulaire G1 dans la galaxie d'Andromède.

© NASA

Une autre différence clé, c'est quc lcs amas ouverts sont distribués dans le plan du disque galactique, alors que les amas globulaires sont arrangés de façon sphérique autour du centre de la Voie lactée, avec de nombreux amas bien au-dessus et bien en dessous du plan de la Galaxie. Ces amas sont eux aussi concentrés vers le centre galactique, mais de nombreux amas globulaires parmi ceux qui sont les plus faciles à observer sont bien au-dessus ou en dessous du plan galactique.

Les principaux amas globulaires à observer dans l'hémisphère Nord sont

- M 13 (le 13e objet répertorié dans le catalogue de Messier), dans la constellation d'Hercule (*Hercules*, en latin) du nom du héros mythologique.
- M 15 (le 15e objet du catalogue de Messier) dans la constellation de Pégase, le cheval ailé (*Pegasus*, en latin).

  Il est possible de repérer à la fois M 13 et M 15 à l'œil nu dans des conditions favorables, mais vous devrez vous rassurer en utilisant des jumelles ou un petit télescope, qui vous les feront apparaître comme des points flous plus grands que des étoiles. Pour les localiser, utilisez une carte des étoiles (comme l'atlas du Ciel 2000.0 de Wil Tirion).

Les observateurs dans l'hémisphère Nord se sont fait avoir ! En effet, les deux amas globulaires qui sont de loin les plus grands et les plus brillants se trouvent dans le ciel de l'hémisphère Sud :

- ω Cen (Oméga du Centaure) dans la constellation du Centaure.
- Tucana, dans la constellation du Toucan.

Ces amas offrent des vues spectaculaires lorsqu'on les observe à l'aide de petites jumelles, et elles valent le déplacement en Amérique du Sud, en Afrique du Sud, en Australie ou vers d'autres localités où elles sont facilement observables.

Les associations OB

Les associations OB sont des groupes de douzaines d'étoiles de type spectral O ou B et parfois d'étoiles moins lumineuses et plus froides (reportez-vous au chapitre 11 pour en savoir davantage sur les types spectraux). Contrairement aux amas ouverts et globulaires, la gravitation ne lie pas les étoiles de ces associations les unes aux autres ; avec le temps, leurs étoiles s'éloignent les unes des autres, et l'association se dissout, comme un partenariat limité qui a atteint ses limites. Les associations OB sont situées à proximité du plan de la Galaxie.

De nombreuses étoiles jeunes et brillantes qui se trouvent dans la constellation d'Orion (située juste au sud-ouest du plan de la Galaxie) font partie de l'association OB d'Orion.

Les nébuleuses sont des nuages, brillants ou non

Une nébuleuse est un nuage de gaz et de poussière dans l'espace (la *poussière* se compose de particules solides microscopiques, qui peuvent être constituées de silicates, de graphite, de glace, ou de combinaisons variées de ces substances.) Comme je le souligne au chapitre 11, certaines nébuleuses jouent un rôle important dans la formation des étoiles ; d'autres sont produites par des étoiles à l'agonie. Entre berceau et tombeau, il existe divers types de nébuleuses.

L'une des découvertes les plus sensationnelles qui découle des études de nébuleuses réalisées au cours des dernières décennies, c'est que les régions brillantes H II, comme la nébuleuse d'Orion, ne sont que de petits endroits chauds à la périphérie de nuages moléculaires géants. Pendant des siècles, on a pu observer la nébuleuse d'Orion tout en n'ayant aucune idée du fait que ce n'était rien de plus qu'un simple bouton brillant sur un gigantesque objet invisible, le nuage moléculaire d'Orion. Mais aujourd'hui, nous le savons. De nouvelles étoiles naissent dans les nuages moléculaires, et lorsque ces étoiles atteignent la température suffisante, elles ionisent leurs environs immédiats, ce qui transforme ces nuages en des régions H II. Nous appelons nébuleuse obscure une partie d'un nuage moléculaire où la poussière est suffisamment épaisse pour barrer la lumière de nombreuses étoiles ou de la plupart des étoiles qui se trouvent derrière le nuage observé depuis la Terre.

- Les nébuleuses planétaires, comme je le souligne au chapitre 11, sont des atmosphères de vieilles étoiles qui ont commencé par ressembler au Soleil, mais qui se sont débarrassées de leurs couches extérieures en entrant dans l'agonie. Je vais vous parler davantage de ces nébuleuses planétaires dans la section qui suit.
- Les restes de supernovae sont des nébuleuses qui commencent à exister sous la forme de matière éjectée par les explosions cataclysmiques d'étoiles, telle que je les décris au chapitre 11. Je traite des supernovae avec plus de détails dans ce chapitre.

Les régions H II, les nébuleuses obscures, les nuages moléculaires géants et beaucoup de nébuleuses par réflexion sont situées dans le disque galactique de la Voie lactée ou à sa proximité.

Les nébuleuses planétaires

Les *nébuleuses planétaires* sont des atmosphères de vieilles étoiles qui ressemblaient autrefois au Soleil, mais qui ont expulsé leurs couches atmosphériques externes. Ces nébuleuses sont ionisées et rendues brillantes par la lumière ultraviolette de petites étoiles chaudes situées en leurs centres, et qui sont tout ce qui reste des anciens soleils. Ces nébuleuses sont en expansion dans l'espace, et leur luminosité diminue au fur et à mesure que leur taille augmente.

Pendant des décennies, les astronomes ont cru que la grande partie des nébuleuses planétaires étaient plus ou moins sphériques. Mais maintenant, on sait que la plupart sont bipolaires, ce qui veut dire qu'elles sont composées de deux lobes ronds en saillie à partir des côtés opposés de l'étoile centrale. Les nébuleuses planétaires qui ont une apparence sphérique, comme la nébuleuse annulaire (M 57) de la constellation de la Lyre (voir figure 12-4) sont elles aussi bipolaires, mais il se trouve que l'axe des deux lobes se trouve dans la ligne de visée depuis la Terre. La nébuleuse planétaire se présente donc comme un haltère que l'on observerait de côté : on dirait qu'il ne s'agit que d'une seule sphère métallique, car on ne voit ni la deuxième sphère, ni la tige qui relie les deux. Les astronomes ont mis vraiment beaucoup de temps à s'en apercevoir ; mais de là à dire qu'ils sont un peu lourds... Les nébuleuses planétaires peuvent se trouver très loin du plan de la galaxie, contrairement aux régions H II.

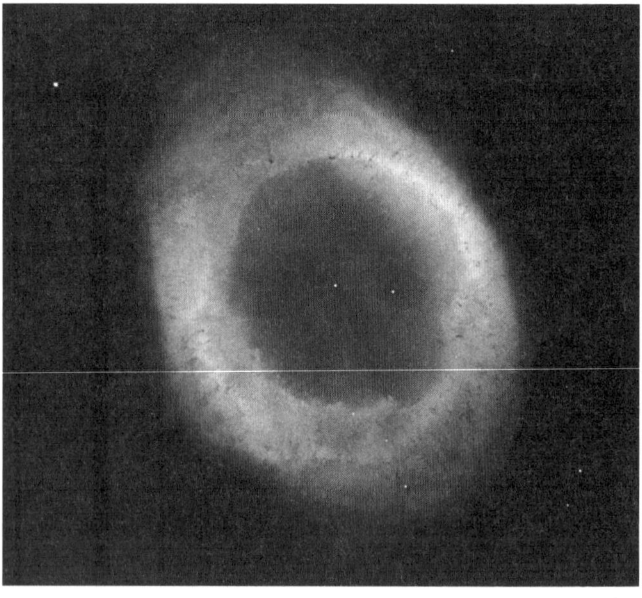

Figure 12-4 : La nébuleuse annulaire dans la constellation de la Lyre.

Les nébuleuses *protoplanétaires* font l'objet de nombreuses études de la part des astrophysiciens. Un des types de nébuleuses protoplanétaires représente une étape du début d'une nébuleuse planétaire, c'est-à-dire que c'est une des phases de la mort d'une étoile. L'autre type de nébuleuses protoplanétaires est le nuage de naissance d'un système stellaire formé par une étoile et son cortège de planètes. Il est assez stupide que les astronomes utilisent le même terme pour parler de deux choses différentes, mais personne n'est parfait. Nous autres astronomes avons peut-être besoin d'un nouveau Edwin P. Hubble, qui nous obligerait, avec sa poigne de fer, à trouver une nomenclature plus intelligente.

Les restes de supernovae

Les *restes de supernovae* commencent à exister sous forme de matière éjectée par des explosions cataclysmiques d'étoiles. Un jeune reste de supernova se compose presque exclusivement des restes de l'explosion de l'étoile qui l'a produit. Mais au fur et à mesure que le gaz est expulsé vers l'extérieur à travers l'espace interstellaire, les restes de la supernova se mettent à ressembler à une pierre qui roule et qui *amasse* de la mousse ! Il se produit un effet de boule de neige au fur et à mesure que ces restes en expansion poussent les gaz raréfiés de l'espace interstellaire et les accumulent. Lorsque les restes de la supernova sont devenus vieux, c'est-à-dire des dizaines de milliers d'années plus tard, la nébuleuse se compose surtout de ce gaz interstellaire « labouré », et les restes de l'étoile explosée d'origine n'y sont plus que de simples traces.

On trouve des restes de supernovae le long et à proximité du plan galactique de la Voie lactée.

Des nébuleuses qui valent le coup d'œil

Voici une liste des meilleures nébuleuses, qui comptent parmi les plus brillantes, ou pour les nébuleuses obscures, parmi les plus sombres, et qui sont visibles dans l'hémisphère Nord, ainsi que certains objets qui ne sont pas trop loin de l'équateur céleste :

Une gaffe galactique

Jusqu'au milieu des années 1950, le terme « nébuleuse » était aussi utilisé pour désigner une galaxie, parce que jusqu'aux années 1920, on pensait que les galaxies situées au-delà de la Voie lactée étaient des nébuleuses de la Voie lactée. Les astronomes croyaient qu'il n'existait qu'une seule galaxie, c'est-à-dire la galaxie qui abrite la Terre, la Voie lactée.

Il a fallu quelques décennies pour que le changement survenu dans les connaissances s'impose, de telle sorte que ce n'est que récemment que les auteurs de livres d'astronomie ont cessé de désigner la galaxie d'Andromède par le terme « nébuleuse d'Andromède ».

L'astronome américain Edwin P. Hubble, en l'honneur duquel le télescope spatial et de nombreuses autres choses relatives à l'astronomie ont été baptisés, a écrit un livre célèbre, *Le Royaume des Nébuleuses (The Realm of the Nebulae).* Ce livre ne parlait en fait que de galaxies, et pas de nébuleuses dans le sens où nous employons le terme aujourd'hui !

Parmi ses nombreuses réussites, Hubble prouva que la nébuleuse d'Andromède était en réalité une galaxie pleine d'étoiles, et pas un grand nuage de gaz.

Cet ancien boxeur et ancien combattant de la Première Guerre mondiale, dont on disait qu'il tyrannisait certains de ses collègues astronomes à l'Observatoire du Mont Wilson, fumait aussi la pipe. Ses découvertes ne furent pourtant pas de la fumisterie.

- La nébuleuse d'Orion, (M 42, le 42e objet du catalogue de Messier) dans la constellation d'Orion, le chasseur.

  La nébuleuse d'Orion est une région H II, et on observe très facilement à l'œil nu cette tache floue dans le glaive d'Orion. Cette nébuleuse offre une très belle vue lorsqu'on l'observe aux jumelles, et une vue spectaculaire lorsqu'on la contemple avec un petit télescope. Un télescope vous permettra aussi de voir le Trapèze, une étoile quadruple (voir le chapitre 11) brillante qui se trouve dans cette nébuleuse.

- La nébuleuse annulaire (M 57) dans la constellation de la Lyre (*Lyra,* en latin).

La nébuleuse annulaire est une nébuleuse planétaire haute dans le ciel lorsqu'on l'observe à des latitudes Nord tempérées un soir d'été. Comme toutes les nébuleuses planétaires, vous aurez besoin d'une carte des étoiles pour la trouver avec votre télescope, à moins de disposer d'un télescope assisté par ordinateur, comme par exemple le Meade ETX-90/EC (voir le chapitre 3), qui s'orientera directement sur la nébuleuse lorsque vous le commanderez.

- La nébuleuse Dumbbell (« le battant de cloche », ou *Haltère*, ou *du Diabolo*), M 27, dans la constellation du Petit Renard (*Vulpecula*, en latin).

  La nébuleuse Dumbbell, comme la nébuleuse annulaire, compte parmi les nébuleuses les plus faciles à observer avec un instrument d'amateur. Son observation est la plus facile en été et en automne.

- La nébuleuse du Crabe (M 1), dans la constellation du Taureau (*Taurus*, en latin).

  La nébuleuse du Crabe, telle qu'on l'observe depuis la Terre, est constituée par les restes d'une supernova qui a explosé en l'an 1054. La nébuleuse du Crabe est une tache floue lorsqu'on l'observe avec un télescope d'amateur, mais un grand télescope sépare deux étoiles près de son centre. Une des étoiles n'est pas associée au Crabe, elle est juste située sur la même ligne de visée. L'autre étoile est le pulsar qui reste de l'explosion de la supernova. Elle tourne sur elle-même 30 fois par seconde, et l'un ou l'autre de ses deux rayons de phare balaie la Terre chaque 60e de seconde.

- La nébuleuse *Amérique du Nord*, NGC 7000, dans la constellation du Cygne (*Cygnus*, en latin).

  La nébuleuse Amérique du Nord est une région H II de faible éclat, mais vaste et visible à l'œil nu par un observateur attentif par un soir d'été sombre. Pour la détecter plus facilement, utilisez la vision périphérique en regardant légèrement à côté. Le nom de cette nébuleuse rappelle sa forme.

- La nébuleuse de la Dentelle, dans la constellation du Cygne.

La nébuleuse de la Dentelle est une nébuleuse obscure proche de Deneb, encore appelée Alpha Cygni, l'étoile la plus brillante de la constellation du Cygne (*cygni* est le génitif latin de *Cygnus*). Vous pourrez l'identifier à l'œil nu comme une tache noire en contraste sur le fond brillant de la Voie lactée.

Il ne faut pas manquer les nébuleuses suivantes, qui se trouvent à des déclinaisons Sud modérées, mais qui sont observables depuis presque partout dans les hémisphères Nord et Sud :

- La nébuleuse de la Lagune (M 8) dans la constellation du Sagittaire (*Sagittarius*, en latin).
- La nébuleuse du Trèfle (M 20) dans la constellation du Sagittaire.

  La nébuleuse de la Lagune et la nébuleuse du Trèfle (ou nébuleuse Trifide) sont de grandes régions H II brillantes observables dans le même champ de vue de vos jumelles. On peut les observer dans de bonnes conditions les soirs d'été. Une photographie couleur montre que la Trifide possède une région rouge brillante ainsi qu'une région bleue moins lumineuse. La zone rouge est la région H II, tandis que la zone bleue est une nébuleuse par réflexion.

Les grandes nébuleuses du ciel profond de l'hémisphère Sud incluent :

- La nébuleuse de la Tarentule, dans la constellation de la Dorade (*Dorado*, en latin).

  La nébuleuse de la Tarentule n'est pas du tout située dans la Voie lactée, mais dans la galaxie du Grand Nuage de Magellan. Mais c'est une région H II si gigantesque et si brillante qu'elle est remarquée à l'œil nu par les observateurs situés dans les latitudes tempérées et très au sud. La Tarentule est un must à observer si vous effectuez une croisière dans les mers du Sud.

- La nébuleuse de la Carène, dans la constellation de la Carène (*Carina*, en latin).

  La nébuleuse de la Carène, située aux environs de la gigantesque étoile instable Êta de la Carène (voir le chapitre 11), est une grande région H II brillante.

- La nébuleuse du Sac à Charbon, dans la constellation de la Croix du Sud (*Crux*, en latin).

  Le Sac à Charbon est une nébuleuse obscure qui ressemble à une grande tache noire, inclinée de plusieurs degrés dans la Croix du Sud. Impossible de la manquer par une nuit claire avec un ciel sombre, si vous vous trouvez très au sud dans l'hémisphère Sud.

- La nébuleuse planétaire NGC 3132 dans la constellation des Voiles (*Vela*, en latin).

  NGC 3132 est une nébuleuse planétaire accessible avec de petits instruments d'amateurs dans le ciel profond de l'hémisphère Sud.

Les galaxies sont des îles dans l'Univers

Une grande galaxie se compose de milliers d'amas stellaires et de milliards, voire de billions d'étoiles individuelles, toutes reliées entre elles par la gravitation. La Voie lactée correspond à cette définition : c'est une grande galaxie spirale. Mais on trouve des galaxies qui ont de nombreuses formes et de nombreuses tailles différentes (voir la figure 12-5).

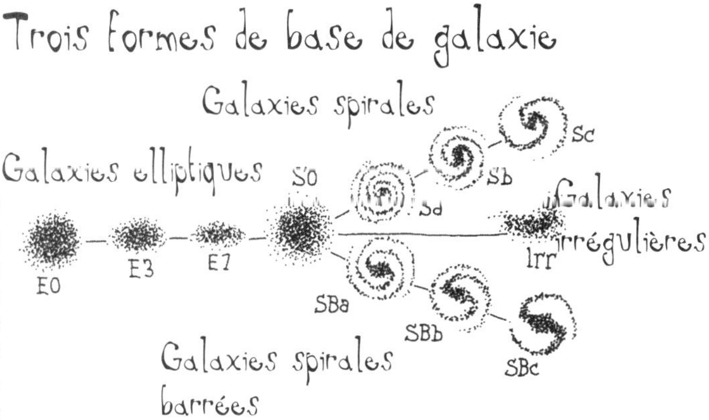

Figure 12-5 : Il existe de nombreux types différents de galaxies.

Les principaux types de galaxies, en fonction de leur forme et de leur taille, sont les suivantes :

- les galaxies spirales (S) ;
- les galaxie spirales barrées (SB) ;
- les galaxies lenticulaires (SO) ;
- les galaxies elliptiques (E) ;
- les galaxies irrégulières (Irr) ;
- les galaxies naines ;
- les galaxies à faible brillance de surface.

Les galaxies spirales, spirales barrées et lenticulaires

Les *galaxies spirales* ont la forme d'un disque, avec des bras spiraux qui sont enroulés autour du disque. Elles ressemblent à la Voie lactée, mais les bras peuvent être enroulés plus ou moins étroitement que les bras spiraux de notre galaxie. Et le bulbe d'étoiles qui se trouve au centre d'une autre galaxie spirale peut être plus ou moins renflé lorsqu'on le compare aux bras spiraux.

La forme est l'un des premiers critères en fonction duquel on classe les galaxies. En fait, pendant de nombreuses années, la classification la plus utilisée a été celle de Hubble, qui a été imaginée par l'astronome que vous commencez probablement à bien connaître (Edwin P. Hubble, 1889-1953, dont les contributions importantes à la science de l'astronomie incitèrent la NASA à donner son nom au télescope spatial Hubble).

On distingue les galaxies spirales au fait qu'en plus d'amas globulaires elles possèdent aussi beaucoup de gaz interstellaire et des tas de nébuleuses, d'associations OB et d'amas ouverts.

Les *galaxies spirales barrées* sont des galaxies spirales dans lesquelles les bras spiraux ne semblent pas émerger du centre de la galaxie, mais des extrémités d'un nuage stellaire en forme de ballon ovale qui chevauche le centre. On appelle ce nuage stellaire la *barre*. Le gaz qui provient de parties extérieures de la galaxie est peut-être canalisé vers le centre à travers la barre. Ce processus peut former de nouvelles étoiles qui font enfler encore davantage le bulbe central de la galaxie.

Les *galaxies lenticulaires* (en forme de lentille) sont, comme les galaxies spirales, des systèmes aplatis avec des disques galactiques. Elles contiennent du gaz et de la poussière. Mais elles ne possèdent pas de bras spiraux.

Les galaxies elliptiques

Les *galaxies elliptiques* ont une forme de boule plus ou moins allongée. Certaines elliptiques ont donc une forme ellipsoïdale, c'est-à-dire approximativement la forme d'un ballon ovale, tandis que d'autres ont une forme sphérique, c'est-à-dire plus ou moins celle d'un ballon rond. Elles peuvent offrir des spectacles merveilleux, et je prends un réel plaisir à les observer. Elles contiennent des tas de vieilles étoiles et d'amas stellaires globulaires, mais pas grand-chose d'autre.

Les galaxies elliptiques sont des systèmes dans lesquels la formation d'étoiles a quasiment ou complètement cessé. Ce ne sont ni des régions H II, ni des amas de jeunes étoiles, ni des associations OB. Imaginez un seul instant que vous viviez dans l'une de ces galaxies ennuyeuses, qui n'ont rien de semblable à la nébuleuse d'Orion pour vous distraire ou donner naissance à de nouvelles étoiles, et probablement pas non plus grand-chose à la télé. Quelle barbe !

La production de nouvelles étoiles s'est peut-être terminée sous la forme de galaxie elliptique parce que tout le gaz avait déjà été utilisé pour la création des étoiles présentes. Ou elle s'est peut s'être arrêtée parce que quelque chose a soufflé ou a balayé tout le gaz restant utilisable pour la création de nouvelles étoiles. J'utilise cette formulation, parce que certaines galaxies elliptiques, bien qu'elles n'aient, dans l'ensemble, pas de régions H II ni de groupes de nouvelles étoiles, possèdent du gaz extrêmement chaud, qui est si raréfié et si chaud qu'il ne brille qu'en rayons X. Dans ces conditions, ce gaz ne va pas se transformer facilement en étoiles. Et en réalité, certaines galaxies elliptiques possèdent plusieurs amas d'étoiles bleutés, qui sont des amas globulaires d'étoiles, bien plus jeunes que n'importe quelle étoile de la Voie lactée.

Au fur et à mesure que les astronomes scrutent l'espace, ils trouvent de nombreux exemples de galaxies qui entrent en collision et qui fusionnent. Plus ils observent loin (donc à des époques reculées), plus ces collisions semblent être répandues. Apparemment, les collisions de galaxies ont contribué à créer de nombreuses galaxies qui sont observables aujourd'hui.

Les galaxies irrégulières, naines et à faible brillance de surface

Les *galaxies irrégulières* ont des formes qui tendent à être, comme le nom l'indique, strictement irrégulières. Vous y trouverez peut-être les faibles lueurs d'une structure spirale, mais ce n'est pas toujours le cas. Elles possèdent en général beaucoup de gaz interstellaire, et de nouvelles étoiles s'y forment sans cesse. Elles sont habituellement plus petites que les spirales de taille normale et que les elliptiques, et possèdent beaucoup moins d'étoiles.

Les *galaxies naines* portent bien leur nom, car ce sont de minuscules petits brins de galaxies qui peuvent, d'un bout à l'autre, ne pas être plus grandes que quelques milliers d'années-lumières, voire moins. Il existe plusieurs types de galaxies naines, parmi lesquels les elliptiques naines, les sphéroïdales naines, les irrégulières naines et apparemment aussi les spirales naines (bien que ce dernier type soit un peu controversé).

Dans nos environs, c'est-à-dire dans le Groupe local de galaxies (vous en apprendrez davantage sur ce sujet dans la section qui suit), les galaxies les plus courantes sont les galaxies naines, exactement comme les étoiles les plus courantes de la Voie lactée sont les plus petites étoiles, les naines rouges. La même chose est probablement valable dans des régions bien plus éloignées de l'espace, mais c'est difficilement vérifiable, parce qu'il est bien plus difficile de détecter et de répertorier à de grandes distances des galaxies naines que des galaxies de taille normale.

Les *galaxies à faible brillance de surface* ont été désignées comme une catégorie majeure d'objets au cours des années 1990. Elles peuvent être aussi grandes que la plupart des autres galaxies, mais elles ne brillent qu'à peine. Bien qu'elles soient pleines de gaz, elles n'ont pas produit beaucoup d'étoiles, et elles ne brillent donc pas très intensément. On les a manquées pendant des années au cours des études du ciel, et ce n'est que maintenant que les astronomes commencent à les détecter à l'aide de caméras électroniques sophistiquées. Elles ne constituent pas des cibles appropriées pour les télescopes d'amateur, mais j'ai pensé que vous deviez connaître leur existence. Qui sait ce qui se trouve encore là-haut et que nous n'avons pas encore détecté ?

Certains astrophysiciens pensent qu'une bonne partie de la masse de l'Univers pourrait être présente sous la forme de galaxies à faible éclat de surface, qui n'ont simplement pas été comptées correctement.

Chapitre 13

Trous noirs et quasars

Dans ce chapitre :

- Les trous noirs
- La différence entre quasar et blazar
- Les noyaux actifs de galaxies

Les trous noirs et les quasars constituent deux des domaines les plus excitants et les plus mystérieux de l'astronomie moderne, et il se trouve que les deux sujets sont apparentés. Dans ce chapitre, je vais vous expliquer la relation qui existe entre eux.

Vous ne verrez jamais un trou noir avec votre propre télescope. Mais je vous garantis que dès que les gens apprendront que vous êtes un astronome, ils vont vous demander « Qu'est-ce qu'un trou noir ? » Je mentionne brièvement les trous noirs au chapitre 11, mais ici, je vous fais le « grand jeu ».

Les trous noirs sont étranges et irrésistibles

Vous pouvez tomber dans un trou noir, mais pas en ressortir. Et vous ne pourriez pas en ressortir même si vous le vouliez (et je vous garantis que vous *voudriez* en ressortir !). Vous ne pourriez même pas appeler chez vous. E.T. a eu de la chance d'atterrir sur la Terre, et pas dans un trou noir, parce qu'il a tout de même pu passer son coup de téléphone.

Un *trou noir* est un objet de l'espace dont la gravité est si puissante que même la lumière ne peut s'en échapper, ce ui explique pourquoi ils sont invisibles.

Toute chose qui entre dans un trou noir a besoin de plus de « pêche » qu'elle ne pourra jamais en avoir pour en ressortir. Le nom exact de « pêche » est ici vitesse de libération. Les spécialistes des fusées utilisent ce terme pour désigner la vitesse qu'une fusée ou tout autre objet doit acquérir afin d'échapper à la gravitation de la Terre et parvenir dans l'espace interplanétaire. Ce terme s'applique de façon semblable à tout objet de l'Univers.

La vitesse de libération est de 11 kilomètres par seconde (km/s) sur la Terre. Les objets exerçant une force de gravitation plus faible ont une vitesse de libération plus basse (ainsi, la vitesse de libération sur Mars n'est que de 5 km/s), et les objets qui exercent une plus grande force de gravitation ont une vitesse de libération plus élevée. Sur Jupiter, la vitesse de libération est de 61 km/s. Mais le champion du monde de la vitesse de libération sera toujours un trou noir. Le champ de gravitation d'un trou noir est si fort que sa vitesse de libération est supérieure à la vitesse de la lumière (300 000 km/s) ! Rien, même pas la lumière, ne peut s'échapper d'un trou noir. (Étant donné qu'il faut se déplacer plus vite que la lumière pour sortir d'un trou noir, et que rien, y compris la lumière, ne voyage plus rapidement, il n'existe aucun moyen pour que la lumière n'en ressorte.)

Les types de trous noirs

Si les trous noirs sont invisibles, on peut quand même les détecter de manière indirecte, en observant les effets qu'ils ont sur leur environnement. Du gaz irrésistiblement attiré par le trou noir va y tomber en spiralant et en s'échauffant très fortement, émettant ainsi de la lumière. Il peut aussi se former des jets de particules de haute énergie expulsées loin du trou noir. Enfin, la vitesse anormalement élevée d'étoiles qui semblent gravitationnellement attirées par une masse énorme mais invisible, peut trahir la présence d'un trou noir.

Comme je le mentionne au chapitre 11, ont connaît deux principaux types de trous noirs : les trous noirs stellaires, qui possèdent la masse d'une étoile normale, et les trous noirs supermassifs, dont la masse est comprise entre près d'un million de fois et quelques *milliards* de fois la masse du Soleil.

Les trous noirs de taille moyenne, qui possèdent des masses comprises entre 500 et 1 000 fois celle du Soleil, ont été découverts en 1999. Leur rôle dans l'Univers est encore moins bien connu que celui des trous noirs stellaires et des trous noirs supermassifs.

Qu'y a-t-il à l'intérieur d'un trou noir ?

Un trou noir se compose de trois parties :

- l'horizon des événements, qui est la frontière entre l'intérieur du trou noir et le reste de l'Univers ;
- la singularité, qui est le cœur du trou noir, et qui est formée de la compression ultime de toute la matière qu'il contient, sauf de :
- la matière qui tombe sur le trou noir, depuis l'horizon des événements vers la singularité.

Les sections qui suivent décrivent ces parties avec davantage de détails.

L'horizon des événements

L'horizon des événements est une surface sphérique qui définit le trou noir (voir la figure 13-1). Une fois à l'intérieur de l'horizon des événements, un objet ne pourra plus jamais ressortir du trou noir ni être à nouveau visible de quiconque à l'extérieur. Et depuis l'intérieur de cet horizon, il n'est pas non plus possible de voir quoi que ce soit à l'extérieur.

Figure 13-1 : Un concept de trou noir. Les flèches représentent la matière condamnée à tomber à l'intérieur.

Le rayon de l'horizon des événements est proportionnel à la masse du trou noir. Doublez la masse du trou noir, et l'horizon des événements sera deux fois plus étendu. Si les scientifiques possédaient un moyen de comprimer la Terre pour en faire un trou noir (heureusement, ils n'en ont pas, et s'ils en avaient un, je ne vous le dirais pas), cela donnerait un horizon des événements de rayon inférieur à 2 cm.

Les petits trous noirs, ou *trous noirs stellaires,* ont des masses qui sont approximativement égales à 3 fois la masse du Soleil, ou supérieures. Les *trous noirs supermassifs* ont des masses égales à plusieurs centaines de milliers de fois ou même plusieurs milliards de fois celle du Soleil. Les trous noirs stellaires résultent de la mort de grosses étoiles, que je décris au chapitre 11. Les trous noirs supermassifs semblent se trouver au centre de galaxies, et ils pourraient provenir de la fusion de nombreuses étoiles qui étaient proches les unes des autres lorsque ces galaxies se sont formées. Mais personne n'en est absolument sûr.

Le tableau 13-1 vous donne une liste de tailles de trous noirs, pour le cas où vous désireriez en essayer quelques-uns.

Tableau 13-1 Les tailles des trous noirs

Masse du trou noir (nombre de fois la masse du Soleil)	*Diamètre du trou noir en kilomètres*	*Commentaire*
3	18	Trou noir stellaire ayant la plus petite masse
10	60	
100	600	Trou noir stellaire ayant la plus grande masse
1 000	6 000	Trou noir de masse intermédiaire
1 million	6 millions	Trou noir au centre de la Voie lactée
1 milliard	6 milliards	Trou noir dans un quasar

En l'état actuel des connaissances, il n'existe aucun trou noir plus petit que 3 fois la masse du Soleil et de largeur inférieure à 18 kilomètres.

La singularité et les objets qui tombent dessus

Tout objet qui franchit l'horizon des événements tombe vers la singularité. Là, l'objet fusionne avec la singularité dont les scientifiques pensent qu'elle est infiniment dense. Nous ne connaissons pas les lois de la physique qui s'appliquent aux densités fantastiques qui sont atteintes près de la singularité ou dedans, et nous ne pouvons donc pas décrire les conditions qui doivent y régner. Il s'agit ici littéralement d'un « trou noir » dans notre savoir.

Certains mathématiciens pensent qu'à l'emplacement de la singularité pourrait se trouver un *trou de ver*, qui serait un passage vers un autre univers. Le concept de trou de ver a séduit les auteurs et les réalisateurs de films de science-fiction, qui ont produit de nombreuses œuvres sur le sujet. (L'un des derniers livres sur le sujet s'appelle *Cosm*, il est écrit par Gregory Benford, et c'est une histoire dans laquelle des physiciens de Long Island créent un trou de ver). La plupart des experts croient que les trous de ver n'existent pas. Et même s'ils existent, nous ne disposons d'aucun moyen pour les voir à l'intérieur des trous noirs, ni de nous frayer un chemin pour y accéder. Une autre théorie affirme qu'à l'endroit où un trou de ver hypothétique est relié à un autre univers, il existe un *trou blanc,* qui est un endroit où une énergie énorme se déverse dans l'autre univers, un cadeau du nôtre. Cette idée semble aussi erronée, mais même si cette théorie était correcte, nous devrions voyager vers un autre univers pour en voir un (n'oubliez pas de négocier des tarifs en « Fréquence plus » !).

Il est hors de question que nous puissions nous rendre vers un autre univers (du moins pour le moment). Mais l'autre possibilité, bien sûr, consiste à rechercher des trous blancs dans notre univers, où des trous de ver provenant d'autres univers pourraient émerger. Mais les scientifiques n'ont trouvé aucune chose de cette sorte. Un jour, quelqu'un a suggéré que les quasars pourraient être des trous de ver. Mais maintenant, les astronomes disposent de données tout à fait valables pour expliquer les quasars (comme je l'expose dans la section « Les quasars défient toute définition » plus loin dans ce chapitre). Donc en ce qui me concerne, les astronomes sont tirés d'affaire.

Et à l'extérieur d'un trou noir ?

Dans les cas réels d'objets célestes supposés abriter des trous noirs, ce qui suit est parfois ce qui semble se produire :

1. La matière gazeuse qui tombe sur le trou noir tourbillonne en formant un nuage aplati que l'on appelle *disque d'accrétion.*

2. Plus le gaz du disque d'accrétion approche du trou noir, plus ce gaz devient chaud et dense.

   Le gaz se réchauffe parce qu'il est comprimé par la gravité du trou noir, un processus qui se produit parce que le frottement augmente au fur et à mesure que le gaz devient plus dense. (Ce processus ressemble à la manière avec laquelle les climatiseurs et les réfrigérateurs fonctionnent : lorsque le gaz se dilate, il se refroidit ; mais lorsqu'on le comprime, il se réchauffe.)

3. Au fur et à mesure que le gaz se rapproche du trou noir et se réchauffe, il se met à briller fortement. Ce rayonnement qui est produit par le disque d'accrétion peut prendre de nombreuses formes, mais la plus courante est le rayonnement X. Les télescopes à rayons X, comme les tout nouveaux observatoires orbitaux Chandra de la NASA et XMM de l'ESA, détectent ces sources X et permettent aux scientifiques de repérer avec exactitude le trou noir.

   Donc bien qu'il ne soit en fait pas possible de voir un trou noir au télescope, il est possible de détecter le rayonnement en provenance du disque d'accrétion qui tournoie autour, avec un télescope à rayons X installé sur un satellite dans l'espace. Le rayonnement X ne peut traverser l'atmosphère terrestre, et les astronomes doivent donc utiliser des télescopes placés dans l'espace pour observer les sources X.

Il est possible que des singularités nues existent dans l'espace, elles n'auraient alors pas de tourbillons de gaz autour d'elles. Si c'est le cas, les astronomes ne peuvent pas les voir, à moins que par hasard elles ne passent juste devant une étoile ou une galaxie de fond au moment où nous l'observons. Dans ce cas, nous pourrions déduire que le trou noir existe parce que nous verrions l'effet de son champ gravitationnel sur l'apparence de l'objet d'arrière-plan. Mais cette situation serait une coïncidence rare. Ne retenez pas votre souffle dans l'espoir de détecter une singularité nue.

Les distorsions de l'espace et du temps

Une autre manière de décrire un trou noir consiste à dire qu'il s'agit d'un lieu où les tissus de l'espace et du temps sont hautement distordus. Une *ligne droite,* qui est définie en physique comme le trajet suivi par la lumière qui se propage dans le vide, devient courbe au voisinage d'un trou noir. Et, au fur et à mesure qu'un objet approche d'un trou noir, le temps lui-même se comporte de façon bizarre, du moins tel que le perçoit un observateur placé à une distance de sécurité du trou noir.

Supposez que vous soyez cet observateur. Vous êtes à cette distance suffisante du trou noir pour ne pas être en danger, mais vous avez lancé une sonde automatique vers le trou noir. Un grand panneau électrique fixé sur un flanc de la sonde affiche l'heure qui est donnée par une horloge embarquée.

Vous observez l'horloge avec un télescope depuis votre vaisseau spatial alors que la sonde automatique tombe sur le trou noir. Vous remarquez que l'horloge tourne de plus en plus lentement au fur et à mesure que la sonde s'approche du trou noir. En fait, vous ne pourrez jamais voir la sonde tomber dessus. Vous la verrez devenir de plus en plus rouge, car la lumière qu'elle émet subit le décalage vers le rouge causé par le fort champ de gravitation du trou noir. Au bout d'un moment, l'éclat du panneau électrique sera décalé vers la lumière infrarouge, que vos yeux ne peuvent détecter. (Reportez-vous au chapitre 11 pour plus d'explications sur l'effet Doppler-Fizeau et le décalage vers le rouge.)

Imaginez maintenant ce que vous verriez si vous étiez à bord de la sonde en train de tomber. (N'essayez pas de faire ça chez vous, ni d'ailleurs nulle part ailleurs !) Vous pouvez voir la face de l'horloge à l'intérieur de la sonde, et jeter un coup d'œil en arrière vers l'endroit d'où vous venez à travers un hublot. Vous, l'infortuné observateur embarqué, voyez que l'horloge fonctionne parfaitement bien. Vous ne percevez pas du tout qu'elle tourne lentement. En regardant à travers le hublot le vaisseau dont vous venez et les étoiles, toutes les couleurs semblent décalées vers le bleu. Vous-même, vous êtes bleu (ou vert ?) à la pensée de ne plus jamais pouvoir rentrer à la maison. Vous traversez une frontière invisible autour du trou noir en un rien de temps. Cette frontière, c'est l'horizon des événements, et une fois que vous l'avez passé, vous ne pouvez plus voir l'extérieur, et personne ne peut plus vous voir.

Ce que l'on observe depuis le vaisseau qui a lancé la sonde, c'est que vous n'entrez jamais dans le trou noir, mais que vous vous en approchez simplement de plus en plus. Pourtant, à bord de la sonde en train de tomber, vous pouvez dire que vous venez de tomber en plein dessus. C'est du moins le cas si vous êtes encore en vie. En fait, quiconque tombe sur un trou noir est déchiqueté par de puissantes forces de marée causées par l'immense champ gravitationnel du trou noir. Vous êtes étiré comme un spaghetti le long d'une direction. Pour aggraver les choses, dans les deux autres directions de l'espace, les forces de marée vous compressent sans merci.

Les trous noirs stellaires (les petits trous noirs) sont les plus mortels, de même qu'il existe de petites araignées qui sont plus venimeuses que des grandes tarentules. Si vous tombez dans un trou noir stellaire, vous êtes déchiré en lambeaux et comprimé avant même d'entrer, et vous ne pouvez même pas observer l'univers en train de disparaître avant de disparaître vous même. Tomber dans un trou noir supermassif est une expérience plus heureuse. Vous franchissez l'horizon des événements et vous pouvez voir l'univers en train de s'obscurcir avant de subir les fatidiques forces de marée.

Étant donné que les trous noirs sont situés partout autour de nous dans l'Univers, vous comprenez maintenant pourquoi les scientifiques veulent les localiser et les étudier… mais à bonne distance.

Les quasars défient toute définition

JARGON

Il existe au moins deux définitions des quasars, la définition originale et la définition actuelle :

- **La définition d'origine :** le mot *quasar* est l'acronyme de l'anglais *quasi stellar astronomical radiosource*, « radiosource astronomique quasi stellaire ». Ce terme désigne un objet céleste qui émet de puissantes ondes radio, mais ressemble à une étoile lorsqu'on l'observe avec un télescope ordinaire qui capte la lumière visible (voir la figure 13-2).

  La définition d'origine d'un quasar est très bien, sauf qu'il se trouve en fait que seulement 10 %, au maximum, de tous les objets que nous appelons quasars correspondent à cette définition. Les autres 90 % n'émettent pas de forts rayonnements radio. C'est la raison pour laquelle les astronomes les appellent quasars muets en radio.

- **La définition actuelle :** un *quasar* est un objet brillant au centre d'une galaxie, qui produit environ 10 billions de fois autant d'énergie par seconde que le Soleil, et dont les émissions sont hautement variables à toutes les longueurs d'onde.

Figure 13-2 : Un quasar luit en bas à gauche du centre dans ce qui semble être une galaxie déformée.

© NASA

Après s'être pris la tête pendant des décennies sur ce que pourraient bien être les quasars, les astronomes ont conclu qu'ils signalent des trous noirs géants dans les centres de galaxies. Une énergie colossale est libérée par la matière qui tombe sur les trous noirs, et ces sources d'énergie observées sont ce que les astronomes appellent quasars.

Tous les quasars produisent un fort rayonnement X ; environ 10 % produisent de puissantes ondes radio, et ils émettent aussi tous des rayonnements ultraviolets, ainsi que de la lumière visible et infrarouge. Toutes ces émissions peuvent varier sur des semaines, des mois ou des années, et même sur des périodes aussi courtes qu'une journée.

Les noyaux actifs de galaxies

Pendant des années qui suivirent la découverte des quasars, les astronomes n'étaient pas unanimes pour déclarer que ceux-ci étaient situés dans des galaxies. Aujourd'hui, nous savons qu'ils le sont, mais c'est grâce au progrès de la technologie, qui nous permet de construire une image télescopique montrant à la fois le quasar et la galaxie qui l'entoure. Cette dernière est appelée *galaxie hôte* du quasar. Étant donné qu'un quasar peut être 100 fois plus brillant que sa galaxie hôte, ou même davantage, les galaxies hôte(s) ont tendance à se perdre dans l'éclat du quasar qu'elles abritent.

Les caméras électroniques ont permis cette découverte, car elles peuvent en une seule pose enregistrer une gamme de luminosité (ou dynamique) plus large que les pellicules photographiques traditionnelles.

Les quasars sont une forme extrême de ce que les astronomes appellent maintenant les *noyaux actifs de galaxies.* Ce terme désigne l'objet central d'une galaxie lorsque l'objet possède des propriétés semblables à celles des quasars, comme un aspect très brillant semblable à celui d'une étoile, de très larges raies spectrales, et des changements de luminosité détectables.

Quatrième partie

Cet Univers si remarquable

« Grâce à la matière grise de nos bulbes, nous avons élaboré les concepts d'"antimatière" et de "matière noire", qui sont absolument indispensables à notre représentation actuelle de l'Univers. »

Dans cette partie…

Lisez cette partie lorsque vous serez en quête de distraction, de quelque chose qui secoue vos méninges avec des idées et des possibilités qui donnent à réfléchir. Installez-vous confortablement dans votre canapé avec un bon verre, et découvrez la matière noire et l'antimatière (mais oui, l'antimatière existe vraiment, dans le monde réel, et pas seulement dans les films de science-fiction). Et aussi, lorsque vous serez prêt, méditez sur l'Univers tout entier : comment est-il né, quelle est sa forme, et comment va-t-il évoluer ?

Chapitre 14

La matière noire et l'antimatière

Dans ce chapitre :

- L'existence de la matière noire est nécessaire
- La nature de la matière noire
- À la recherche de la mystérieuse matière
- Découvrons l'antimatière

Certes, ce sont les étoiles et les galaxies qui illuminent le ciel nocturne, mais ces joyaux brillants ne constituent qu'une infime portion de toute la matière qui se trouve dans le cosmos. L'Univers est bien plus grand que ce que l'œil peut percevoir, immensément plus grand.

Ce chapitre vous présente le concept de matière noire, vous explique pourquoi les astronomes sont convaincus que cette matière doit exister, et il décrit les expériences qui peuvent « éclaircir » la nature de cette substance mystérieuse et invisible. Je vais également vous parler d'un autre type de matière exotique que l'on trouve dans l'Univers : l'antimatière. Mais oui, l'antimatière existe bien dans le monde réel, et pas seulement dans la science-fiction. Et elle est tout aussi fascinante que les livres, les séries télé et les films de science-fiction le suggèrent.

La matière noire, c'est le ciment des galaxies

Dans les années 1930, les astronomes ont trouvé des indices qui tendent à prouver qu'au moins 90 % de la matière présente dans l'Univers n'émettent pas de lumière.

Cette matière invisible, qu'on appelle *matière noire* ou *matière sombre,* fournit le ciment gravitationnel qui empêche une galaxie en rotation de se disloquer, et permet aux galaxies qui se déplacent à très grande vitesse de rester ensemble groupées dans un amas. La matière noire semble également avoir joué un rôle crucial dans le développement de l'Univers tel que nous le connaissons aujourd'hui : un réseau arachnéen de superamas de galaxies immensément longs et séparés par des vides géants. Il est bien possible que la matière noire détermine le sort ultime du cosmos.

La matière derrière la masse manquante

Le premier indice que l'Univers contient de la matière noire fut trouvé en 1933. En examinant les mouvements des galaxies à l'intérieur d'un grand amas de la constellation de la Chevelure de Bérénice, l'astronome Fritz Zwicky, de l'Institut californien de technologie, découvrit que certaines galaxies de la Chevelure de Bérénice se déplaçaient si rapidement qu'il était impossible, selon les lois connues de la physique, que toutes les étoiles et le gaz visibles de l'amas puissent lier gravitationnellement ces galaxies entre elles. Et pourtant, l'amas demeurait intact, d'une manière ou d'une autre.

Zwicky arriva à la conclusion qu'un type de matière invisible devait exister à l'intérieur de la Chevelure de Bérénice et être la source de l'attraction gravitationnelle manquante.

Aussi surprenante que cette conclusion ait pu sembler à l'époque, la matière noire ne fit pas les titres des journaux avant plusieurs autres décennies. De nombreux astronomes pensèrent qu'une fois que les mouvements des galaxies auraient été étudiés avec davantage de détails, le raisonnement qui avait prédit la substance invisible disparaîtrait. À la place, la preuve de son existence devint plus irrésistible dans les années 1970. Car ce n'était plus seulement les amas d'étoiles qui semblaient contenir cette substance, mais aussi les galaxies individuelles. Les paragraphes qui suivent présentent les principaux arguments en faveur de l'existence de la matière noire.

Les étoiles extérieures et intérieures tournent à la même vitesse

Vera Rubin et Kent Ford, de l'Institution Carnegie de Washington, étaient en train d'étudier les mouvements d'étoiles dans des centaines de galaxies spirales lorsqu'ils arrivèrent à une conclusion qui semblait aller à l'encontre de la physique conventionnelle. Une galaxie spirale ressemble à un œuf au plat, la plus grande partie de sa masse semble concentrée dans le jaune que les astronomes appellent le *bulbe central*. Les images révèlent que la masse visible de la spirale diminue rapidement au fur et à mesure que l'on s'éloigne du bulbe.

Les scientifiques s'attendaient naturellement à ce que les étoiles d'une galaxie spirale tournent en orbite autour de ce centre massif de la même manière que les planètes de notre système solaire décrivent une orbite autour du Soleil. Obéissant à la loi de la gravitation de Newton, les planètes extérieures, comme Pluton et Neptune, tournent plus lentement autour du Soleil que les planètes intérieures comme Mercure, Vénus et la Terre. En conséquence, les étoiles à la périphérie d'une galaxie spirale devraient filer plus lentement sur leurs orbites que celles qui sont proches du bulbe. Mais ce n'est pas la conclusion à laquelle sont parvenus Rubin et Ford.

Galaxie après galaxie, leurs observations révélèrent que les étoiles périphériques tournaient rapidement, tout comme celles qui étaient plus proches du bulbe. Étant donné que très peu de matière visible est présente dans les régions extérieures, comment était-il possible que les étoiles extérieures réussissent à filer aussi rapidement sur leurs orbites ? À de telles vitesses, elles auraient dû être éjectées.

La matière noire froide explique la présence de grumeaux dans le cosmos

Les cosmologues (ou cosmologistes, c'est-à-dire les scientifiques qui étudient la structure globale de l'Univers et la façon dont il fut formé) ont également dû avoir recours à la matière noire pour expliquer une énigme fondamentale de l'Univers : comment, à la suite du big bang, a-t-il évolué depuis le stade de soupe quasiment uniforme de particules élémentaires (que je décris au chapitre 15) pour atteindre sa structure actuelle grumeleuse d'amas et de superamas de galaxies ?

Bien qu'approximativement 15 milliards d'années se soient écoulées depuis la naissance de l'Univers, cette durée est insuffisante pour que la matière visible, à elle seule, ait pu fusionner afin de former les gigantesques structures cosmiques que l'on observe aujourd'hui.

Pour résoudre cette devinette cosmologique, les scientifiques prennent pour hypothèse que l'Univers contient un type spécial de matière noire, la *matière noire froide,* qui se déplace plus lentement et se regroupe en masses compactes plus rapidement que la matière ordinaire visible. Répondant à l'attraction de cette matière exotique, la matière ordinaire a formé les étoiles et les galaxies à l'intérieur des concentrations les plus denses de cette matière sombre. Cette théorie expliquerait pourquoi chaque galaxie visible semble incrustée dans son propre halo de matière noire.

L'Univers est uniforme à grande échelle

Les astronomes croient à l'existence de la matière noire pour une autre raison cosmique : l'Univers, à de grandes échelles, est semblable dans toutes les directions (il est isotrope), et conserve le même aspect d'un bout à l'autre (il est homogène). Ces deux propriétés indiquent que l'Univers possède juste la bonne densité de matière, qui est appelée *densité critique.* La quantité totale de matière visible dont l'Univers semble être doté est loin d'être suffisante pour arriver à cette densité critique. La matière noire comblerait le manque. Et la quantité exacte de matière noire présente pourrait déterminer si l'Univers va continuer indéfiniment son expansion ou s'effondrer sur lui-même (en un « big crunch »).

La matière de l'Univers se compose à 90 % de matière noire

Si les arguments qui précèdent sont exacts, alors au moins 90 %, voire 99 %, de toute la matière de l'Univers est de la matière sombre. C'est une pensée qui invite à l'humilité.

L'Univers que nous observons lorsque nous le scrutons au télescope, ou lorsque nous levons la tête vers le ciel nocturne qui regorge d'étoiles et de galaxies, n'est qu'une minuscule fraction de tout ce qui se trouve là-haut. Essayons d'illustrer cela par une analogie nautique : si les galaxies étaient l'écume des vagues, alors la matière noire serait l'immense océan invisible sur lesquelles elles flottent.

Mais de quoi se compose donc la matière noire ?

D'accord, il y a des tas de bonnes raisons pour penser que la matière noire existe. Mais si c'est vrai, alors de quoi est-elle faite ?

De manière générale, les astronomes divisent la matière noire en deux catégories : la matière noire baryonique et la matière noire non baryonique.

La matière noire baryonique : des grumeaux dans l'espace

Une partie de la matière noire pourrait être constituée de la même substance que le Soleil, les planètes et les humains. Ce type de matière sombre ferait partie de la famille des baryons, une catégorie de particules élémentaires qui inclut les protons et les neutrons que l'on trouve dans les noyaux des atomes.

Cette *matière sombre baryonique* pourrait inclure des gros morceaux de n'importe quelle substance difficile à voir, y compris de la poussière, des astéroïdes, des naines brunes (ou étoiles avortées) ou des naines blanches (qui sont les noyaux froids et épuisés des étoiles comme le Soleil). Ces grumeaux de matière, qu'on appelle parfois les MACHOS (en anglais : *Massive Compact Halo ObjectS,* c'est-à-dire objets compacts massifs du halo) pourraient composer les halos entourant les différentes galaxies. Mais ils ne sont pas en nombre suffisant, et de loin, pour expliquer le développement d'une grande structure dans le cosmos.

La matière noire non baryonique

Autre possibilité : la matière noire pourrait se composer d'un très grand nombre de particules subatomiques, dont l'existence est supposée par les physiciens, et qui ne présentent que peu ou pas du tout de ressemblance avec les baryons. Ces particules comprennent les *neutrinos*, dont on connaît l'existence, et d'autres portant des noms comme *axions, squarks* et *photinos,* que l'on n'a pas encore découverts.

Au cours du big bang, cette extraordinaire libération d'énergie qui a accompagné la naissance de l'Univers, il est possible qu'un zoo de particules bizarres de matière sombre ait été créé et que quelques-unes d'entre elles aient survécu. Parmi elles, l'*axion,* une sorte de trou noir miniature 100 milliards de fois plus léger qu'un électron. Bien que les axions soient des poids plumes, s'il en existe suffisamment ils pourraient contribuer de façon significative à la composition de la masse cosmique. Des expériences récentes suggèrent que le neutrino (une particule dont on croyait la masse nulle) possède en fait une masse et pourrait constituer une petite portion de la matière noire.

À la recherche de la matière noire

Partout dans le monde, les physiciens construisent des détecteurs sensibles afin de repérer les signaux révélateurs et fugitifs de la matière sombre. Certains analysent les débris subatomiques créés par des dispositifs géants qui fracassent des atomes, ce qui recrée brièvement la chaleur, l'énergie et les densités qui existaient au début de l'Univers.

Les techniques de recherche doivent être innovantes. Après tout, les scientifiques chassent des formes de matières qui, par définition, ne peuvent pas être vues, et excepté le fait qu'elles exercent une force gravitationnelle, elles n'interagissent pas avec la matière courante.

Les WIMPs sont farouches, mais elles laissent quand même des traces...

Prenons par exemple les efforts entrepris pour détecter les WIMPs. Aucun récipient ne peut piéger ces particules massives à interaction faible, mais les scientifiques peuvent rechercher la preuve qu'elles sont passées à travers un détecteur. Lorsqu'un WIMP passe à toute vitesse, il réchauffe légèrement l'un des atomes du détecteur, ce qui lui donne un petit peu d'énergie supplémentaire. Ces rencontres sont rares. Un détecteur typique de laboratoire ne repère donc cet événement qu'une fois toutes les x semaines.

Malheureusement, les rayons cosmiques, ces particules énergétiques qui pleuvent de toutes les directions de l'espace, peuvent imiter l'action d'un WIMP. Afin de réduire au minimum l'effet du bombardement de rayons cosmiques, le détecteur est placé dans un tunnel souterrain. La radioactivité naturelle provenant des murs du tunnel pourrait également réchauffer les atomes, donc on blinde le détecteur avec du plomb. Et pour réduire le gigotement des atomes qui devient de plus en plus important au fur et à mesure que la température augmente, le détecteur est refroidi à une température proche du zéro absolu.

Les MACHOS, en revanche, vous en mettent plein la vue !

Étant donné que les MACHOS sont des objets étendus et grumeleux, il est plus facile de rechercher des MACHOS que des WIMPs. La première méthode utilise un concept tiré de la théorie d'Einstein de la relativité générale. À savoir que la masse déforme le tissu de l'espace et le trajet emprunté par une onde lumineuse. Ce concept signifie qu'un objet qui se trouve par hasard sur la ligne de visée entre la Terre et une étoile éloignée concentrera la lumière de cette étoile, et la fera momentanément apparaître plus brillante. Plus l'objet – en l'occurrence un MACHO – est massif, plus l'étoile semblera brillante au cours de l'alignement.

En fait, le MACHO agit comme une minuscule lentille gravitationnelle, ou microlentille gravitationnelle, en courbant la lumière de l'étoile et en rendant cette dernière plus brillante. (Reportez-vous au chapitre 11 pour en savoir plus sur l'effet de lentille gravitationnelle).

Pour rechercher les MACHOS, les astronomes surveillent l'éclat d'étoiles de l'un des voisins les plus proches de la Voie lactée, la galaxie du Grand Nuage de Magellan. Pour atteindre la Terre, la lumière des étoiles du Nuage doit traverser le halo de la galaxie de la Voie lactée, et les MACHOS qui s'y trouvent devraient avoir un effet mesurable sur cette lumière.

Les astronomes ont enregistré plusieurs événements dans lesquels la luminosité d'étoiles du Grand Nuage de Magellan a soudainement augmenté, puis s'est atténuée. Le nombre de MACHOS déduit sur la base de ces observations n'est toutefois pas suffisant pour être digne d'être mentionné.

On peut cartographier la matière noire

À des échelles beaucoup plus grandes, les scientifiques utilisent la technique de la lentille gravitationnelle pour dresser la carte de la matière noire dans des galaxies entières, et même dans des amas de galaxies.

Pour créer le motif exact des images fantômes observées, il faut que la masse de l'amas qui intervient soit répartie d'une manière particulière. Étant donné que la plus grande partie de la masse de l'amas est composée de matière sombre, ce processus révèle dans quelle mesure la matière noire y est concentrée.

La matière noire a une importance primordiale

Certes, toutes les méthodes de détection et de mesure de la matière noire sont indirectes, mais les efforts qui sont entrepris pour la comprendre ne constituent pas un simple passe-temps destiné à amuser les astronomes ! Puisque c'est la forme de matière qui prédomine, elle influence profondément le passé, le présent et l'avenir de l'Univers.

L'antimatière : les opposés s'attirent

Il existe un autre type de matière qui est presque aussi étrange que la matière noire. Certains prétendent qu'elle est encore plus étrange. Il s'agit de l'antimatière.

L'existence de l'*antimatière* fut prédite en 1929 par le physicien britannique Paul Dirac, qui combina les théories de la mécanique quantique, de l'électromagnétisme et de la relativité dans un ensemble élégant d'équations. (Pour en savoir davantage sur ces théories, il vous faudra consulter des ouvrages de physique.) Dirac découvrit que pour chaque particule subatomique, un jumeau de masse égale mais de charge électrique opposée devrait exister. En conséquence, le proton a son *antiproton*, et l'électron son antiélectron. L'antiélectron est appelé *positron* (car sa charge est positive). Il existe aussi des expériences qui sont menées pour essayer de trouver l'antihélium dans les rayons cosmiques. Des scientifiques ont en fait fabriqué des antiparticules en laboratoire, et même des antiatomes complets, comme l'antihydrogène. Certains médecins utilisent des rayons d'antiparticules pour diagnostiquer et traiter le cancer.

Une forme de lumière connue sous le nom de rayonnement d'annihilation a été observée par les astronomes qui étudient les rayonnements gamma en provenance de l'espace. Les rayonnements gamma sont plus courts et ont davantage d'énergie que les rayons X. Lorsqu'un électron et son antiparticule, le positron, se rencontrent, ils s'annihilent en libérant des rayons gamma de longueur d'onde connue. Ces rayons révélateurs ont été détectés en provenance de plusieurs endroits de notre galaxie, y compris une grande région dans la direction du centre de la Voie lactée. Le rayonnement d'annihilation a également été reçue en provenance d'éruptions solaires très puissantes.

À l'échelle cosmique, le grand mystère consiste à savoir pourquoi l'Univers contient tellement plus de particules que d'antiparticules. Des expériences sont en cours pour essayer de trouver pourquoi. On présume que le big bang a créé un nombre égal des deux. Au moins, nous savons que nous avons des milliards d'années pour résoudre cette énigme avant que l'Univers (et nous avec !) ne subisse le sort qui lui est destiné, quel qu'il soit.

Ce chapitre a été écrit par Ron Cowen, journaliste responsable de la rubrique Astronomie et Espace de la revue américaine Science News.

Chapitre 15

Le big bang et l'évolution de l'Univers

Dans ce chapitre :

- Les fondements de la théorie du big bang
- L'inflation et l'expansion de l'Univers
- L'expansion de l'Univers est-elle en train de s'accélérer ?
- Le rayonnement fossile
- La constante de Hubble et l'âge de l'Univers

Il y a environ 12 milliards d'années, l'Univers, tel que nous le connaissons aujourd'hui, n'existait pas. Il n'y avait pas de matière, même pas un atome. Il n'y avait pas non plus de lumière, même pas un photon. L'espace n'avait pas encore été créé, et l'horloge cosmique ne s'était pas encore mise à tourner.

Puis, peut-être en un instant, l'Univers prit la forme d'un petit point dense rempli de lumière. En une minuscule fraction de seconde, toute la matière et l'énergie du cosmos furent créées. L'Univers naissant, bien plus petit qu'un atome, était extrêmement chaud, c'était une boule de feu. Sa taille s'est multipliée à un rythme fulgurant, tandis que sa température diminuait en conséquence.

Cette image de la naissance de l'Univers est de nos jours connue sous le nom de théorie du *big bang,* une expression anglaise qui signifie littéralement le « grand boum ».

Le big bang n'a pas été quelque chose comme l'explosion d'un pétard dans l'espace existant, mais bien l'expansion rapide de l'espace lui-même.

Durant le premier billionième de billionième de billionième de seconde, l'Univers a grandi plus d'un billion de billion de billion de fois. C'est ainsi que fut créée, à partir d'une mixture homogène de particules subatomiques et de rayonnement, toute une collection de galaxies, d'amas de galaxies et de superamas de galaxies, qui existent encore dans l'Univers aujourd'hui. Quand on y pense, il est stupéfiant d'imaginer que les structures les plus grandes de l'Univers, c'est-à-dire de gigantesques rassemblements de galaxies, qui s'étendent à travers le ciel sur des distances de plusieurs centaines de millions d'années-lumière, ont commencé leurs vies sous la forme de fluctuations subatomiques dans l'énergie du cosmos naissant. Mais actuellement, c'est la théorie par laquelle les scientifiques expliquent la formation de l'Univers.

Les fondements de la théorie du big bang

Pourquoi croire que l'Univers a commencé avec un big bang ?

Les astronomes citent trois raisons très différentes qui rendent la théorie très convaincante :

- **L'expansion de l'Univers.** L'indice le plus convaincant en faveur de la théorie du big bang a été apporté en 1929 par une découverte remarquable que l'on doit à l'astronome américain Edwin Hubble. Jusque-là, la plupart des scientifiques considéraient que l'Univers était statique, complètement immobile et ne changeait pas. Mais Hubble découvrit qu'il est en expansion : des groupes de galaxies s'éloignent les uns des autres, comme des débris projetés dans toutes les directions à la suite d'une explosion cosmique (voir la section « La constante de Hubble et l'âge de l'Univers » plus loin dans ce chapitre). On appelle ce phénomène la *fuite des galaxies*.

  Il est logique de penser que si les choses s'éloignent les unes des autres, elles étaient auparavant plus proches les unes autres. En retraçant l'cxpansion de l'Univers dans la durée, les astronomes ont déduit qu'il y a 12 milliards d'années (plus ou moins quelques milliards d'années), l'Univers était un endroit incroyablement chaud et dense dans lequel une gigantesque libération d'énergie a provoqué une énorme explosion.

- **Le rayonnement fossile, ou fond diffus cosmologique.** Dans les années 1940, le physicien russe George Gamow réalisa que le big bang chaud produirait un rayonnement intense. Deux de ses collègues émirent l'hypothèse que les restes de ce rayonnement, refroidis par l'expansion de l'Univers, pourraient encore exister, comme le désordre qui subsiste après une grande fête.

  En 1964, Arno Penzias et Robert Wilson, deux ingénieurs des laboratoires AT&T Bell qui exploraient le ciel avec un récepteur radio, détectèrent un faible crépitement uniforme. Ce qu'ils prirent tout d'abord pour un parasite radio se révéla être le faible chuchotement du rayonnement vestige du big bang. L'énergie de ce rayonnement qui emplit tout l'espace le situe dans le domaine des micro-ondes. Le fond diffus cosmologique possède exactement la température prévue par les astronomes et vérifie l'hypothèse selon laquelle il a refroidi continuellement depuis le big bang : sa température est de 2,73 kelvins (c'est-à-dire 2,73 °C au-dessus du zéro absolu de température, qui est de – 273,16 °C). La découverte de Penzias et Wilson leur valut le prix Nobel de physique en 1978.

- **L'abondance d'hélium dans le cosmos.** Les astronomes ont découvert que la quantité d'hélium dans l'Univers représente 24 % de celle d'hydrogène. Les réactions thermonucléaires au sein des étoiles (voir le chapitre 11) n'ont pas duré suffisamment longtemps pour produire une quantité si importante d'hélium. Mais cette quantité d'hélium correspond justement à celle qui est prédite par la théorie du big-bang.

Aussi populaire qu'elle puisse être, il est prouvé que la théorie standard du big bang n'est rien d'autre qu'un point de départ pour l'exploration de l'Univers à ses débuts. Cette théorie, malgré son nom, ne propose par exemple aucune explication sur la « dynamite cosmique » qui aurait déclenché le big bang.

L'inflation de l'Univers

La théorie du big bang a d'autres imperfections qui s'ajoutent au fait que l'on en ignore la source. Elle n'explique pas pourquoi des régions de l'Univers, séparées les unes des autres par des distances si grandes qu'elles n'auraient jamais pu communiquer, même avec des messagers voyageant à la vitesse de la lumière, se ressemblent quand même autant.

En 1980, le physicien américain Alan Guth avança la théorie de l'inflation de l'Univers, qui pourrait contribuer à expliquer ces mystères. Il partit de l'hypothèse qu'une minuscule fraction de seconde après la création de l'Univers, celui-ci a subi une phase d'expansion extrêmement rapide. En juste 10^{-32} secondes (cent millionièmes d'un billionième de billionième de seconde), la circonférence de l'Univers s'enfla à un *taux* bien plus élevé qu'à n'importe quel autre moment des 12 milliards d'années écoulées depuis.

Cette période de gigantesque expansion a écarté de minuscules régions, qui auparavant avaient été en étroit contact, et les a envoyées dans les coins éloignés de l'Univers. Il en résulte, à grande échelle, que le cosmos se ressemble de toute part, quelle que soit la direction dans laquelle l'observateur pointe son télescope. En effet, l'inflation fait grossir de minuscules régions de l'espace et leur fait atteindre des volumes bien supérieurs à ce que les astronomes pourront jamais observer. Cette expansion fait penser à l'idée fascinante que l'inflation crée peut-être des univers bien au-delà des limites du nôtre. Au lieu d'un seul univers, il est possible qu'il existe toute une collection d'univers, ou un *multivers*.

L'inflation possédait une autre propriété. Cette phase d'expansion extrêmement rapide a capturé des fluctuations aléatoires d'énergie au niveau subatomiques et les a fait grossir jusqu'à des tailles macroscopiques. En préservant et en amplifiant ces fluctuations, l'inflation a produit des régions avec de légères variations de densité.

Certaines régions contenaient davantage de matière et d'énergie, en moyenne, que d'autres. Pour désigner cela, on parle de fluctuations de densité de l'Univers primordial. Or, celles-ci correspondent aux fluctuations de la température du rayonnement cosmologique de fond (voir la section précédente et la figure 16.1). Avec le temps, la force de gravitation a façonné ces variations pour en faire le réseau arachnéen d'amas de galaxies et de vides géants qui remplissent l'Univers aujourd'hui.

Partie de rien ?

L'ironie, c'est que les réserves d'énergie qui alimentent l'inflation proviennent de rien : le *vide*. Selon la théorie quantique, en effet, le vide d'espace est loin d'être vide. Il grouille de particules et d'antiparticules qui sont créées et détruites en permanence. Les théoriciens ont donc avancé l'hypothèse que l'exploitation de cette énergie fournirait l'énergie explosive du big bang et du rayonnement qu'il a produit.

Le vide possède une autre propriété étrange. Il peut exercer une *force gravitationnelle répulsive.* Au lieu de faire s'attirer mutuellement deux objets, la force de gravitation répulsive les éloigne davantage l'un de l'autre. Selon la théorie générale de la gravitation d'Albert Einstein, plus cette force de gravitation répulsive est grande, plus elle peut encore s'accroître.

C'est cette force répulsive qui pourrait avoir causé l'ère d'inflation brève mais puissante. Tout comme l'inflation économique, l'inflation cosmique provoque un grand intérêt !

L'inflation et la forme de l'Univers

Le processus d'inflation, du moins dans la plus simple version proposée, devrait avoir imposé une autre condition à l'Univers. Il aurait rendu l'Univers plat. Toute courbure dans le cosmos aurait ainsi été étirée au cours de cette période d'expansion extrêmement rapide, qui aurait aplati l'Univers aussi sûrement que la surface d'un ballon gonflé brutalement. Il s'agit ici de géométrie euclidienne ou géométrie plane, celle qu'on pratique à la règle et au compas sur une feuille de papier, et que vous avez sans doute apprise au collège.

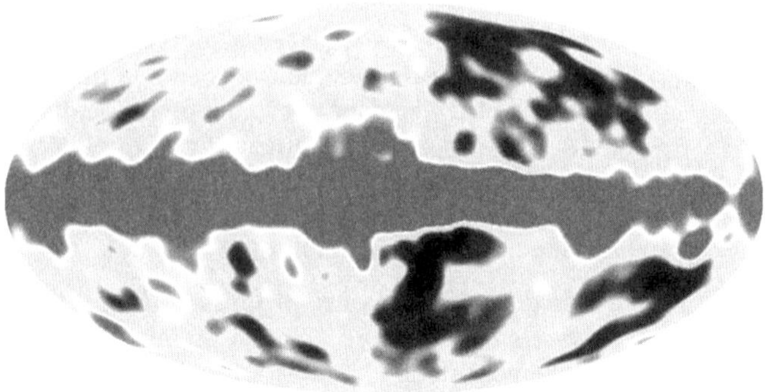

Figure 15-1 : Les moirures de ce portrait de l'Univers primitif, qui est une carte de l'ensemble du ciel établie à partir des observations du satellite COBE (COsmic Background Explorer, NASA, 1989), traduisent les différences infimes de température et correspondent aux variations du fond diffus cosmologique.

© NASA

Pourtant, pour que l'Univers soit plat, il faut que sa densité totale de matière ait eu une valeur très spécifique, encore inconnue à ce jour, appelée la *densité critique*. Si la densité de l'Univers était plus grande que la valeur critique, la gravitation serait suffisamment forte pour l'emporter sur l'expansion et inverser le mouvement, ce qui entraînerait finalement l'effondrement de l'Univers en ce que les astronomes apellent le *big crunch*, ou « grand écrasement ».

Un tel Univers se recourberait sur lui-même pour former un espace fermé de volume fini, comme la surface d'une sphère. Un vaisseau spatial voyageant en ligne droite dans cet univers finirait par se retrouver à son point de départ. Les mathématiciens disent de cette géométrie qu'elle a une *courbure positive*.

Si la densité était inférieure à la valeur critique, la gravitation ne pourrait jamais vaincre l'expansion, et l'Univers continuerait à grandir indéfiniment. On dit d'un tel Univers qu'il a une *courbure négative*, avec une forme qui ressemble à la selle d'un cheval.

Bien que la théorie de l'inflation exige, pour être valable, que l'Univers soit plat, plusieurs types d'observations ont révélé que le cosmos ne possède environ que 40% de la densité de matière nécessaire pour le maintenir plat. Donc en ce qui concerne la masse, le « grand-livre de la comptabilité cosmique » suggère que l'Univers n'en possède pas assez.

En conséquence, si l'Univers est vraiment plat, des masses de matière, qu'il s'agisse de matière visible ou invisible (matière noire), ne suffisent pas à tout expliquer. Il s'ensuit qu'il doit alors exister une forme spéciale de matière ou d'énergie (les deux sont équivalents, selon Einstein) qui remplit le cosmos et comble les 60% manquants. Les cosmologistes appellent cette composante spéciale *l'énergie du vide*.

L'énergie du vide accélère-t-elle l'expansion ?

L'énergie du vide, si elle existe, entraîne une conséquence renversante. Elle exercerait, elle aussi, une force gravitationnelle répulsive. En conséquence, l'expansion de l'Univers, au lieu de se ralentir depuis le big bang, s'accélérerait.

ÉTOILES ET TOILES

Certaines observations récentes semblent parler en faveur de cette notion bizarre, bien que le jury n'ait pas encore définitivement tranché. Pour obtenir davantage d'informations sur la théorie de l'accélération de l'expansion de l'Univers et sur d'autres concepts traités dans ce chapitre, visitez le site « La physique pour tous » du Laboratoire de Physique Corpusculaire et Cosmologie :

`cdfinfo.in2p3.fr/Culture/Culture.html`

Les nouvelles données se fondent sur des observations de supernovae de type Ia situées dans des galaxies éloignées. (Vous trouverez une photo de ce type de supernova dans la section de photos couleur de ce livre, et des explications sur les supernovae Ia et sur les autres supernovae au chapitre 11).

Toutes les supernovae sont suffisamment brillantes pour être détectées dans des galaxies éloignées, mais la catégorie Ia possède des propriétés spéciales. Les astronomes croient que ces explosions ont toutes en gros le même éclat intrinsèque, comme des ampoules d'une puissance connue en Watts (reportez-vous à la section « La constante de Hubble et l'âge de l'Univers » plus loin dans ce chapitre).

Étant donné que la lumière d'une galaxie lointaine met des centaines de millions d'années pour atteindre la Terre, les astronomes qui observent cette galaxie au télescope voient des supernovae qui ont explosé lorsque le cosmos était bien plus jeune que maintenant. Si l'Univers avait ralenti son expansion, la distance entre la Terre et les galaxies éloignées devrait être moindre, et la lumière devrait donc mettre moins de temps à la traverser que si l'Univers avait continué à se dilater à vitesse constante. En conséquence, dans le cas d'une expansion plus lente, une supernova d'une galaxie éloignée devrait apparaître légèrement plus brillante.

Mais deux équipes d'astronomes on obtenu un résultat exactement opposé : les supernovae éloignées apparaissaient légèrement plus pâles que prévu, comme si leurs galaxies étaient plus éloignées que ce que l'on avait calculé. Il semble, mais ce n'est en aucun cas certain, que l'Univers se soit emballé dans son expansion.

Cette découverte est chargée d'une multitude de mises en garde. La principale, c'est que les supernovae de type Ia du passé lointain aient pu avoir une luminosité différente de celles qui sont plus proches, peut-être parce que leur composition était différente. Si c'était le cas, les astronomes auraient pu être induits en erreur et penser que les supernovae pâles signifient que l'Univers est en train d'accélérer, alors que tout ce qu'ils observaient, c'était des supernovae ayant un éclat intrinsèque légèrement inférieur à celles qui sont plus proches.

Une nouvelle génération d'expériences pour l'étude du fond diffus cosmologique (voir la section précédente) a commencé à faire son entrée avec ses propres résultats. Un Univers plat impose que les fluctuations de température du fond diffus cosmologique aient une signature particulière. Jusqu'ici, les observations réalisées avec de nombreux télescopes terrestres ou embarqués sur des ballons vont dans le sens de cette hypothèse.

Les satellites MAP *(Microwave Anisotropy Probe* ou Sonde des anisotropies du rayonnement fossile) et Plank Surveyor de l'ESA (Agence Spatiale Européenne) sont destinés à effectuer la cartographie du fond diffus cosmologique dans le ciel tout entier, à une échelle beaucoup plus petite que ce qui a été réalisé jusqu'à présent. Une *anisotropie* est une différence concernant des propriétés physiques de l'espace, comme la température et la densité, selon la direction considérée. Les observations de ce satellite fourniront peut-être le test le plus rigoureux employé jusqu'à ce jour pour tenter de valider les théories sur l'inflation de l'Univers, sur sa forme et sur son destin ultime : que son expansion soit infinie, ou qu'elle doive être stoppée par la gravitation, ce qui finirait par causer son effondrement final.

ÉTOILES ET TOILES

Vous pouvez suivre la progression de MAP et de Planck en visitant les sites Web (en anglais)

`map.gsfc.nasa.gov.`

`astro.estec.esa.nl/SA-general/Projects/Planck/`

Les « germes » de galaxies et le fond diffus cosmologique

Le fond diffus cosmologique (c'est-à-dire le faible chuchotement causé par le rayonnement vestige du big bang) représente une photo de l'Univers lorsqu'il était environ vieux de 300 000 ans. Avant cette période, un brouillard d'électrons avait envahi l'Univers nourrisson, et le rayonnement créé dans le big bang ne pouvait pas circuler librement dans l'espace. Car il était sans cesse absorbé et dispersé par ces particules de charge négative.

Vers le 300 000ᵉ anniversaire du cosmos, celui-ci s'était suffisamment refroidi pour que les électrons puissent s'associer aux noyaux atomiques. Une fois ces particules associées, le brouillard absorbant fut levé. Décalée en longueur d'onde par l'expansion de l'Univers, la lumière de l'Univers âgé de

300 000 ans est aujourd'hui détectée sous la forme de micro-ondes et de lumière du domaine infrarouge lointain.

Lorsque le fond diffus cosmologique fut pour la première fois détecté dans les années 1960, il semblait avoir une température parfaitement uniforme partout dans le ciel. Il ne semblait pas y avoir de points qui auraient été légèrement plus chauds ou plus froids. C'était une énigme, car de telles variations infimes de température sont nécessaires pour expliquer comment l'Univers, qui est censé avoir commencé son existence sous la forme d'une soupe homogène de particules et de rayonnement, pourrait avoir fini par prendre celle d'un amas grumeleux de galaxies, d'étoiles et de planètes.

Selon la théorie, l'univers nourrisson n'était pas parfaitement lisse. Comme des grumeaux dans un bol de porridge (bouillie de flocons d'avoine), il devait y avoir des endroits légèrement plus denses que d'autres, avec plus ou moins d'atomes par mètre cube.

Ces *hétérogénéités locales* représentent les minuscules « germes » autour desquels la matière pourrait avoir commencé à s'agglutiner, et à partir desquels se seraient formées les galaxies. Ces variations de densité devraient être observées aujourd'hui sous la forme de minuscules fluctuations de densité, ou anisotropies, dans la température du fond diffus cosmologique.

En 1992, le satellite COBE *(COsmic Background Explorer)* de la NASA, qui venait juste trois ans auparavant de mesurer la température du fond diffus cosmologique avec une précision alors inégalée, réussit ce que de nombreux astronomes considèrent être un triomphe encore plus grand : il détecta des points chauds et froids dans le fond diffus cosmologique.

Ces variations sont en effet infimes, elles représentent moins d'un 10 000e de Kelvin au-dessus ou en dessous de la température moyenne, qui est de 2,73 kelvins. Néanmoins, ces ondulations cosmiques sont suffisamment importantes pour expliquer la croissance de structure dans l'Univers.

La constante de Hubble et l'âge de l'Univers

Quel âge a l'Univers ? Après des années de querelles d'écoles, certains astronomes pensent enfin avoir trouvé une réponse qu'ils considèrent comme étant la bonne à plus ou moins 10 %. Selon leurs estimations, l'âge de l'Univers serait soit d'environ 12 milliards d'années, soit d'environ 13,5 milliards d'années. La première valeur présume que le cosmos va continuer indéfiniment son expansion, mais à un rythme toujours plus lent, alors que la seconde prend pour hypothèse qu'une force mystérieuse est en fait en train d'accélérer son expansion (voir la section « L'énergie du vide accélère-t-elle l'expansion ? » plus haut dans ce chapitre).

Quelle est la véritable vitesse de déplacement des galaxies ?

Les estimations de l'âge du cosmos dépendent toutes d'une valeur qui a obsédé les astronomes pendant des dizaines d'années : la constante de Hubble, qui représente la vitesse avec laquelle l'Univers est en train d'effectuer son expansion. Cette constante fut découverte par l'astronome américain Edwin Hubble en 1929. Hubble montra alors que notre Univers est en expansion. Il fit en particulier la découverte remarquable que toute galaxie éloignée (c'est-à-dire toute galaxie située au-delà du groupe de galaxies locales, qui est décrit au chapitre 12) semble s'éloigner à toute vitesse de notre propre galaxie, la Voie lactée.

Hubble découvrit que plus la galaxie est éloignée, plus elle s'éloigne rapidement. Prenons par exemple deux galaxies, dont l'une se trouve deux fois plus loin de la Voie lactée que l'autre. La galaxie qui est deux fois plus éloignée semble se déplacer deux fois plus vite. (Selon la théorie de la relativité générale d'Albert Einstein, les galaxies elles-mêmes ne bougent pas. C'est au contraire le tissu de l'espace dans lequel elles sont ancrées qui est en expansion.) Cette relation est connue sous le nom de *loi de Hubble.*

Une constante inconstante ?

Étant donné que l'attraction gravitationnelle mutuelle des galaxies a peut-être ralenti l'expansion commencée avec le big bang, ou qu'une mystérieuse énergie accélère peut-être cette expansion, la constante de Hubble n'est tout compte fait peut-être pas une constante. La vitesse d'expansion pourrait avoir eu une valeur différente dans le passé. De même, l'inverse de la constante de Hubble (1/ H_0) n'indique que l'âge de l'Univers si la vitesse d'expansion a été constante depuis le big bang.

Les scientifiques calculent H_0 en divisant la vitesse à laquelle une galaxie se déplace par sa distance. Il est facile d'obtenir la vitesse : les astronomes mesurent le décalage dû à l'effet Doppler-Fizeau des couleurs spécifiques ou longueurs d'onde émises ou absorbées par une galaxie. Ces longueurs d'onde sont décalées vers le rouge (paraissent plus grandes) pour un objet qui s'éloigne de la Terre à toute vitesse. Plus le décalage vers le rouge (« redshift » en anglais) est grand, plus la galaxie s'éloigne rapidement.

En revanche, il est bien plus difficile de mesurer la distance.

D'abord, afin de mesurer le taux d'expansion de l'Univers avec précision, les astronomes doivent évaluer la distance de galaxies très lointaines, celles qui se trouvent à 600 millions d'années-lumière ou plus de la Terre. En effet, à des distances moindres, l'expansion est partiellement contrecarrée par l'attraction gravitationnelle des galaxies qui sont relativement proches de la Voie lactée.

Toutefois, les astronomes ne disposent pas de moyens entièrement fiables pour mesurer directement les distances de galaxies éloignées. En étalonnant la distance qui nous sépare des galaxies proches et en se frayant un chemin, pas à pas, vers des galaxies plus éloignées, les astronomes ont assemblé une unité de mesure pour l'Univers.

Comment mesure-t-on la distance des galaxies ?

La plupart des stratégies destinées à mesurer la distance utilisent une référence, l'équivalent cosmique d'une ampoule électrique de puissance connue en watts (disons par exemple une ampoule de 60 W).

Supposons que vous croyez connaître l'éclat réel ou *luminosité absolue* d'un type d'étoile particulier. L'éclat d'une source lumineuse distante s'affaiblit proportionnellement au carré de la distance. Donc la faiblesse de l'éclat d'une étoile dans une galaxie distante traduit la distance qui sépare cette galaxie de la Terre.

Les étoiles jaunes pulsantes connues sous le nom des *céphéides* comptent encore parmi les *chandelles standards*, ou balises cosmiques, les plus crédibles pour l'estimation de la distance de galaxies relativement proches (voir le chapitre 12). L'éclat de ces jeunes étoiles augmente et s'affaiblit périodiquement.

C'est en 1912 à l'Observatoire de l'université de Harvard que Henrietta Leavitt découvrit que la période de variation de l'éclat des céphéides est en relation directe avec leur luminosité absolue. Plus la période est longue, plus la luminosité est grande.

Les supernovae de type Ia (voir la section antérieure « L'énergie du vide accélère-t-elle l'expansion ? » et le chapitre 11) constituent un autre type de chandelle standard. Comme les supernovae sont bien plus brillantes que les céphéides, on peut les observer dans des galaxies qui sont bien plus éloignées. Des calculs récents de la constante de Hubble utilisent ces deux types de chandelles standard, ainsi que d'autres étalons.

Malgré tout, ces méthodes sont quand même plutôt grossières. Donc bien que nous soyons sûrs du fait que l'Univers est en expansion, la vitesse exacte de l'expansion et la variation de cette vitesse au cours de l'histoire cosmique sont encore mal connues. Même si une sorte de flic cosmique se trouve là-haut embusqué avec son radar, il nous est vraiment très difficile de regarder par-dessus son épaule pour voir si l'Univers est en flagrant délit d'excès de vitesse !

Ce chapitre a été écrit par Ron Cowen, journaliste responsable de la rubrique Astronomie et Espace de la revue américaine Science News.

Cinquième partie

Curiosités et idées fausses

Dans cette partie...

Vous êtes-vous déjà trouvé dans une soirée à rechercher désespérément quelque chose d'intéressant et d'unique à raconter ? Avez-vous trituré vos méninges pour y trouver une anecdote captivante, qui aurait fait de vous la personne douée d'une intelligence supérieure que tout le monde aurait remarqué ? Pour être à même de vous emparer du prochain trou dans une conversation, lisez cette partie. Je vous y présente dix bizarreries relatives à l'espace, et je vous garantis qu'elles attireront l'attention de votre public. Enfin, je profite de cette tribune pour stigmatiser les dix erreurs « astronomiques » les plus fréquentes de la plupart des gens, et surtout des médias !

Chapitre 16

Dix curiosités astronomiques et spatiales

Dans ce chapitre :

- La vérité sur les queux de comètes, les rochers de Mars, les météorites dans vos cheveux et le big bang vu à la télé en noir et blanc
- La découverte de la planète Pluton fut en réalité le fruit du hasard, les taches solaires ne sont pas sombres, et la pluie ne touche jamais le sol de Vénus
- Les mythes sur les marées, les étoiles en train d'exploser, et le caractère unique de la Terre

Voici quelques-unes des étrangetés que j'adore raconter et qui concernent l'astronomie et, en particulier, la Terre et son système solaire. Avec ces infos dans la musette, vous serez prêt à répondre aux questions sur l'astronomie qu'on vous posera dans les quiz télé, comme *Qui veut gagner des millions ?*

La queue d'une comète ouvre souvent la voie, au lieu de traîner derrière

La queue d'une comète n'est pas semblable à celle d'un cheval, qui se trouve toujours derrière. La queue d'une comète est toujours pointée dans la direction opposée à celle du Soleil. Donc lorsqu'une comète approche du Soleil, sa ou ses queues flottent derrière elle, mais lorsque la comète retourne vers les confins du système solaire, c'est la queue qui ouvre la voie. (Reportez-vous au chapitre 4 pour en apprendre davantage sur les comètes.)

On trouve des rochers de Mars partout sur Terre

Environ une douzaine de météorites qui sont des fragments de la croûte de Mars ont été trouvés sur la Terre. Elles ont été éjectées de cette planète par les impacts d'objets bien plus grands, peut-être venus de la ceinture d'astéroïdes. Mais les rochers de Mars qui ont été trouvés sur la Terre ne sont en fait que ceux qui ont été identifiés par les chasseurs de météorites, ou que des témoins ont vraiment vu tomber. Les statistiques affirment qu'un nombre bien plus grand doit être tombé dans l'océan ou en des endroits reculés, où ils n'ont jamais été découverts. (Reportez-vous au chapitre 6 pour en savoir plus sur Mars.)

Il y a de minuscules météorites dans vos cheveux

Les *micrométéorites* sont de minuscules particules venues de l'espace et qui ne sont visibles qu'au microscope. Elles tombent constamment à la surface de la Terre. Chaque fois que vous sortez, certaines vous tombent dessus. Mais sans les équipements de laboratoire et les techniques d'analyses les plus avancées, elles sont impossibles à détecter. Elles se perdent dans la grande masse des pollens, des poussières de toute sortes, et probablement aussi (je suis désolé de le dire) des pellicules qui se trouvent au-dessus de votre tête.

Vous avez peut-être déjà vu le big bang sur une vieille télé

Une partie de la « neige », qui est une forme d'interférence qui ressemble à de petits points blancs ou à des rayures blanches sur les vieux postes de télé en noir et blanc, est en fait causée par le rayonnement cosmologique de fond, une radiation qui fut émise à la suite du big bang alors que l'Univers était encore très jeune (voir le chapitre 16). Lorsque ce rayonnement fossile fut découvert en 1964 par deux ingénieurs de la Compagnie des téléphones Bell, ils recherchèrent de nombreuses causes qui auraient permis d'expliquer le « bruit » inattendu capté par le récepteur radio. Les deux scientifiques envisagèrent même sérieusement la possibilité que les crottes des deux pigeons qui avaient fait leur nid dans le creux de l'antenne en aient été la cause !

La planète Pluton a été découverte à partir de prévisions fondées sur une théorie erronée

Percival Lowell a prédit l'existence de Pluton et sa localisation approximative. Lorsque Clyde Tombaugh étudia la région, il découvrit la planète. Mais nous savons maintenant que la théorie de Lowell, qui déduisait l'existence de Pluton à partir de ses effets gravitationnels sur le mouvement d'Uranus, était fausse. En fait, la masse de Pluton est très faible et incapable de produire les effets « observés ». En outre, ces effets ne sont dus qu'à des erreurs de mesure du mouvement d'Uranus. (On ne disposait alors pas de suffisamment d'informations sur le mouvement de Neptune pour l'étudier et y rechercher des indices de l'existence de Pluton.) La découverte de Pluton a nécessité un dur travail, mais elle n'est due qu'à un pur hasard. (Reportez-vous au chapitre 9 pour en savoir davantage sur Pluton.)

Les taches solaires ne sont pas sombres

Tout le monde « sait » que les taches solaires sont ces points « sombres » que l'on observe sur le Soleil. Mais en réalité, les taches solaires ne sont que des endroits où le gaz solaire brûlant est légèrement plus froid que son environnement (pour davantage d'explications, reportez-vous au chapitre 10). Ces taches ont l'air sombre comparées à leur environnement plus chaud, mais si vous pouvez en voir une isolément, elle aurait l'air très brillante.

Sur Vénus, la pluie ne tombe jamais dans la plaine

En fait, la pluie constante sur Vénus ne tombe jamais sur quoi que ce soit. Elle s'évapore avant d'atteindre le sol, et la pluie n'est que de l'acide pur. (Voir le chapitre 6)

Les marées océaniques de l'hémisphère terrestre qui fait face à la Lune ne sont pas plus hautes que celles de l'autre côté

Cette vérité défie le bon sens, mais pas la physique ni l'analyse mathématique ; les marées que la Lune fait lever dans l'océan sur l'hémisphère terrestre qui fait face à la Lune ne sont pas plus hautes que les marées qui se produisent au même moment sur le côté opposé de la Terre. (Reportez-vous au chapitre 5 pour en savoir davantage sur la Lune). La même chose est valable pour les marées océaniques plus petites qui sont causées par le Soleil.

Une étoile parfaitement visible aujourd'hui a peut-être explosé en supernova depuis longtemps, mais personne n'en sait rien

Êta de la Carène (ou Carinae) est l'une des étoiles les plus massives et les plus brillantes de notre galaxie, et on prévoit qu'elle va produire une puissante explosion de supernova, si ce n'est pas déjà fait. Mais étant donné que la lumière a besoin de 9 000 ans pour voyager de Êta Carinae vers la Terre, une explosion qui aurait eu lieu il y a moins de 9 000 ans ne serait pour nous pas encore visible. (Voir le chapitre 11 pour en découvrir davantage sur les cycles de vie des étoiles.)

La Terre est constituée par une matière rare et inhabituelle

La plus grande partie de toute la matière qui existe dans l'Univers se compose de ce qu'on appelle la *matière noire,* un truc invisible que les astronomes n'ont pas encore identifié (voir le chapitre 14). Même en ce qui concerne la matière ordinaire ou visible, la plus grande partie existe sous forme de plasma (gaz brûlant électrifié qui est le constituant des étoiles normales comme notre Soleil) ou de matière dégénérée (dans laquelle les atomes ou même les noyaux des atomes sont écrasés ensemble pour former une densité inimaginable, telle qu'on la trouve dans les naines blanches et les étoiles à neutrons, que je décris au chapitre 11). On ne trouve pas de matière noire ni de matière dégénérée sur la Terre, c'est tout juste si on y trouve un peu de plasma. Comparé à la plus grande partie de tout l'Univers, notre planète et nous-mêmes sommes des « bizarreries ». (Reportez-vous au chapitre 14 pour en savoir plus sur les propriétés uniques de la Terre.)

Chapitre 17

Dix idées fausses très répandues sur l'astronomie et l'espace

Dans ce chapitre :

- Les conceptions erronées
- Les idées fausses propagées par les médias

Dans la vie quotidienne, c'est-à-dire lorsque vous lisez les journaux, lorsque vous regardez le journal télévisé ou lorsque vous parlez à des amis, vous rencontrez plusieurs idées fausses qui sont fréquemment véhiculées au sujet de l'astronomie. Dans ce chapitre, je pourfends ces mythes.

Dans la ceinture d'astéroïdes, on peut voir des astéroïdes tout autour de soi

Dans quasiment n'importe quel film d'aventure dans l'espace, il y a une scène dans laquelle le pilote intrépide dirige adroitement le vaisseau spatial à travers des centaines d'astéroïdes qui passent en trombe à côté dans toutes les directions, parfois par paquet de cinq. Les cinéastes ne comprennent tout simplement pas l'immensité du système solaire. Si vous étiez debout sur un astéroïde en plein milieu de la « ceinture principale », entre Mars et Jupiter, vous pourriez vous estimer heureux si vous arriviez à voir plus d'un ou deux astéroïdes à l'œil nu, et même d'arriver à en voir un seul. (Reportez-vous au chapitre 7 pour davantage d'infos sur les astéroïdes.)

Il faut atomiser un « astéroïde tueur » qui doit entrer en collision avec la Terre pour sauver la planète

Il existe de nombreuses idées fausses concernant les astéroïdes, et la dernière cuvée de films « fin du monde » et de rapports sur les « astéroïdes tueurs » a fourni de grandes mais malheureuses occasions de renforcer ces mythes dans l'opinion publique.

Si un astéroïde suit une trajectoire de collision avec la Terre, le faire exploser avec une bombe H n'en fera qu'un tas de rochers plus petits et collectivement tout aussi dangereux, toujours sur la même trajectoire en direction de notre planète. Avant d'avoir vu *Armageddon*, j'étais un fan de Bruce Willis ; maintenant, je n'en suis plus qu'un demi-admirateur.

Les astéroïdes sont ronds comme de petites planètes

Quelques-uns des plus grands astéroïdes sont vraiment sphériques, mais la grande majorité sont des blocs irréguliers de pierre ou de fer. Beaucoup ont la forme de cacahouètes ou de pommes de terre, et sont marqués par des cratères. (Reportez-vous au chapitre 7 pour en apprendre davantage sur les astéroïdes.)

Le big bang est mort

Lorsqu'un astronome fait état d'une découverte qui ne cadre pas dans la conception actuelle de l'astronomie, les médias se mettent souvent à brailler que « le big bang est mort ». (Voir le chapitre 15 pour des explications sur le big bang.) Mais les astronomes trouvent simplement des différences entre l'expansion observée de l'Univers et des descriptions mathématiques spécifiques de celui-ci. Les théories en concurrence, y compris celle qui justement correspond aux données nouvellement publiées, sont également cohérentes avec le big bang. Elles ne diffèrent que dans le détail.

Une météorite qui vient de s'écraser est « encore toute chaude »

En réalité, les météorites qui viennent juste de tomber sont froides ; parfois, du givre (provenant du contact avec l'humidité de l'air) se forme sur la pierre glacée qui vient juste d'atterrir. Lorsqu'un témoin affirme avoir vu une météorite tomber au sol et s'être brûlé les doigts sur le rocher, son témoignage n'est probablement qu'un canular. (Voir le chapitre 4 pour plus de détails sur les météorites.)

L'été, la Terre est plus proche du Soleil qu'en hiver

La croyance selon laquelle l'été est la période de l'année durant laquelle la Terre est la plus proche du Soleil est probablement l'erreur la plus courante de toutes, mais le bon sens vous dit que c'est faux. Après tout, l'hiver règne en Australie alors que c'est l'été en Europe. Mais à n'importe quel jour de l'année, l'Australie et l'Europe se trouvent à la même distance du Soleil. (Voir le chapitre 5 pour davantage d'explications.)

« La lumière de cette étoile a mis 1 000 années-lumière pour atteindre la Terre »

Beaucoup de gens pensent que l'année-lumière est une unité de temps, comme un jour, un mois ou une année ordinaire. Mais une année-lumière est une unité de distance, qui est égale à la distance que parcourt la lumière dans le vide sur une période d'un an. (Voir le chapitre 1)

Lorsqu'on dit par exemple qu'une galaxie est éloignée de « deux milliards d'années-lumière », il s'agit d'une distance mesurée avec précision

Les connaissances que nous autres astronomes avons des distances de galaxies très éloignées (celles qui sont éloignées de centaines de millions d'années-lumière, ou davantage) sont si imprécises que nous ne publions jamais de distances estimées en vue d'une utilisation professionnelle. Étant donné que les médias réclament des descriptions précises, les astronomes font des déclarations du genre « si telle version du big bang est correcte, alors la distance de cette galaxie est de deux milliards d'années-lumière. » Mais les journalistes – ou les rédacteurs – simplifient les articles et omettent ces paroles ambiguës. Et jusqu'à un passé récent, les valeurs rapportées pouvaient être erronées de 200 %.

L'« étoile du berger » est une étoile

L'étoile du berger n'est pas une étoile, c'est une planète. En outre, Vénus peut être « étoile du matin » ou « étoile du soir » en fonction de la période de l'année (voir le chapitre 6). La même idée s'applique à l'étoile du soir. C'est une planète, et il peut y en avoir plus d'une seule. Le terme « étoile filante » est également mal approprié. Les étoiles filantes ne sont pas des étoiles, ce sont des météores, c'est-à-dire des phénomènes lumineux qui sont causés par les frottements subis par des météorites lors de leurs descentes à grande vitesse dans l'atmosphère terrestre.

Le Soleil est une étoile moyenne

On lit parfois, dans certains journaux ou même dans certains ouvrages grand public édités sous la responsabilité d'astronomes qui devraient pourtant savoir ce qu'ils avancent, que le Soleil est une étoile moyenne. En fait, la grande majorité de toutes les étoiles sont plus petites, moins brillantes, plus froides, et moins massives que le Soleil (voir le chapitre 10). Soyez donc fier de notre Soleil !

Le télescope Hubble va voir les choses de près

Le télescope spatial Hubble ne prend pas les merveilleuses photos que l'on connaît en voyageant à travers l'espace jusqu'à ce qu'il arrive tout près des nébuleuses, des amas d'étoiles et des galaxies qu'il photographie. Ce télescope reste sur une orbite proche de la Terre, et il ne fait que prendre de superbes photos !

Sixième partie

Annexes

« Paul, éteint ta lampe de poche. Il y a là-bas un amas d'étoiles qui a l'air vraiment intéressant, et j'essaie d'en prendre une photo. »

Dans cette partie…

Les annexes de cette partie devraient vous permettre d'améliorer vos observations du ciel au cours des prochaines années. La première annexe propose quelques repères historiques en astronomie. En second lieu, vous trouverez un glossaire, avec les définitions de quelques termes d'astronomie. Vous les emploierez souvent en pratiquant votre passe-temps préféré, la tête dans les étoiles.

Annexe A

Repères historiques en astronomie

IIIe siècle av. J.-C. Ératosthène détermine la circonférence terrestre.

IIe siècle av. J.-C. Hipparque établit un catalogue de 850 étoiles classées par luminosité en 6 grandeurs (origine du système des magnitudes).

127-141 Ptolémée perfectionne la théorie géocentrique de l'Univers.

964 Abdurraman Al Sufi édite un catalogue d'étoiles dont les noms sont pour la plupart encore utilisés aujourd'hui.

1420 Le prince Ulugh Beg fait construire un grand observatoire à Samarkand. Il y dresse des tables de position des planètes, et établit un catalogue de plus de mille étoiles.

1543 Nicolas Copernic publie sa théorie héliocentrique l'année de sa mort.

1572 Tycho Brahe observe une nouvelle étoile (une supernova), et conclut que la sphère des étoiles fixes n'est pas immuable, en contradiction avec la pensée grecque.

1600 Giordano Bruno est brûlé vif à Rome pour avoir défendu l'idée d'une pluralité de mondes habités autour d'innombrables étoiles.

1609 En utilisant sa lunette, Galilée découvre les cratères de la Lune, 4 satellites autour de Jupiter, la rotation du Soleil, et la présence d'innombrables étoiles dans la Voie Lactée. Johannes Kepler comprend que les planètes décrivent des orbites elliptiques autour du Soleil.

1667 Louis XIV fonde l'Observatoire de Paris, et place à sa tête Jean-Dominique Cassini.

1668 Newton invente le premier télescope à miroir.

1675 Ole Roemer détermine grossièrement la vitesse de la lumière en observant le ballet des satellites de Jupiter.

1688 Newton publie la théorie de la gravitation universelle.

1755 Emmanuel Kant propose un modèle de formation du système solaire, et distingue certaines nébuleuses comme étant des « Univers-îles ».

1758 Retour de la grande comète prédit par Halley 53 ans plus tôt.

1781 William Herschel découvre Uranus.

1801 Guiseppe Piazzi découvre le premier astéroïde, baptisé Cérès.

1842 Christian Doppler découvre l'effet qui porte son nom.

1846 Johann Galle découvre Neptune grâce aux calculs d'Urbain Le Verrier : triomphe de la mécanique céleste.

1851 Léon Foucault met en évidence la rotation de la Terre à l'aide d'un pendule accroché à la voûte du dôme du Panthéon à Paris.

1878 Giovanni Schiaparelli fait la première observation de canaux sur Mars. Percival Lowell les considérera comme l'œuvre d'une civilisation avancée.

1909 Eugène Antoniadi met fin à la controverse des canaux martiens en utilisant la Grande Lunette de Meudon.

1910 La Terre traverse la queue de la comète de Halley.

1912 Henrietta Leavitt découvre la relation période-luminosité des céphéides, ce qui permettra d'utiliser ces étoiles comme indicateurs de distance.

1916 Albert Einstein publie la théorie de la Relativité générale.

1919 Arthur Eddington vérifie les prédictions de la Relativité générale au cours de l'éclipse du 29 mai.

1920 En observant une centaine d'amas globulaires, Harlow Shapley déduit que notre Soleil se trouve en périphérie de la Galaxie.

1921 Albert Michelson et Francis Pease mesurent pour la première fois le diamètre d'une étoile (Bételgeuse).

1923 Edwin Hubble prouve que les galaxies (appelées nébuleuses à l'époque) sont extérieures à le Voie Lactée.

1930 Clyde Tombaugh découvre Pluton à la suite d'une recherche systématique.

1932 Karl Jansky découvre l'émission radio de la Voie Lactée.

1940 Hans Bethe explique la source d'énergie des étoiles.

1957 L'Union Soviétique lance Spoutnik 1, le 1er satellite artificiel de la Terre.

1958 Découverte des ceintures de radiation de la Terre par Van Allen avec le 1er satellite artificiel américain, Explorer 1.

1960 Frank Drake démarre le projet SETI de recherche d'une forme de vie extra-terrestre intelligente

1961 Youri Gagarin est le premier homme dans l'espace.

1965 Arno Penzias et Robert Wilson découvrent le rayonnement fossile du big bang.

1967 Jocelyn Bell et Anthony Hewish découvrent le premier pulsar.

1969 Neil Armstrong et Buzz Aldrin marchent sur la Lune.

1974 Trois astrophysiciens annoncent que 90% de la masse de l'Univers seraient sous forme d'une énigmatique matière noire. Mariner 10 survole Mercure.

1975 Les sondes soviétiques Venera 9 et 10 photographient le sol de Vénus.

1976 La sonde Viking 1 se pose sur Mars.

1979 La 1ère fusée Ariane s'envole de Kourou. Voyager 1 survole Jupiter.

1980 Voyager 1 survole Saturne.

1986 La sonde européenne Giotto frôle la comète de Halley à près de 600 km. Voyager 2 survole Uranus.

1987 Ian Shelton découvre SN1987A, la première supernova visible à l'œil nu depuis celle de 1604.

1989 Voyager 2 survole Neptune.

1990 Le satellite américain COBE mesure le fond diffus cosmologique. Les résultats confortent la théorie du big bang.

1991 Alexander Wolszczan découvre des planètes en orbite autour d'un pulsar. Ce sont les premières planètes extra-solaires découvertes.

1994 La comète Schoemaker-Levy 9 percute Jupiter.

1995 Michel Mayor et Didier Queloz découvrent 51 Pegasi B, la première planète extra-solaire en orbite autour d'une étoile analogue au Soleil.

1998 Deux équipes d'astronomes découvrent que l'expansion de l'univers s'accélère en étudiant les supernovae lointaines.

Annexe B

Glossaire

amas d'étoiles, amas stellaire : groupe d'étoiles liées par leur attraction gravitationnelle mutuelle et qui se sont formées ensemble à peu près au même moment (il existe des **amas globulaires** et des **amas ouverts**).

astéroïde : un des petits objets rocheux et/ou métalliques en orbite autour du Soleil.

binaire : deux étoiles en orbite autour de leur centre de masse commun de masse dans l'espace ; appelé aussi système binaire, étoile double, couple, paire.

comète : un des nombreux petits corps faits de matière glacée et poussiéreuse en orbite autour du Soleil.

cratère : dépression circulaire à la surface d'une planète, d'un satellite ou d'un astéroïde, causée par l'impact d'un corps qui l'a percuté, par une éruption volcanique, ou par l'effondrement d'une zone.

décalage vers le rouge : augmentation de la longueur d'onde de la lumière ou du son, due à un mouvement d'éloignement relatif de l'observateur par rapport à la source lumineuse ou sonore (voir effet Doppler-Fizeau).

écliptique : la trajectoire apparente du Soleil autour de la Terre sur l'arrière-plan des constellations.

effet Doppler-Fizeau, effet Doppler : modification de la fréquence ou de la longueur d'onde émise par une source de lumière ou sonore en mouvement relatif par rapport à un observateur.

étoile à neutrons : résidu d'une étoile après son explosion en supernova. Objet compact d'une dizaine de kilomètres de diamètre, mais dont la masse est supérieure à celle du Soleil (tous les pulsars sont des étoiles à neutrons, mais toutes les étoiles à neutrons ne sont pas des pulsars).

étoile double : deux étoiles qui ont l'air d'être très proches l'une de l'autre dans le ciel et qui peuvent être associées physiquement (**binaire**), ou qui peuvent ne pas être apparentées l'une avec l'autre et se trouver à des distances différentes de la Terre.

étoile variable : étoile dont l'éclat change régulièrement de manière perceptible.

étoile : masse très importante de gaz maintenue ensemble par sa propre attraction gravitationnelle, et qui est alimentée par des réactions thermonucléaires.

galaxie : système gigantesque de milliards d'étoiles, qui contient parfois aussi d'immenses quantités de gaz et de poussières.

géante rouge : grosse étoile très brillante avec une faible température de surface ; c'est une phase avancée de la vie d'une étoile semblable au Soleil.

matière noire ou sombre : substance inconnue, dont la présence est détectée par son effet gravitationnel sur les objets célestes.

météore : phénomène lumineux causé par la chute d'une météorite à travers l'atmosphère terrestre ; terme souvent employé à tort pour désigner la météorite elle-même.

météorite : objet composé de roche et/ou de métal ; probablement un morceau d'astéroïde.

naine blanche : objet petit et dense qui brille à partir de la chaleur accumulée et dont l'éclat diminue ; c'est le stade ultime de l'évolution d'une étoile semblable au Soleil.

nébuleuse planétaire : nuage de gaz brillant en expansion, qui a été expulsé par une étoile semblable au Soleil, dans les affres de sa mort.

nébuleuse : nuage de gaz et de poussière dans l'espace, qui peut émettre, réfléchir et/ou absorber de la lumière.

occultation : passage d'un corps céleste derrière un autre qui le cache à la vue d'un observateur terrestre.

orbite : trajectoire décrite par un corps céleste ou un vaisseau spatial.

planète : grand objet sphérique qui s'est formé dans un nuage aplati autour d'une étoile et qui, contrairement à une étoile, ne produit pas d'énergie par réaction nucléaire.

pulsar : petit objet immensément dense qui tourne très rapidement et émet un ou plusieurs faisceaux de lumière, d'ondes radio et/ou de rayons X comme le faisceau d'un phare.

quasar : petit objet extrêmement brillant au centre d'une galaxie éloignée. On pense que sa colossale émission d'énergie provient de l'environnement proche d'un trou noir supermassif.

rotation : mouvement d'un objet autour d'un axe passant par son centre de masse.

seeing : mesure de la stabilité de l'air à l'endroit où des observations astronomiques sont effectuées (lorsque le seeing est bon, la turbulence atmosphérique est faible et les images données par un télescope sont plus nettes).

supernova : immense explosion qui détruit une étoile entière et qui peut former un trou noir ou une étoile à neutrons.

terminateur : ligne séparant les parties illuminée et non illuminée d'un corps qui brille par réflexion de la lumière du Soleil, comme une planète, la Lune, ou un astéroïde.

transit : mouvement d'un petit objet, comme Mercure, devant un objet plus grand, comme le Soleil.

trou noir : objet d'une gravité si forte que rien à l'intérieur ne peut s'en échapper, même pas la lumière.

zénith : point du ciel situé directement au-dessus de l'observateur.

Les unités de mesure du ciel

année-lumière (al) : unité de distance qui équivaut à la distance parcourue par la lumière en une année, c'est-à-dire à environ 9 460,7 milliards de kilomètres.

ascension droite : dans le ciel, c'est la coordonnée qui correspond à la longitude sur la Terre. Elle se compte en degrés, de 0 à 360, ou en heures, minutes et secondes, de 0 à 24 h (1 h représente 15°) positivement vers l'Est à partir du point vernal (qui est un point dans le ciel où l'équateur céleste croise l'écliptique et où le Soleil se trouve lors de l'équinoxe de printemps dans l'hémisphère Nord).

déclinaison : dans le ciel, c'est la coordonnée qui correspond à la latitude sur la Terre ; elle est mesurée en degrés (de 0° à 90°) à partir de l'équateur céleste ; elle est positive (ou boréale) dans l'hémisphère céleste Nord, et négative (ou australe) dans l'hémisphère céleste Sud.

kelvin : unité de mesure de température utilisée dans le système international d'unités (système S.I.). La température du point triple de l'eau (0,01 °C) sert de référence, et vaut 273,16 K. Une différence de températures a la même valeur numérique en kelvins (K) ou en degrés Celsius (°C). On en déduit que la relation entre une température t exprimée en degrés Celsius, et la même température T exprimée en kelvins est : t(°C) = T(K)-273,15.

magnitude : mesure de la luminosité relative des étoiles. Plus la magnitude est faible, plus l'étoile est brillante. Une étoile de magnitude 1 est 100 fois plus brillante qu'une étoile de magnitude 6.

minute d'angle / seconde d'angle : unités de mesure d'angle pour l'observation du ciel. Un cercle entier se compose de 360 degrés, divisés chacun en 60 minutes ; chaque minute est divisée en 60 secondes. Un degré (1°), une minute (1'), une seconde (1").

parsec (pc) : unité de distance égale à 3,26 années-lumière. On utilise souvent le méga parsec (Mpc) pour exprimer les distances entre galaxies.

unité astronomique (ua ou UA) : mesure de distance dans l'espace, égale à la distance moyenne entre la Terre et le Soleil, c'est-à-dire à environ 150 millions de kilomètres.

Index alphabétique

A
Andromède, 17, 30
Année galactique, 38
Année-lumière, 30
Ascension droite, 32, 33,
Astéroïdes, 159
  noms de, 97
Astrologie, 14
Astronome, 13
  club d', 41
  définition de l', 12
  logiciels d', 45
  magazines d', 45
Atmosphère, 108
Aurore astrale, 109
Aurore boréale, 109, 130

B
Bayer, 18
Bételgeuse, 61
Big bang, 39, 309
Biosphère, 108
Bolide, 79
Brillance, 29

C
Catalogue de Messier, 27
Champ géomagnétique, 110
Champ magnétique, 109
Circumpolaires, 61
Comètes, 15, 85
Comètes, noms de, 97
Constellations, 17
Croix du Sud, 17
Cryosphère, 107
Cygne, le, 17

D
Déclinaison, 32, 33
Distance, 13
Dorade, la, 17

E
Éclat, 15
Éclipse, 37
Éclipses de lune, 121
Écliptique, 58
Einstein, 37
Élongation, 144
Éphéméride, 36
Étoile
  du Nord, 60
  filante, 11, 78, 80
  polaire, 60
  fixe, 32
Explorer 1, 109

G
Galilée, 200
Géocroiseurs, 159
Grand Chariot, 13, 60
Grand Chien, 19
Grande Ourse, la, 12, 14, 33
Gravitation, 13, 37
  théorie de la, 16, 37
Groupe local de galaxies, 39

H
Héraclide du Pont, 57
Hipparque, 28
Hubble, 11, 30, 31, 97
Hubble, Edwin P. , 270
Hyakutake, 54
Hydre femelle, l', 17
Hydrosphère, 107

J
Jumelles, 54, 63
Jupiter, 169

L
Lentilles, 66
Lithosphère, 107
Lumière, 13, 14
Lune, 105, 118
Lunette astronomique, 67

M
Magnétosphère, 108, 109
Magnitude, 38
  absolue, 59
  apparente, 59
  limitée, 59
Mars, 133, 138
Matière noire, 297
Mercure, 133, 134, 154
Messier, Charles, 27
Météore, 11, 15, 76
Météorite, 76
  noms de, 97
Météoroïde, 76
  cométaires, 77
  d'astéroïdes, 77
Micrométéorite, 76
Mont Palomar, observatoire du, 30
Monture altazimutale, 69
Monture équatoriale, 69
Mythologie, 16

N

Naines rouges, 239
Nébuleuse, 14
Neptune, 185
Newton, Isaac, 16, 37, 67

O

Objets du ciel profond, 27
Observatoire de Paris, 47
Observatoires, 47
Orion, 21, 61
Ovnis, 14
Persée, 17

P

Petit Renard, 20
Planétariums, 41
Planètes, 15
Pluton, 188
Proxima du Centaure, 30

Q

Quasars, 287

R

Relativité générale, théorie de la, 37
Révolution, 38
Rigel, 61
Rotation, 38, 57

S

Satellites artificiels, 96
Saturne, 169
Science, 16
Serpent, 18
Serpentaire, 18
SETI, 14, 241
Sirius, 19, 21
Soleil, 199
  observation du, 216
Spectographes, 16

T

Tarentule, la, 17
Télescope, 12, 16, 29, 54, 67
Terre, 105
Tête de Méduse, 15
Tête de Satan, 15
Trous noirs, 37, 245, 279

U

Union astronomique
  internationale, 17, 21
Unités astronomiques (UA), 31
Uranus, 185

V

Vénus, 133, 136
Vénus, 143
Voie lactée, 11

Y

YSO, 238

Z

Zénith, 84
Zodiaque, 58